计算机基础与应用(Office+Python)

主编 李春宏 何 锋 胡 丹

科学出版社

北 京

内 容 简 介

本书根据教育部高等学校大学计算机课程教学指导委员会编制的《大学计算机基础课程教学基本要求》，按照大学计算机基础教学中培养计算思维能力的思路，以及计算机应用发展的新趋势和数字化项目建设的要求编写而成。内容共 13 章，分别是计算思维概述、计算机系统、数制和信息编码、操作系统基础与信息安全、办公软件 Office 2010、Python 程序设计基础等，内容丰富、图文并茂、易教易学，注重在基本原理、基本概念、基本思路讲解的基础上，强调基本方法、基本技能的实际应用，注重培养学生的综合应用能力和自学能力。

本书可以作为普通高等院校本科生大学计算机课程的教材，也可以作为计算机初学者的入门读物。

图书在版编目（CIP）数据

计算机基础与应用：Office+Python/李春宏，何锋，胡丹主编. —北京：科学出版社，2020.8
 ISBN 978-7-03-065835-7

Ⅰ. ①计… Ⅱ. ①李… ②何… ③胡… Ⅲ. ①办公自动化–应用软件–高等学校–教材②软件工具–程序设计–高等学校–教材 Ⅳ. ①TP317.1②TP311.561

中国版本图书馆 CIP 数据核字（2020）第 147336 号

责任编辑：胡云志 纪四稳 / 责任校对：严 娜
责任印制：霍 兵 / 封面设计：华路天然工作室

科 学 出 版 社 出版
北京东黄城根北街 16 号
邮政编码：100717
http://www.sciencep.com
天津文林印务有限公司 印刷
科学出版社发行 各地新华书店经销
*
2020 年 8 月第 一 版 开本：720×1000 B5
2022 年 8 月第四次印刷 印张：22 1/2
字数：451 000
定价：59.00 元
（如有印装质量问题，我社负责调换）

前　　言

　　云南财经大学以计算思维为指导，构建新的课程体系，建立和完善分层分类以大学计算机基础为核心的课程，突出以能力为本位、以课程群为依托的实践平台和网络教学平台。计算机基础教学体现"提升素养，加强能力，广度优先，融入专业"的教育理念，进一步深化理论和实验教学改革。

　　在此背景下，我们根据教育部高等学校大学计算机课程教学指导委员会编制的《大学计算机基础课程教学基本要求》，结合计算机应用发展的新趋势和数字化项目建设的要求编写本书。

　　计算思维的本质是抽象和自动化，抽象是由人来完成的，自动化则是由计算机完成的，要实现问题的自动求解，需要选择合适的程序设计语言编写相应的程序，要想使学生深入理解计算思维，逐步形成计算思维方式，掌握计算思维的一般方法，编程训练是必不可少的环节。

　　Python 语言是一门发展了 30 年左右的编程语言，是目前美国大学最受欢迎的程序设计语言之一，也越来越受到我国各大院校的重视。Python 语言语法简洁，功能丰富，简单易学，其丰富的标准库和开源的高质量库、轻量级的语法和高层次的语言表示展现了应用计算机解决问题的计算思维理念。通过 Python 的学习，有利于帮助学生迅速学会编程，激发学生对程序设计的兴趣，进而使他们学会运用计算思维理念，利用编程手段解决各自专业领域中的计算问题。

　　全书分为两大部分：一部分为计算机基础理论与 Office 2010 办公软件等内容，另一部分为 Python 程序设计基础。内容包括计算思维概述、计算机系统、数制和信息编码、操作系统基础与信息安全、办公软件 Office 2010、Python 程序设计基础等。

　　本书另配有《计算机基础与应用实践教程(Office+Python)》，以方便学生更好地学习本书的内容。

　　本书第 1、13 章由何锋编写，第 2、11 章由廖秋筠编写，第 3、9 章由匡玉兰编写，第 4 章由沈俊媛编写，5.1 节和第 8 章由徐娟编写，5.2 节和第 6 章由胡丹编写，5.3 节由沙莉编写，第 7 章由李莉平编写，第 10 章由李春宏编写，第 12 章由沈湘芸编写；全书由李春宏和徐娟策划及统稿。

　　本书的编写得到了云南财经大学各级领导的关心和支持,在此表示深深的感谢。此外还要感谢科学出版社的各级领导和相关工作人员为本书的出版付出的努力。

　　由于编者水平有限,书中难免存在不足之处,恳请读者批评指正。

编　者

2019 年 3 月

目　　录

第1章 绪 论

计算思维(computational thinking)是当前国际计算机界广为关注的一个概念，2006 年 3 月，美国卡内基·梅隆大学计算机系主任周以真教授在美国计算机权威杂志 *Communication of the ACM* 上提出并定义了计算思维。她指出，计算思维是每个人的基本技能，不仅属于计算机科学家。在教育中，我们在培养每个孩子的解析能力时，不仅要掌握阅读、写作和算术(reading，writing，and arithmetic，3R)，还要使其学会用计算思维去使用计算工具，正如印刷出版可以促进 3R 的普及一样，计算和计算机也以类似的正反馈促进了计算思维和计算工具的传播。她认为，这种思维在不久的将来，会成为每一个人的技能组合。

1.1 计算工具的发展

计算思维可以通过计算工具来实现。1972 年，图灵奖得主 Edsger Wybe Dijkstra 说过，我们所使用的工具影响着我们的思维方式和思维习惯，从而也深刻影响着我们的思维能力。

一般而言，计算工具的目标是实现快速计算、自动计算。要实现此目标，需要解决四个问题：①数据的表示；②数据的自动存储；③计算规则的表示；④计算规则的理解和自动执行。所以，一个完备的计算系统必须是软硬件结合的可快速自动化计算的系统。

自 1946 年第一台电子数字积分计算机(electronic numerical integrator and calculator，ENIAC)在美国宾夕法尼亚大学问世以来，信息时代的发展突飞猛进，互联网技术已经把人们的各类信息编织成一个庞大的系统，现代人生活领域的各个方面已经离不开电子计算机。而计算思维和计算工具不是一个新生事物，也不是随着计算机的出现而出现的，这一理念早已存在于国内外的古代数学之中，只不过周以真教授使之清晰化和系统化了。

1.1.1 计算工具的国内起源

现代计算学科大家族中有许多分支，如并行计算、网格计算、高性能计算、情感计算、虚拟计算、移动计算、云计算、物联网计算等，它们都离不开计算。

提起"计算",追根溯源,可上溯到古老的中国"古算"。

现代计算思维最集中的体现和最典型的特征之一,就是"完备的计算系统必须是软硬件结合的系统",计算机如此,手机也如此。而早在几千年前,中国的先民们就掌握了这一思想。如图 1.1 所示,人们通过熟记相关口诀,然后以古算具为工具,来进行一些简单的数学计算。这个阶段的计算思维被称为中国古代计算思维,如中国唐末盛行的珠算就是这样的计算系统:算盘即硬件,珠算口诀即软件。

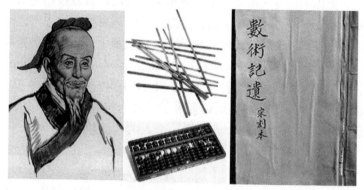

图 1.1　祖冲之与最古老的计算工具——算筹和算盘以及徐岳的《数术记遗》

当然,体现计算思维这一思想的不仅是珠算,还包括更早的中国古算具——算筹。如图 1.1 所示,早在公元前 3000 年,中国人发明了作为计算工具的算筹。算筹在计算时摆成纵式和横式两种形式,按照纵横相间的原则表示自然数,可进行加、减、乘、除、开方及其他代数计算,中国关于计算的古书中记载有算筹的计数法则。《孙子算经》有"凡算之法,先识其位,一纵十横,百立千僵,千十相望,万百相当";《夏阳侯算经》有"满六以上,五在上方,六不积算,五不单张"。为方便负数计算,算筹演进为红黑两种,红筹表示正数,黑筹表示负数。这种运算工具和运算方法是当时世界上独一无二的。算筹作为世界上最古老的计算工具,在春秋战国时期已广泛使用,对中国古代社会的发展起到了重要作用。中国古代数学家祖冲之借助算筹计算出了圆周率的值,确定圆周率介于 3.1415926 和 3.1415927 之间,这一结果比西方早 1000 年,其精度是当时世界上最高的。中国古代的天文学家也运用算筹计算总结出了精密的天文历法。

伴随着算筹问世的还有十进位计数制。在世界数学史上,我国是最早使用十进制的国家,早在商代时就已形成了完善的十进制计数系统。这种计数方法后来逐渐发展成为筹算和珠算中"逢十进一"的十进位计数制,这是计算领域的革命性创造和发明。马克思在其撰写的《数学手稿》中称十进位计数制为"最妙的发明之一"。唐朝末年出现的算盘结合了十进位计数制和珠算口诀,南宋(1274 年)已有算盘和歌诀的记载，在计算复杂问题计算速度以及便携性上都有不可比拟的优势，并一直沿用至今。如图 1.1 所示，关于珠算方面的书籍，东汉时期徐岳编撰的《数术记遗》就有所记载，而广为流传的是明代程大位所编著的《算法统宗》，它是一部专门介绍珠算应用的书籍。程大位在书中首次提出了开平方和开立方的珠算法。珠算法的广泛使用体现了我国古代计算思维的典型特征——计算"算法化"。

算盘结合了十进位计数制和一整套计算口诀。明朝以后，算盘传至日本、朝鲜，继而在世界各地流传开来，并出现了许多变种。珠算被称为我国"第五大发明"，至今仍在加减运算和教育启智领域发挥着电子计算机无法替代的作用。吴文俊院士认为："数学机械化思想来源于中国古算。"对于筹算，珠算可以更加突出我国古代数学算法机械化特色。珠算充分利用汉语单字发音特点，将几个计算步骤概括为若干字一句的珠算口诀，计算时呼出口诀即可拨出计算结果，整个计算过程类似于计算机通过已编好的程序来执行计算的过程，所以吴文俊将算盘算筹称为"没有存储设备的简易计算机"。我们把中国古代计算思维认为是处于萌芽时期的计算思维，这个阶段的计算思维仅应用于解决数值计算问题，还未涉及逻辑计算等其他计算问题，而且还未建立起系统的理论和方法体系。

数学机械化的思想也来源于中国古代算法。1974 年，我国著名数学家吴文俊对中国古代算法做了正本清源的分析，特别是中国古算的程序化思想给他留下了深刻的印象。他认为：就内容实质来说，东方数学的中国古代数学具有两大特色，一是它的构造性，二是它的机械化。我国传统数学在从问题出发、以解决问题为主旨的发展过程中，建立了以构造性与机械化为其特色的算法体系，这与西方以欧几里得《几何原本》为代表的公理化演绎体系正好遥遥相对。算筹和算盘等古算具为中国传统数学算法机械化的形成和发展提供了物质基础。

中国传统数学强调实用性，以解决实际问题为最终目标。这种数学实用思想与中国传统数学机械化和数值化的计算思维有直接联系。算筹和算盘等计算工具和数学机械化算法口诀的广泛使用及不断发展，直接导致了数值化思想的形成。中国古人习惯将问题数值化，将一些复杂的应用问题或理论问题转化成可以计算的问题，再通过具体的数值计算和古算具来加以解决，这就是中国的"算法化"思想。吴文俊正是在这一基础上围绕几何定理的证明展开了研究，开拓了一个在国际上被称为"吴方法"的新领域——数学的机械化领域，吴文俊为此于 2000 年获得首届国家最高科学技术奖。

从计算工具的角度来看，算盘用穿在一根根杆上的珠子来表示和存储十进制数，计算规则就是一套口诀，要通过人脑理解规则，指挥手指拨动算盘珠子来执行计算。它的缺陷在于不能实现自动计算，也很难实现快速计算。

1.1.2 计算工具的国外起源

国外计算工具的起源可以追溯至 17 世纪的帕斯卡机械计算机、19 世纪的差分机和分析机以及 20 世纪的图灵机和冯·诺依曼机。正是因为前人对计算工具的不断探索，不断追求计算机的机械化、自动化、智能化，所以才对现代计算机的设计、制造和不断发展有着极大的影响和启迪。

1. 帕斯卡机械计算机(1642年)

帕斯卡机械计算机用齿轮来表示和存储十进制数，低位的齿轮转动 10 圈，高位的齿轮只转动 1 圈，可自动执行一些计算规则，数值在计算过程中可自动存储。莱布尼茨对其改进后设计了步进轮，实现了计算规则的自动、连续、重复执行，开辟了自动计算的道路。帕斯卡机械计算机对人们的启示是：用纯机械装置可以代替人的思维和记忆。这可以算是计算思维自动化计算的萌芽。

2. 差分机和分析机(1822年)

差分机能够按照设计者的意图，自动处理不同函数的计算；分析机设计有堆栈、运算器和控制器。奥古斯塔·爱达·拜伦(Augusta Ada Byron)为分析机编制了人类历史上第一批程序——一套可预先变化的有限有序的计算规则。

3. 图灵机(1936年)

图 1.2　图灵

现代计算思维的产生起源于图灵机时期。英国科学家阿兰·麦席森·图灵(Alan Mathison Turing)是现代计算机科学和人工智能的奠基者，如图 1.2 所示。图灵因为提出了"图灵机"和"图灵测试"等计算学科的重要概念，被誉为"计算机科学的奠基人""计算机逻辑的奠基者"和"人工智能之父"。为纪念图灵对计算科学的巨大贡献，美国计算机协会在 1966 年设立了具有"计算机界诺贝尔奖"之称的图灵奖，以表彰在计算机科学领域中做出突出贡献的人。

1936 年，图灵发表了奠定电子计算机模型和理论的文章《论可计算数及其在判定问题中的应用》（"On computable numbers, with an application to the entscheidungs problem"），提出了著名的理论计算机的抽象模型——图灵机和图灵机理论。图灵机形象直观地揭示了通用计算机的工作机理，建立了指令、程序及执行程序的理论模型，奠定了计算理论的基础。正是因为有了图灵机理论模型，才发明了人类有史以来最伟大的科学工具——现代计算机。

图灵机在理论上能够模拟现代数字计算机的一切运算，可视为现代数字计算机的数学模型。图灵机由三部分组成:一条双向都可无限延长的被分为一个个小方格的磁带(符号集合)、一个有限状态控制器(有限状态集)和一个在带子上可以左右移动的读写磁头,读写磁头常规的动作有改写当前格、左移或右移一格。

在图灵机中,磁带起着存储器的作用,每一个小格子上可以书写一个符号。控制器具有有限个内在状态(包括初始状态和终止状态),并通过内存中的操作程序来驱动磁带左右移动和控制读写磁头的操作。读写磁头读出控制器正在访问的小格子上的符号,然后根据所处的状态和读取到的符号进行三种行动之一:左移一格、右移一格、印一个符号(也可以印空白,把原有符号抹掉)。图灵机工作的过程是符号逻辑推理过程,如果将磁带方格子上的符号视为数字,那么整个工作过程就可以看成数值计算过程,如图 1.3 所示。

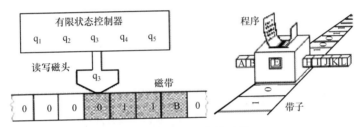

图 1.3 图灵机工作的过程

图灵认为,计算就是计算者对一条两端可无限长的带子上的一串数据执行指令,一步步地改变带子上的数值,最后得到一个满足预定条件的数值的过程。

在图 1.3 中,带子被划分为一个个单元,每个单元可以包含符号集中的一个符号。图灵机的计算由控制单元执行预先准备好的一系列步骤,每一步都包括观察当前单元中的符号、将符号写入该单元、将读写磁头向左或向右移动一个单元、改变状态。每一步可由字符、状态、行动的一个集合表示,形成一条指令,指令的集合形成程序,求解某一问题所要执行的确切操作,是由编写的程序决定的,程序通过机器的状态和带子当前单元的内容来告诉控制单元怎么做。

例 1.1 构造一个图灵机,要求把二进制数 101 加 1,即计算十进制的 5+1。计算完成时读写磁头回归原位。

解: 求解该题所设计的字符集是 0、1、*,状态集是开始、相加、进位、无进位、返回、停止,行动集是左移、右移、不移动。

如图 1.4 所示,在存储带输入初始数据*101*,其中*表示数据间的分隔符。按照设计好的计算规则步骤(程序),机器一步步自动执行指令,改变存储带上的数据、状态,最后进入停止状态时,存储带上的数据就是结果数据。

计算规则步骤(程序)

当前状态	当前单元内容	改写的值	读写磁头移动	进入的新状态
开始	*	*	左移	相加
相加	1	0	左移	进位
进位	0	1	左移	无进位
无进位	1	1	左移	无进位
无进位	*	*	右移	返回
返回	*	*	不移动	停止

计算过程及结果

初始状态	*	1	0	1	* (↓开始)
第一步完成后的状态	*	1	0	1 (↓相加)	*
第二步完成后的状态	*	1	0 (↓进位)	0	*
第三步完成后的状态	*	1 (↓无进位)	1	0	*
第四步完成后的状态	* (↓无进位)	1	1	0	*
第五步完成后的状态	*	1	1	0	* (↓无进位)
第六步完成后的状态	*	1	1	0	* (↓停止)

图 1.4 "5+1"图灵机的计算规则、执行过程及结果

例 1.1 是用五元组(当前状态，当前单元内容，改写的值，读写磁头移动，进入的新状态)描写的程序及其对应的状态转换图。如果扩大字符集、状态集、行动集的范围，进一步将其编码为二进制数据，从最简单的逻辑运算操作最简单的二进制数，那么可以构造任意的图灵机。还可以将多个图灵机进行组合，用最简单的图灵机去构造较为复杂的图灵机。用一个简单的模型表征复杂多变的自动计算世界，这就是图灵机的神奇、伟大之处。

相比于中国古算具，图灵机首次实现了用机器来模拟人类思维进行数值计算的过程，实现了从手工计算向机器自动机械化计算的跨越式发展。算筹和算盘等古算具是将"程序"放入演算者的大脑中，然后手工完成整个计算过程的。而图灵机是将预先编好的程序存储于控制器内存，成为计算机自身的一部分，然后在程序的控制下自动完成计算过程，这是两者之间最重要的区别。此外，中国古算具所能执行的计算任务非常有限，而图灵机的工作过程虽是符号逻辑推理过程，如将存储磁带上的符号换为数字，这整个过程便是数值计算过程，所有的计算和算法都可以通过图灵机来完成。此外，图灵机和中国古算具体现了一种共同的计算思维方式：面对复杂问题，先将问题数值化，转化为可计算问题，然后寻求有效可行的算法并编写程序，在程序控制下由"计算机"进行运算并在有限步骤内得出最终结果。

图灵机是一个逻辑计算机的通用模型，它可以通过编写有限的指令序列完成各种演算过程。通用图灵机正是现代数字计算机的理论原型。**图灵证明，凡是图灵机能求解的计算问题便是可计算性问题，实际计算机才能解决；图灵机不能求解的计算问题便是不可计算的问题，即使是大型计算机也无法求解。**这就是著名的"可计算性理论"。可计算性理论是现代计算机科学的基础理论之一。

总之，图灵所描绘的通用图灵机是现代计算机的雏形。图灵机实现了用机器模拟人类用纸和笔进行数学运算的过程，也使人类实现了由手工计算向自动化计算的跨越式发展。中国古算具的筹算和珠算是将算法存储于人的大脑中，并以口诀的形式表现出来，整个运算过程在大脑内完成。而图灵机是将算法程序装入控制器内存中，然后由控制器来控制程序的执行，完成整个计算过程。两者计算过程形式不同，但其共同特征是：在解决复杂的应用问题时，必须先将问题数值化，转化成可计算问题，然后寻找求解问题的算法和程序，通过算法和程序来控制计算过程，最后得出结果。在目前科研生产和社会生活中，这种用"由繁化简、数值转换"来解决复杂问题的计算思维和计算方法，已越来越普及、越来越重要。

通用图灵机中蕴含的计算思维有：一个问题的求解，可以通过构造其图灵机(即算法和程序)来解决；程序也是数据，可将其编码为二进制数据；存储程序和程序控制，程序及其输入可以先保存到存储带上，图灵机就按程序一步一步运行直到给出结果，结果也保存在存储带上；图灵机是一种离散的、有穷的、构造性的问题求解思路。根据丘奇-图灵论题：**凡是能用算法和程序方法解决的问题，也一定能用图灵机解决；凡是图灵机解决不了的问题，算法和程序方法也解决不了，即不能用图灵机完成的计算任务是不可计算的。**通用图灵机的所有规则构成指令集，指令指示了操作的对象(当前符号)和待实施的操作。

通用图灵机启示我们，计算机系统应该有：存储器(相当于存储带)、中央处理器(控制器及其状态)，并且其字母表可以仅有 0 和 1 两个符号；为了能将数据保存到存储器并将计算结果从存储器送出来展示给用户，计算机系统还应该有输入设备和输出设备，如键盘、鼠标、显示器和打印机等。而之后的约翰·冯·诺依曼(John von Neumann, 1903—1957)提出了冯·诺依曼体系结构。与图灵相比，冯·诺依曼的主要贡献就是提出并实现了"存储程序"的概念。

4. 冯·诺依曼机

从第一台计算机诞生以来的计算机，都是按照冯·诺依曼机结构体系来设计架构的。

冯·诺依曼是美籍匈牙利人(图 1.5)，数学家、计算机科学家、物理学家、经济学家、发明家，被誉为"现代电子计算机之父"，他制定的计算机体系结构及其工作原理直到现在还被各种计算机采用。

图 1.5　冯·诺依曼

1945 年，冯·诺依曼大胆地提出：抛弃十进制，采用二进制作为数字计算机的数制基础。同时，他还说预先编制计算程序，然后由计算机来按照人们事前制定的计算顺序来执行数值计算工作。

人们把冯·诺依曼的这个理论称为冯·诺依曼体系结构。由于从美国早期的离散变量自动电子计算机(electronic discrete variable automatic computer，EDVAC)到当前最先进的计算机都采用的是冯·诺依曼体系结构。所以冯·诺依曼是当之无愧的数字计算机之父。

冯·诺依曼提出的冯·诺依曼体系结构也称为普林斯顿结构，是一种将程序指令存储器和数据存储器合并在一起的存储器结构。根据冯·诺依曼体系结构构成的计算机，必须具有如下功能：

(1) 能把需要的程序和数据送至计算机中。

(2) 必须具有长期记忆程序、数据、中间结果及最终运算结果的能力。

(3) 能够完成各种算术、逻辑运算和数据传送等数据加工处理任务。

(4) 能够根据需要控制程序走向，并能根据指令控制计算机的各部件协调操作。

(5) 能够按照要求将处理结果输出给用户。

为了完成上述功能，计算机必须具备五大基本组成部件，包括：①输入数据和程序的输入设备；②记忆程序和数据的存储器；③完成数据加工处理的运算器；④控制程序执行的控制器；⑤输出处理结果的输出设备。

冯·诺依曼设计思想可以简要地概括为以下三点：

(1) 计算机由控制器、运算器、存储器、输入设备、输出设备五大部分组成。

(2) 计算机内部应采用二进制来表示指令和数据，每条指令一般具有一个操作码和一个地址码，其中操作码表示运算性质，地址码指出操作数在存储器中的地址，存放位置由地址确定。

从软件方面考虑，可通过声明或定义不同类型的数据以表示不同类型的信息；从硬件方面考虑，可通过存储元件实现信息数据的存储，不同类型的数据占用不同长度的存储单元。

(3) 将编好的程序送入内存储器中，然后启动计算机，计算机无需操作人员干预即可完成相应指令的执行。控制器具有判断能力，能根据计算结果选择不同的工作流程，能自动逐条取出指令和执行指令。这也符合计算思维中的抽象和自动化的特征。这个通过人机共同努力完成的"问题求解"过程，就是一个计算思维的实现过程，如图 1.6 所示。

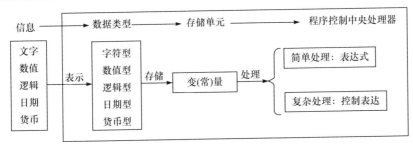

图 1.6 信息处理的计算思维实现过程

1.2 计算思维概述

无论是中国古算具的程序化思想，还是 20 世纪 30 年代问世的图灵理论和图灵机，都可以看出：计算思维并不是一个新概念，更不能将其看成计算机的产物，而是千百年来计算学科在发展过程中一直遵循传承的一种科学方法。在当今信息时代，计算思维已成为每个人必备的一种基本素质，其意义和作用被提到了前所未有的高度。

1.2.1 计算思维的定义

人类在认识世界和改造世界的科学活动过程中离不开思维活动。符合人类的科学思维模式大体上可以分为三种：

(1) 以推理和演绎为特征的逻辑思维(也称为理论思维)，以数学学科为代表。

(2) 以观察和归纳自然(包括人类社会活动)规律为特征的实证思维(也称为实验思维)，以物理学科为代表。

(3) 以抽象化和自动化为特征的计算思维，以计算机学科为代表。

这三种科学思维模式各有特点，相辅相成，共同组成了人类认识世界和改造世界的基本科学思维内容。其中，理论思维强调的是推理，实验思维强调的是归纳，而计算思维强调的是能够自动求解，它们以不同的方式推动着科学的发展和人类文明的进步。

周以真教授认为：**计算思维是运用计算机科学的基础概念进行问题求解、系统设计以及人类行为理解等涵盖了计算机科学之广度的一系列思维活动。**

在理解计算思维时，要特别注意以下几个问题：

(1) 像计算机科学家那样去思维意味着远远不止能用计算机编程，还要求能够在抽象的多个层次上思维。

(2) 计算思维是一种根本技能，是每一个人为了在现代社会中发挥职能所必须掌握的。

(3) 计算思维是人类求解问题的一条途径，但绝非要使人类像计算机那样思考。

(4) 计算思维是思维方式，不是物理呈现的产品。

(5) 计算机科学在本质上源自数学思维，又从本质上源自工程思维，所以计算思维是数学思维与工程思维的互补与融合。

1.2.2　计算思维的特征

计算思维可以认为是受过良好训练的计算机科学工作者求解问题习惯采用的思维方法，因此计算思维具有以下特征：

(1) 是概念化而不是程序化。

(2) 是基础性而不是刻板的技能。

(3) 是人的思维而不是计算机的思维。

(4) 是思维方式而不是物理呈现的产品。

(5) 是数学和工程思维的互补与融合。

(6) 面向所有的人和物。

1.2.3　计算思维的基本原理

计算思维的基本原理包括可计算性原理、形理算一体原理和机算设计原理：

(1) 可计算性原理即计算的可行性原理。1936 年，英国科学家图灵提出了计算思维领域的计算可行性问题，即怎样判断一类数学问题是否是机械可解的，或者说一些函数是否可计算。

(2) 形理算一体原理是指针对具体问题应用相关理论进行计算发现规律的原理。在计算思维领域，就是从物理图像和物理模型出发，寻找相应的数学工具与计算方法进行问题求解。

(3) 机算设计原理，就是利用物理器件和运行规则(算法)相结合完成某个任务的原理。在计算思维领域，最显著的成果就是电子计算机的创造(计算机的设计原理)，如电子计算机构成就是五个功能部件(控制器、运算器、存储器、输入设备、输出设备)以及运用二进制和存储程序控制的概念来达到解决问题的目的。

1.2.4　计算思维的本质

计算思维的本质是抽象和自动化，着眼于问题求解和系统实现，是人类改造世界的最基本的思维模式。2011 年，美国国际教育技术协会(International Society for Technology in Education，ISTE)和美国计算机科学教师协会(Computer Science Teachers Association，CSTA)给计算思维下了一个操作性的定义，即计算思维是一个问题解决的过程，该过程包括：①制定问题，并能够利用计算机和其他工具来解决该问题；②符合逻辑地组织和分析数据；③通过抽象(如模型、仿真等)再现数据；④通过算法(一系列有序的步骤)支持自动化的解决方案；⑤识别、分析和实施可能的解决方案，并整合这些最有效的方案和资源；⑥将该问题的求解过程进行推广并移植到更广泛的应用中。

此外，在我们平时的学习中，还会遇到数学思维和实验思维这样的与计算思维相类似的概念。在这里，可以通过进行比较来加深对计算思维的认识。

数学思维，就是以数量关系、结构关系和空间形式为思维的对象，以数学的语言和符号为思维的载体，按照人类思维的一般规律去认识和发现数学规律的内在理性活动。

数学思维是一种特殊的思维过程，是数学中的理性认识。因此，对于数学思维，更强调其认识过程，即数学思维的过程。对于数学思维过程的概念，从心理学的角度认为"数学思维过程主要是分析和综合的过程及其派生的抽象、概括、比较、分类、统一化和具体化等一系列高级的复杂过程"。

数学思维从属于一般思维，具有模式化的特点。心理学家争论了几十年，比较一致的观点是认为数学思维模式由如下七个思维成分构成：①确定并定义问题；②程序的选择；③信息的表征；④策略的形成；⑤资源的分配；⑥问题解决的监控；⑦问题解决的评价。

每个人的个体智力或思维水平的差异导致了人们的思维品质不同，反映到数学思维上，也就意味着人们的数学思维品质不一。从一般意义上分析，数学思维品质主要表征在思维的逻辑性与抽象性、透彻性与发散性、灵活性与创造性、批判性与想象力等四个方面。

第一，数学思维的逻辑性与抽象性。数学的思维是严密的，它往往从一组平凡的公理出发，按照一定的程序依次展开，丝丝入扣地推论出一系列的前后有序的定理链条。数学思维反映出思维的条理性与秩序化。通过数学的训练，可以强化人的逻辑性，从而培养按照事物发展的逻辑顺序开展工作的作风与习惯，并进一步培养人的理性思维能力。抽象思维是指抽取出同类事物的共同的本质特征的思维形式。由于数学所反映的不只是某一特定事物或现象的量性特征，而是一类事物或现象在量的方面的共同性质，因此培养数学抽象的关键是超越问题的现实情境，达到去情景化、去个人化和去时间化，进而过渡到抽象的数学模式。

第二，数学思维的透彻性与发散性。数学是以解决问题为目的的，这就要求数学必须能够从复杂的事物对象中准确洞察并把握住其本质，掌握材料间的逻辑关系与结构，形成恰当的推理和做出正确的推断与猜想。形成正确结论，找出正确答案，克服一知半解以及思维的表面性。事实上，思维透彻性反映了一个人思维活动的抽象程度和逻辑水平以及思维活动的广度、深刻和难度。对问题的思考能够从多角度、多方面展开，其解决的办法也是多样的，进而形成有普遍意义的方法，并扩大结果的适用范围。与数学思维的发散性相对应的是思维的狭窄性，这种思维常常处于封闭状态，只有一条思路，跳不出束缚，甚至片面僵化。

第三，数学思维的灵活性与创造性。数学思维的基点就是具体问题具体分析，没有固定程式或模式，必须避免先入为主的想法，打破某种倾向，具有较强的应变能力，根据研究对象，有主见地评价事物，合理使用及时调整思维过程与方法，恰当并灵活地运用相关的概念、定理、法则、公式。同时，数学解决问题的过程其实就是不断探索，提出新见解和采用新方法、新途径、新思路的过程，是一个再造与创造的过程。它也是人类智力活动的高级表现，是思维的高级形态。数学的最高境界就是创造，通过一个个问题的解决推动事物的前进。

第四，数学思维的批判性与想象力。数学思维是要求人们在思考问题时必须具有独立意识，提出个人见解，发表不同看法，客观评价事物，绝不人云亦云或投其所好，这是数学的品质，也是数学的内在要求。数学思维批判性的要求就需要消除个人思维的盲从性及服从性，不受某种固定的逻辑规则的约束，敢于挑战权威与唯一正确答案。不轻易相信结论，对问题给予自己的回答。数学也是一场聪明的游戏，它应该不拘泥于现有的思维方法与途径，善于独辟蹊径，在数学解题过程中善于走捷径，超越常规，依据一定的事实材料，运用格式塔学派所认为的新的结构、新的完形以对未知对象进行一种形象化的思维，构成理想化的模型路线。

由上述可知，数学思维和计算思维有许多相似和引申之处，因为计算思维是以计算机为基础的，而计算机的发展为数学研究提供新的方法和工具。例如，数学中的数学模拟方法就是利用计算机模拟功能及其极高的数学运算与数据处理能力，把研究对象的数学模型编制为计算机可执行的程序，即计算机模型，通过计算机的多次、反复计算，对实验数据进行现场记录、整理加工、分析和绘制图表，并通过改变输入量或部分模型结构，使模型所得的结果与研究对象的性能数据逐步趋于一致。例如，1976年，美国的阿佩尔(K.Appel)和哈肯(W. Haken)就用电子计算机证明了百余年没有解决的"四色定理"，轰动了整个数学界。

数学思维和计算思维都具有抽象性，不同之处在于前者侧重于认识和发现事物的内在规律，而后者侧重于自动化实现。

实验思维的先驱应当首推意大利著名的物理学家、天文学家和数学家伽利略，他开创了以实验为基础具有严密逻辑理论体系的近代科学，他因此被称为"近代科学之父"。爱因斯坦为之评论说："伽利略的发现，以及他所用的科学推理方法，是人类思想史上最伟大的成就之一，是理学的真正开端。"

一般来说，伽利略的实验思维方法可以分为以下三个步骤：

(1) 先提取出从现象中获得的直观认识的主要部分，用最简单的数学形式表示出来，以建立量的概念。

(2) 将由(1)获得的数学形式,用数学方法导出另一易于实验证实的数量关系。

(3) 通过实验证实这种数量关系。

和数学思维不同,实验思维往往需要借助某些特定的设备(科学工具),并用它们来获取数据,以供以后的分析。

例如,伽利略就不仅设计和演示了许多实验,而且还亲自研制出不少技术精湛的实验仪器,如温度计、望远镜、显微镜等。

以实验为基础的学科有物理学、化学、地学、天文学、生物学、医学、农业科学、冶金、机械,以及由此派生的众多学科。

由上述可知,实验思维和计算思维都借助于工具进行科学活动,不同之处在于前者的工具更为广泛,而后者主要以计算机及与其互联的各种设备为主。但随着物联网的推广和大数据时代的来临,实验思维的进行也越来越离不开计算机。

1.3 计算思维的基本方法及应用

计算思维渗透到每个人的生活之中,当一个大学生早晨去教室上课时,他会把当天需要的课本、笔记本和相关物品放进背包,这就相当于计算思维中的预置和缓存方法;当他在教室或实验室弄丢他的课本和 U 盘时,他就会沿走过的路线寻找,这就是计算思维中的回溯方法;上学途中选择用自行车还是用电动车为交通工具,在线学习的工具中,选择去学校机房上机或者是使用自己的笔记本电脑,这就是计算思维中的在线算法;在学校食堂排队打饭或大型超市购物付账时,选择合适的队伍排队,这就是计算思维中多服务器系统的工作模型;上网的过程中,在进行搜索和浏览网页的同时,还进行 QQ 聊天和聆听音乐,这就是计算思维中的并行方法;即使宿舍到了熄灯睡觉的时间,笔记本电脑和充电台灯仍然可以使用,这就运用了预防、保护及通过冗余、容错、纠错的方式,从最坏情况进行系统恢复的一种思维方法。

1.3.1 计算思维的基本方法

计算思维建立在计算过程的能力和限制之上,由人和计算机执行。计算方法和模型使我们敢于去处理那些原本无法由个人独立完成的问题求解和系统设计。为便于理解,周以真教授在给出计算思维总的定义的基础上,又对计算思维做了以下更详细的表述,从而形成了计算思维的如下一些方法:

(1) 计算思维是通过约简、嵌入、转化和仿真等方法,把一个看来困难的问题重新阐释成一个我们知道问题怎样解决的思维方法。

(2) 计算思维是一种递归思维，是一种并行处理、把代码译成数据又能把数据译成代码、多维分析推广的类型检查方法。

(3) 计算思维是一种采用抽象和分解来控制庞杂的任务或进行巨大复杂系统设计的方法，是一种基于关注点分离(separation of concerns，SoC)的方法。

(4) 计算思维是一种选择合适的方式去陈述一个问题，或对一个问题的相关方面建模使其易于处理的思维方法。

(5) 计算思维是按照预防、保护及通过冗余、容错、纠错的方式，并从最坏情况进行系统恢复的一种思维方法。

(6) 计算思维是利用启发式推理寻求解答，即在不确定情况下的规划、学习和调度的思维方法。

(7) 计算思维是利用海量数据来加快计算，在时间和空间之间、在处理能力和存储容量之间进行折中的思维方法。

1.3.2 计算思维的应用

1. 计算思维在Excel中的应用

Excel 的操作对象是数据，只要是能用数据描述的现象，都可以用 Excel 进行数据处理。对于大规模的问题，可采用计算思维中的关注点分离方法进行处理，将大规模的问题分解成多个独立的小规模问题。对分解之后的小问题，Excel 可以有多种工具和方法解决。

例 1.2　在行 1 中产生一个从 1 到 20 的自然数列；在行 2 中产生一个从 1 到 39、等差为 2 的等差数列。

Excel 的数据自动填充功能最能体现计算思维中的自动化这一核心。如图 1.7 所示，在单元格 A1 中输入 1，B1 中输入 2，之后同时选中 A1 和 B1，再拖动填充柄向右至单元格 T1，则自动产生所需要的自然数列；同样，在单元格 A2 中输入 1，B2 中输入 3，之后同时选中 A2 和 B2，再拖动填充柄向右至单元格 T2，则自动产生所需要的等差数列。

	A	B	C	D	E	F	G	H	I	J	K	L	M	N	O	P	Q	R	S	T	U
1	1	2	3	4	5	6	7	8	9	10	11	12	13	14	15	16	17	18	19	20	
2	1	3	5	7	9	11	13	15	17	19	21	23	25	27	29	31	33	35	37	39	
3																					

图 1.7　Excel 的数据自动填充显示

例 1.3　如图 1.8 所示，统计来自不同国家的 10 位甚至更多客户的人均年收入。

	A	B	C	D	E	F
1	客户标识	国家	年收入		国家	人均年收入
2	1	Mexico	30000		Canada	
3	2	Canada	70000		Mexico	
4	3	USA	50000		USA	
5	4	Canada	10000			
6	5	USA	30000			
7	6	USA	70000			
8	7	Mexico	30000			
9	8	Mexico	50000			
10	9	Canada	10000			
11	10	USA	30000			

图 1.8 问题显示(例 1.3)

　　这样的问题在现实生活中屡见不鲜，如果客户人数呈海量增长，那么用手工计算是不现实的。而计算思维是一种利用海量数据来加快计算，在时间和空间之间、在处理能力和存储容量之间进行折中的思维方法，它的核心是抽象和自动化。因此，可以对这类庞杂的任务进行数学抽象和建模，再充分利用 Excel 的函数和数据自动填充功能产生相应的结果。

　　首先，利用计算思维的抽象方法，对问题进行数学建模。求解人均年收入的数学建模公式为

$$\text{不同国家的人均年收入} = \frac{\sum \text{相应国家的各个客户的年收入}}{\text{相应国家的客户人数}}$$

　　其次，在 Excel 中,计算"∑相应国家的各个客户的年收入"可以用 SUMIF(range, criteria, sum_range) 函数来实现，而计算 "相应国家的客户人数" 可以用 COUNTIF(range,criteria)函数来实现。考虑到以后客户数据的不断增长，所以在设计时要充分利用 Excel 的数据自动填充功能(这也体现出计算思维的自动化特征)，则单元格的引用应采用混合引用方式，故在单元格 F2 中输入如下内容：

=SUMIF(B$2:B$11,E2,C$2:C$11)/COUNTIF(B$2:B$11,E2)

　　最后，如图 1.9 所示，选中单元格 F2，再拖动填充柄向下直至单元格 F4，则自动产生所需要的结果。

2. 计算思维在 Python 编程中的应用

　　计算机程序设计过程中处处蕴含着计算思维，从计算机语言的基本语法到其整体结构，都渗透着许多计算思维。在当前，极具影响力的人工智能语言——Python 语言在应用上也无处不体现出计算思维的智慧。

　　在 Python 编程过程中使用了大量的库，这体现了计算思维的抽象化特征。在

	F2	▼	fx	=SUMIF(B$2:B$11,E2,C$2:C$11)/COUNTIF(B$2:B$11,E2)				
	A	B	C	D	E	F	G	H	I
1	客户标识	国家	年收入		国家	人均年收入			
2	1	Mexico	30000		Canada	30000			
3	2	Canada	70000		Mexico	36666.66667			
4	3	USA	50000		USA	45000			
5	4	Canada	10000						
6	5	USA	30000						
7	6	USA	70000						
8	7	Mexico	30000						
9	8	Mexico	50000						
10	9	Canada	10000						
11	10	USA	30000						

图 1.9　运行结果(例 1.3)

Python 程序设计过程中，自顶向下、逐步求精，把问题逐渐分解成为更为细小的模块，这种逐步细化的计算思维方式，使得 Python 程序结构清晰，便于日后维护和修改。在 Python 的程序控制中，将顺序、选择和循环三种基本控制结构进行有机的组合和嵌套，可构造各种功能强大、结构清晰、层次分明的大模块，这为程序的自动运行提供了便利，也体现了计算思维的自动化特征。而 Python 运行中的异常抛出，也体现出计算思维领域的计算可行性分析。

例 1.4　试用 Python 语言绘制出 sin(x)·cos(x)的图形。

设计分析：为了实现以上结果，可以先采用计算思维中的关注点分离方法，把问题进行分解成为求解 sin(x)和 cos(x)及两者相乘，为了实现函数的求解，需要调用已经抽象封装好的 math 库，同样，图形的绘制也需要调用 matplotlib 库。为了提高代码的可读性，可以用保留字 as 对 matplotlib.pyplot 库和 numpy 库进行代替。最后用三行代码实现图形的绘制，即自变量的赋值、函数的绘制和图形的显示。程序代码如下：

```python
import matplotlib,math
import matplotlib.pyplot as plt
import numpy as np
x = np.linspace(-5,5,100)
plt.plot(x,np.sin(x)*np.cos(x))
plt.show()
```

程序运行结果如图 1.10 所示。

使用简单的 6 行代码，就实现了一个复杂函数的可视化编程，这不仅体现了计算思维，还很好地体现了"简单就是美"的工程哲学理念。读者可以在此程序代码的基础上进行简单的修改，进一步绘制 sin(x)+cos(x)、sin(x)−cos(x)、sin(x)/cos(x)和其他复杂的数学函数图形，以感受计算思维在 Python 编程过程中的简洁和自动求解之美。

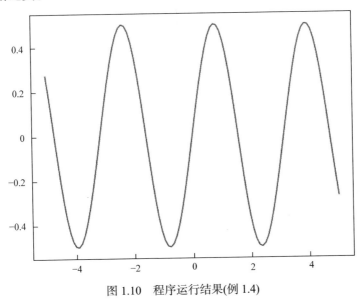

图 1.10　程序运行结果(例 1.4)

　　当前，各学科专业学生可能更关注计算机及其通用计算手段应用知识与应用技能的学习，如学习使用 Office、MATLAB、SQL Server、Photoshop、Flash、Python、C/C++、Java 等。这种计算机应用软件的学习固然重要，但如果领会了计算思维，这些软件便可能无师自通，毕竟软件工作者的目标是让每个人都容易学会使用其软件。未来的变化可能很快，即使学会了这些软件，也很快将面临版本升级或被新软件淘汰，计算思维可以帮助学生以最快、最科学的方式适应信息社会的变化。

　　计算思维要成为一门学科，还有很长的路要走。目前，计算思维还不是知识形态的学科，因为其本身的概念、原理、特征、培养方法论及创新方法论等方面的知识体系并未形成，所以计算思维学科体系的建立任重而道远。

本 章 小 结

　　现代计算机功能日益强大，应用日益深入广泛，正在强有力地影响和改变着人们的思维方式和思维习惯。计算思维能力的培养已作为计算机基础教育的重要培养目标。本章通过回顾计算工具的发展历程，来认识前辈计算机科学家如何一步步建构出现代计算机的思维过程。本章介绍了周以真教授关于计算思维的定义及相关概念，精选课程内容学习的几个案例，分析探索其蕴含的计算思维，有望能对后续章节内容学习过程中培养相应计算思维能力有所启迪。

思　考　题

1. 计算工具的目标和需要解决的问题是什么？
2. 图灵机中蕴含的计算思想是什么？
3. 冯·诺依曼机的设计思想是什么？
4. 计算思维的含义、特征、基本原理和本质各是什么？
5. 结合自己的学科，请思考计算工具是如何应用到自己的专业中的。

第2章 计算机系统

内容提要：本章主要介绍计算机的发展历程，计算机系统的组成，计算机基本工作原理，微机的硬件组成及主要技术指标、特点及主流产品，计算机网络等。其中涉及的主要知识点有：以冯·诺依曼思想为主线的计算机的硬件系统、软件系统；计算机的基本工作原理；微机的硬件，包括主板、中央处理器、存储器和输入输出设备等主要硬件的功能及性能指标；传输控制协议/网际协议(transmission control protocol/internet protocol，TCP/IP)、大数据的应用等。

2.1 计算机发展历程

自20世纪中期以来，电子技术迅速发展，计算机所采用的元器件经历了电子管，晶体管，中、小规模集成电路(integrated circuit, IC)以及大规模和超大规模集成电路(very large scale integration, VLSI)四个阶段，当今计算机技术正朝着巨型化、微型化、网络化和智能化方向发展。表2.1是对计算机各个发展阶段的概括。从目前计算机的研究情况可以看出，未来计算机将有可能在超导计算机、光子计算机、生物计算机、量子计算机等方面的研究领域取得重大突破。

表 2.1 计算机发展史简表

代别	起止年份	主要元件	主要元件图例	速度/(次/s)	特点与应用领域
第一代	1946~1957年	电子管		5000~10000	计算机发展的初期，体积巨大，运算速度较低，可靠性低，存储容量小，主要用来进行科学计算
第二代	1958~1964年	晶体管		几万到几十万	体积减小，功耗降低，运算速度提高，价格下降，不仅用于科学计算，还用于数据处理和事务管理，并逐渐用于工业控制
第三代	1965~1970年	中、小规模集成电路		几十万到几百万	体积、功耗进一步减小，可靠性及速度进一步提高，进一步拓展到更多的科学技术领域和工业生产领域
第四代	1971年至今	大规模和超大规模集成电路		几千万到十万亿	性能和可靠性大幅度提高，价格大幅度降低，广泛应用于社会生活的各个领域，全面进入网络时代、大数据时代

2.2　计算机系统概述

随着计算机技术、计算机产业迅速发展，计算机不再局限于单一的科学计算，而更多地应用在信息处理方面。尽管各种类型计算机的性能、结构、应用等方面存在差别，但计算机所遵循的基本结构及工作原理始终是冯·诺依曼体系结构。

计算机系统应具有接收和存储信息、按程序快速计算和判断并输出处理结果等功能。一个完整的计算机系统由硬件系统和软件系统两部分组成，如图 2.1 所示。硬件系统是指构成计算机的物理设备，即由机械、光、电、磁器件构成的具有计算、控制、存储、输入和输出功能的实体部件；软件系统是各种程序、数据和文档的集合，用于指挥全系统按指定的要求进行工作，完成预定的目标。

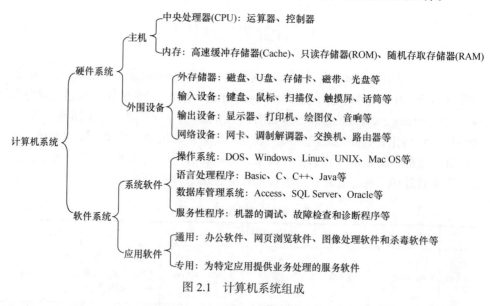

图 2.1　计算机系统组成

2.2.1　硬件系统

1944 年，冯·诺依曼提出计算机基本结构和工作方式的设想，按冯·诺依曼的观点，计算机由五大部件组成，分别是运算器、控制器、存储器、输入设备和输出设备；各部件间传输、存储、处理的是二进制数据；存储器存储程序和数据，由程序控制计算机运行。计算机组成结构如图 2.2 所示，其中的运算器和控制器被做在一块集成芯片中，形成计算机的核心，称为中央处理器(central processing unit，CPU)。

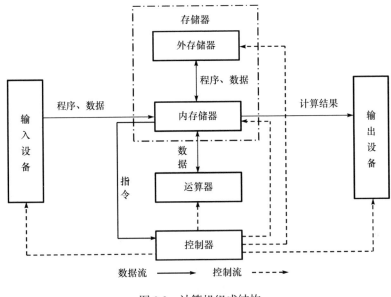

图 2.2 计算机组成结构

1. 运算器

运算器由算术逻辑单元(arithmetic and logic unit, ALU)、累加器、状态寄存器、通用寄存器组等组成。算术逻辑单元的主要功能是算术运算和逻辑运算。算术运算是指各种数值运算,如加、减、乘、除等;逻辑运算是进行逻辑判断的非数值运算,如与、或、非、比较、移位等。计算机运行时,运算器的操作和操作种类由控制器决定。运算器处理的数据来自存储器;处理后的结果数据送回存储器或暂存在运算器中的寄存器中。

2. 控制器

控制器(control unit, CU)是计算机的控制中心,是实现"程序控制"的主要设备,其基本功能是从存储器中逐条取出指令,分析每条指令规定的操作类型以及所需数据的存放位置等,然后根据分析结果指挥计算机各部件按要求协同工作。

3. 存储器

存储器(memory)是计算机的记忆设备,用于存放程序和数据,其基本功能是根据控制器指定的位置存入和取出信息。存储器由若干个存储单元构成,每个存储单元都有相应的地址编码和存储内容,就像房间都有房间号,都可以住人或者不住人一样。程序中的变量和存储器的存储单元相对应,变量的名字对应着存储单元的地址编码,变量内容对应着存储单元的存储内容。按地址访问存储单元是存储器的基本特性，存储单元的地址和内容都按二进制编码。存储器通常分为内存储器和外存储器，内存储器和外存储器的特点对比如表 2.2 所示。

1) 内存储器

内存储器(简称内存)包括高速缓冲存储器(Cache)和主存储器，CPU 芯片内部可嵌入 Cache，而主存储器由插在主板内存插槽中的内存条组成。计算机运行前，程序和数据由输入设备或外存送入内存，运算开始，内存不仅要为其他部件提供信息，而且要保存运算的中间结果和最终结果。

CPU 只与内存直接交换数据，内存的性能与容量直接影响计算机的运行速度。

(1) 内存地址：内存被划分成很多存储单元，每个单元能存储一定数量的二进制数据位，所有存储单元均按一定顺序编号，称为内存地址。通过内存地址可以找到其中存储的数据。

(2) 存储容量：存储器中存储单元的总数称为存储容量。计算机中描述信息的最小单位是 bit(一个二进制位)，而每个存储单元可存放 8bit，所以存储容量的基本单位是字节(byte，B)，1B=8bit。1KB=1024B=2^{10}B，1MB=1024KB=2^{20}B，1GB=1024MB=2^{30}B，1TB=1024GB=2^{40}B，1PB=1024TB=2^{50}B，1EB=1024PB=2^{60}B，1ZB=1024EB=2^{70}B。国际数据公司(International Data Corporation, IDC)的研究表明，2011 年全球产生的数据量为 1.82ZB，人类已进入大数据时代。

例如，某存储器容量为 16KB，则它有 16×1024(16384)个存储单元。存储单元的编号为 0～16383。

2) 外存储器

外储存器(简称外存或辅存)，不能直接与 CPU 交换数据，只能和内存交换数据，用于长期存放大量暂不使用的程序和数据。常见的外存有硬盘、光盘、移动硬盘、U 盘等。

表 2.2　内存储器和外存储器的特点对比

比较项目	内存	外存
位置	主机箱内	机箱内(硬盘)、机箱外(移动硬盘、光盘、U 盘等)
物理介质	半导体/电子设备	磁设备/Flash 芯片/光设备
存储时效	临时存放	长期存放
存取速度	快，与 CPU 直接交换信息	慢，难与 CPU 速度匹配
容量	较小	大
功能	存放当前正执行处理的程序和数据	放置大量待用的程序或数据

4. 输入设备

输入设备(input device)的功能是接收用户输入的原始数据和信息，并将它们转变为二进制码存放到内存中。常用的输入设备有键盘、鼠标、摄像头、扫描仪、光笔、触摸屏、游戏杆、麦克风等。

5. 输出设备

输出设备(output device)的功能是将存放于内存中由计算机处理后的信息转变为人或其他设备能接受的形式输出。常用的输出设备有显示器、打印机、绘图仪、音响等。

输入输出设备简称 I/O(input/output)设备，是计算机与用户或其他设备交换信息的主要装置。

2.2.2　软件系统

软件是指程序、程序运行所需要的数据以及开发、使用和维护这些程序所需要的文档的集合。按应用范围划分，软件一般划分为系统软件和应用软件两类。

1. 系统软件

系统软件是指控制和协调计算机及外部设备，支持应用软件开发和运行的软件，它是无需用户干预的各种程序的集合，主要功能是调度、监控和维护计算机系统；负责管理计算机系统中各种独立的硬件，使得它们可以协调工作。一般来说，系统软件包括操作系统、语言处理程序和工具软件等。

2. 应用软件

应用软件是为满足用户不同领域、不同问题的应用需求而编制的软件。常见的应用软件有杀毒软件、音频和视频播放器软件、办公软件、浏览器软件、聊天软件、图形图像处理软件和计算机辅助软件等。

由于计算机软件的迅速发展，软件逐步标准化、模块化，一般把完成特定任务的一个程序或一组程序称为软件包(software package)。按应用范围划分，软件包也可分为应用软件包和系统软件包两大类。

2.2.3　硬件与软件的关系

硬件和软件是一个完整的计算机系统必不可少的两大部分，硬件是计算机的"躯体"，软件是计算机的"灵魂"，两者关系主要体现在以下几点。

1. 硬件和软件相辅相成

硬件是软件赖以工作的物质基础，软件的正常工作是硬件发挥作用的唯一途径。只有硬件没有软件的计算机(裸机)没有任何用途，软件必须依附于硬件。

2. 硬件和软件无严格界线

随着计算机技术的发展，计算机的某些功能既可以由硬件实现，也可以由软件实现，因此硬件与软件在一定意义上说没有绝对严格的界线。

3. 硬件和软件协同发展，相互促进

硬件性能的提高，可以为软件创造出更好的开发环境；反之，软件的发展也对硬件提出更高的要求，促使硬件性能的提高，甚至产生新的硬件。

2.2.4　计算机基本工作原理

计算机的基本工作原理是存储程序和程序控制，预先要将指挥计算机如何进行操作的指令序列(称为程序)和原始数据通过输入设备输送到计算机内存中，然后利用存储程序指挥、控制计算机自动进行各种操作(取指令、执行指令)，直至获得预期的处理结果。

1. 指令和指令系统

指令是能被计算机直接识别和执行一定操作的二进制代码，即机器代码，具有灵活、直接执行和快速等特点。如图 2.3 所示，一条指令由操作码和地址码两部分组成。

| 操作码 | 地址码 |

图 2.3　指令结构

操作码用于指明该指令所要完成的操作类型及功能，如加法(ADD)、减法(SUB)、传送(MOV)、条件转移(JZ)、输出等。通常，其位数反映了机器允许的指令条数，如操作码占七位，则该机器最多包含 $2^7=128$ 条指令。

地址码用于指明操作数或操作数的地址，指出该指令的源操作数的地址(一个或两个)、结果的地址以及下一条指令的地址。这里的“地址”可以是主存储器的地址，也可以是寄存器的地址，甚至可以是 I/O 设备的地址。

指令系统是指计算机所能执行的全部指令的集合，它描述了计算机内全部的控制信息和“逻辑判断”能力。不同计算机的指令系统包含的指令种类和数目也不同，一般均包含算术运算型、逻辑运算型、数据传送型、判定和控制型、移位操作型、位(位串)操作型、输入和输出型等指令。指令系统是表征一台计算机性能的重要因素，它的格式与功能不仅直接影响计算机的硬件结构，而且也直接影响系统软件，甚至机器的适用范围。

2. 计算机的工作过程

计算机的工作过程实际上就是执行程序的过程，而程序是为实现特定目标而用程序设计语言编制的指令序列，所以执行程序又归结为逐条执行指令。一条指令的执行是由 CPU 中包含的各部件协同完成的，CPU 执行指令的过程如图 2.4 所示。

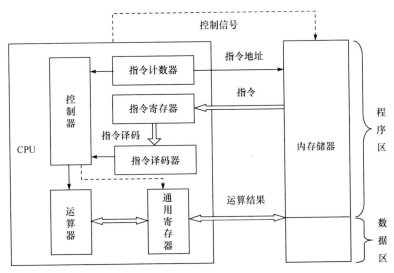

图 2.4　CPU 执行指令的过程

(1) 指令计数器：用于存放即将执行的指令所在内存中的地址。

(2) 指令寄存器：用于临时存放从内存里面取得的程序指令。

(3) 指令译码器：对指令进行分析译码，确定指令类型及所要完成的操作，并确定操作数的地址和操作结果的存放地址。

(4) 通用寄存器：用于存放当前操作的需临时存放的中间数据。

(5) 控制器：根据指令译码结果，按要求向 CPU 各部件或计算机的其他部件发送控制信号，确保计算机有条不紊地按指令要求进行工作。

执行一条指令的过程可细分如下五个步骤。

(1) 取指令：从存储器某个地址单元中取出要执行的指令送到指令寄存器暂存。

(2) 分析指令：把保存在指令寄存器中的指令送到指令译码器，将指令的操作码转换成相应的控制电位信号；由地址码确定操作数地址。

(3) 取操作数：如果需要，发出取数据命令，到存储器取出所需的操作数。

(4) 执行指令：根据指令译码，向各个部件发出相应控制信号，完成指令规定的操作。

(5) 保存结果：如果需要，则把结果保存到指定的存储器单元中。

通常，可将以上步骤简要概括为三个：取指令、分析指令、执行指令。计算机的工作过程可归结为取指令→分析指令→执行指令→再取下一条指令，直到程序结束的循环过程，如图 2.5 所示。

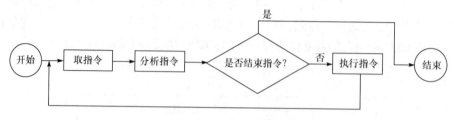

图 2.5　程序的执行过程

3. 指令流水线技术

指令的控制方式有三种：顺序方式、重叠方式、流水线方式。其主要差别在指令重叠的程度，顺序方式指令不重叠，重叠方式通常只重叠一次，而在流水线方式中允许多条指令重叠。流水线方式在不增加解释硬件的情况下能充分利用现有硬件资源，可以大大提高指令执行的速度，也是目前高性能计算机采用的指令控制技术。

1) 顺序方式

顺序方式是指各条指令之间顺序串行地执行，即一条指令执行完后再执行下一条指令，如图 2.6 所示，这种方法虽然控制简单，但效率低下。

取指令K	分析指令K	执行指令K	取指令$K+1$	分析指令$K+1$	执行指令$K+1$

图 2.6　指令的顺序执行方式

2) 重叠方式

重叠方式是指在解释第 K 条指令的操作完成之前就开始解释第 $K+1$ 条指令。通常都是采用一次重叠，即在任何时候，指令分析部件和指令执行部件都只有相邻两条指令在重叠解释，如图 2.7 所示，这种方式使指令的解释速度有所提高，控制也不太复杂。

图 2.7　指令的重叠执行方式

3) 流水线方式

流水线方式允许多次重叠，图 2.8 为一个简单的三级流水线指令执行方式，CPU 在执行指令 K 的同时，又并行地分析指令 $K+1$，取指令 $K+2$。如果继续将一条指令的运行细分为五个子过程，即取指令、分析指令、取操作数、执行指令和存储结果, 则每个子过程都可以与其他子过程并发执行, 这样在一个指令周期内可以并发执行五条指令, 实现五级流水线, 最大限度地利用 CPU 资源, 大大提高执行效率。

取指令K	分析指令K	执行指令K		
	取指令$K+1$	分析指令$K+1$	执行指令$K+1$	
		取指令$K+2$	分析指令$K+2$	执行指令$K+2$

图 2.8　三级流水线指令执行方式

2.2.5　多核技术

依据摩尔定律, 单核处理器发展出现了瓶颈。并行算法, 即多核处理技术的提出, 成为解决该问题的主流趋势。多核处理器是指将多个 CPU 内核集成到单个芯片中, 每个内核都是一个单独的处理器。多核环境下软件开发的核心是多线程开发, 但在单核平台上, 即使程序是多线程, 也只能是并发执行, 而不是并行执行, 因此在性能上没有明显优势。

并发: 线程在同一个硬件资源上交替执行的过程, 所有活动线程在某段时间内同时执行的状态, 但是在某个给定的时刻都只有一个线程在执行。例如, 我们边看电视边发微信, 眼睛会在电视屏幕和手机屏幕上来回切换, 这个过程就是并发。

并行: 活动线程在不同的硬件资源或者处理单元上同时执行, 多个线程在任何时间点都同时执行。例如, 将清扫教室定义为一个任务, 几个同学分工, 同时清扫, 这个过程是并行。

相对于传统的单核 CPU, 多核并行计算可以充分利用多核处理器资源, 能够加速应用程序的计算, 具有性能高、功耗低、通信延迟低等诸多优点, 同时它还带来了 CPU 设计方式的变革, 提供了一种新的发展模式。

2.3　微型计算机硬件组成

微型计算机, 又称个人计算机(personal computer, PC), 是由大规模集成电路组成的、体积较小的电子计算机。从外观上看, 微机的硬件包括两部分: 主机系统和输入输出设备。

2.3.1　主机系统

微机的主机是指安装在机箱内部的一个整体, 包括主板、CPU、内存储器、外存储器(硬盘驱动器、CD-ROM 驱动器)、总线接口和系统电源等。

1. 主板

1) 主板架构

主板，又称主机板(mainboard)、系统板(systemboard)，是安装在机箱内的一块集成电路板，也是计算机中各部件相互连接的枢纽。上面安装了组成计算机的主要电路系统，一般有基本输入输出系统(basic input/output system, BIOS)芯片、I/O控制芯片、键盘和面板控制开关接口、指示灯插接件、扩充插槽、主板及插卡的直流电源供电接插件等元件。主板是微机最基本的也是最重要的部件之一，其性能影响着整个微机系统的性能。

为了增强主板的兼容性和通用性，制定一个主板版型的标准是必需的。主板版型就是根据主板上各元器件的布局排列方式、尺寸大小、形状，所使用的电源规格等制定出的通用标准，所有主板厂商都必须遵循。目前，主流的版型有ATX(advanced technology extended)、Micro ATX 等。其中，ATX 是市场上最常见的主板结构，俗称标准版，尺寸大概为 305mm×244mm，特点是插槽多、扩展性强；Micro ATX 是 ATX 结构的简化版，就是常说的"小板"，特点是扩展插槽较少，外部设备互联(peripheral component interconnect, PCI)插槽数量在 3 个或 3 个以下，多用于品牌机。

目前，一线的主板品牌有华硕、技嘉、微星等。主板类型很多，但在架构上都大同小异，下面结合一款华硕主板(Z390)的架构进行介绍，该主板版型是 ATX，采用集成的声卡和网卡芯片，其结构如图 2.9 所示。

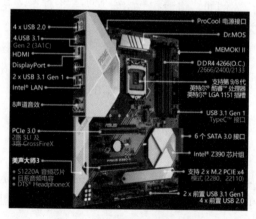

图 2.9　华硕主板(Z390)结构

主板上的主要芯片有 BIOS 芯片、芯片组、I/O 芯片、电源管理芯片、音效芯片、网卡芯片等，插槽/接口主要有 CPU 插槽、内存插槽、总线扩展槽、I/O接口等。

2) 芯片组

主板芯片组(chipset)是构成主板电路的核心，号称主板的灵魂，是 CPU 和其他周边设备沟通的桥梁，用于控制 CPU 与其他各部件间的数据和指令传输等工作。芯片组性能的优劣，决定了主板性能的好坏与级别的高低。目前芯片组的生产厂家主要有 Intel、AMD、NVIDIA 等。

2. CPU

CPU 是计算机的运算核心和控制核心，其性能大致能反映出微机的档次。

1) CPU 产品简介

CPU 的生产厂家目前主要有 Intel、AMD 等。

Intel 的主流 CPU 有面向中高端市场的酷睿智能处理器(Core i3/i5/i7/i9)系列，面向中低端市场的奔腾、赛扬系列。Intel Core i7-8700K 的外观如图 2.10 所示。

AMD 的主流 CPU 有面向高端市场的锐龙(Ryzen)系列，面向中低端市场的速龙(Athlon)、闪龙(Sempron)系列。

图 2.10　Intel Core i7-8700K 外观

2) 衡量 CPU 性能的主要技术指标

(1) 字长。CPU 字长是 CPU 内部各寄存器之间一次能够传递的二进制数的位数，即

$$CPU \text{ 的字长}=\text{内部数据总线条数}=\text{主要寄存器的位数}$$

CPU 内部有一系列用于暂时存放数据或指令的寄存器，各寄存器之间通过内部数据总线来传输数据，一条内部总线一次只能传输 1bit 数据。CPU 字长反映出 CPU 内部运算处理数据的效率和速度，是 CPU 的主要技术指标。

(2) 位宽。CPU 要通过外部数据总线与外界交换数据，一条外部数据总线同样一次只能传输 1bit 数据。位宽是指 CPU 一次能够与外界传递的位数，即

$$CPU \text{ 的位宽}=\text{外部数据总线条数}=\text{相应主板总线位宽}$$

它取决于外部数据总线的条数，与配套主板的总线位宽一致。

通常以 CPU 的字长和位宽来称呼这款 CPU，如位宽是 64 位，但字长是 32 位，称为超 32 位 CPU；字长和位宽都是 64 位的，就是 64 位 CPU。

(3) 快速通道互联(quick path interconnect, QPI)带宽。QPI 总线技术由 Intel 推出，是取代前端总线(front side bus, FSB)的一种点到点连接技术。QPI 总线主要用于内核之间和系统组件之间的互联通信(如 I/O), CPU 可直接通过内存控制器访问内存资源，而不是以前繁杂的"前端总线—北桥—内存控制器"模式。QPI 总线实现多核内部直接互联，传输数据无须经过芯片组，从而提升了访问带宽：

QPI 带宽=QPI 频率×双向×每次传输的有效数据(位宽)

例如，某酷睿系列 CPU 的 QPI 频率为 6.4GT/s，一条 QPI 连接每次传输 20bit(其中 16bit 用于数据，其余 4bit 用于循环冗余校验)，则该 CPU 的一条 QPI 带宽=6.4GT/s×2×2B=25.6GB/s。

(4) 高速 Cache 容量。Cache 是位于内存与 CPU 之间的一级存储器，由静态随机存储芯片(SRAM)组成，运行速度比主存高得多，接近于 CPU 的速度，用于存放当前使用最频繁的指令和数据。缓存容量的增大，可提升 CPU 读取数据的命中率，不用频繁与内存交换数据，从而提高系统性能。理论上，缓存容量越大、级数越多，提速越显著，但考虑到 CPU 芯片面积和成本，缓存容量较小。

(5) 多核 CPU。多核 CPU 是指单芯片多处理器，多核 CPU 可以在处理器内部共享缓存，提高缓存利用率，同时简化多处理器系统设计的复杂度。

(6) 超线程。超线程技术就是利用指令把一个物理芯片模拟成两个逻辑内核，让每个内核同时运行双重任务，实现高效、智能的多任务处理，从而呈现令人惊叹的速度与性能。

(7) 主频。CPU 的主频，单位为 Hz，也称为 CPU 工作的时钟频率，是 CPU 内核(整数和浮点运算器)电路的实际运行频率。在其他因素同等条件下，CPU 的主频越高，一个时钟周期内完成的指令数越多，运算速度越快，但 CPU 的运算速度还受 CPU 其他性能指标(缓存、指令集，CPU 的字长、位宽、多核等)影响，所以不能盲目认为主频越高，运算速度越快。

(8) 睿频。以往 CPU 的主频是固定的，睿频技术是指通过分析当前 CPU 的负载情况，智能关闭一些用不上的核心，把能源留给正在使用的核心，并使它们运行在更高的频率，进一步提升性能；相反，需要多个核心时，动态开启相应的核心，智能调整频率。Intel 的睿频技术称为 TB，AMD 的睿频技术称为 TC。例如，某 i7 处理器主频为 3.6GHz，睿频为 4.2GHz，处理器可在此范围内自动提高运行主频以提速，最高可达 4.2GHz，轻松应对多任务处理。

下面介绍一款 CPU(Core i7-8700)的主要参数：

Core i7-8700 是由 Intel 公司生产的系列产品，64 位的六核十二线程处理器，主频 3.7GHz，最大睿频 4.7GHz，具备 3 级缓存 12MB，支持最大内存 64GB，内存类型为 DDR4 2666MHz。

3. 内存储器

微机的内存储器一般由半导体材质制作而成，存储容量有限，用于存放正在运行的程序和数据。按读取方式，内存分为 RAM、ROM 两类。

1) RAM

RAM 的特点是可存、取数据，但是断电后数据不能保存。这里的"随机"是指存储器中存储的每一个字节都可以按任意顺序直接访问，不管上一次访问的是什么位置。通常将 RAM 集成块集中在一小块电路板上，制作成内存条，插在主板中的内存插槽上，主板能够支持的内存种类和容量都由此插槽决定。

衡量 RAM 性能的主要指标有两个：容量和存取速度。

(1) 容量：直接制约计算机的性能，目前微机中常见的内存容量为 4GB、8GB、16GB。

(2) 存取速度：内存主频习惯上用来表示内存的速度，单位为 MHz，它代表着该内存所能达到的最高工作频率。目前微机的内存主频主要有 2400MHz、2666MHz、3000MHz。

RAM 根据工作原理又可细分为同步动态随机存取存储器(synchronous dynamic RAM，SDRAM)和静态随机存取存储器(static RAM，SRAM)。

(1) SDRAM。SDRAM 是最为常见的内存系统。SDRAM 的特点是数据信息以电荷形式保存在小电容器内，由于电容器的放电回路的存在，超过一定的时间后，存放在电容器内的电荷就会消失，故必须对电容器周期性刷新来保持数据。SDRAM 从发展至今已经历了五代，分别是：第一代 SDR、第二代 DDR、第三代 DDR2、第四代 DDR3、第五代 DDR4。

目前的主流内存是 DDR3 和 DDR4，如图 2.11 所示。

相比之下，DDR4 的长度更长，金手指的数量更多，缺口位置更靠近等分点。在性能上，DDR4 比 DDR3 工作频率更高、功耗更低。

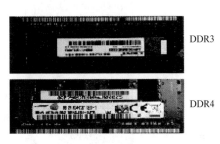

图 2.11　DDR3 和 DDR4

(2) SRAM。SRAM 的存储单元电路是触发器，是一种具有静止存取功能的内存，只要在规定的电压下，不需要刷新电路就能保存它内部存储的数据，因此 SRAM 具有较高的存取速度，但是 SRAM 的电路复杂、集成度低、体积大、功耗大、成本高，主要用于制作 Cache。

2) ROM

ROM 中的数据只能读不能写，即使断电也不会消失，一般用于存放 BIOS 和用于微程序控制。80586 以后，BIOS ROM 芯片大部分都采用电可擦除可编程 ROM(electrically erasable programmable ROM，EEPROM)。通过跳线开关和系统配带的驱动程序盘，可以对 EEPROM 进行重写，方便地实现 BIOS 升级。

BIOS 是一组固化到主板 ROM 芯片上的程序，它保存着计算机最重要的基本输入输出的程序、系统设置信息、开机后自检程序和系统自启动程序。BIOS 用于计算机开机过程中各种硬件设备的初始化和检测，为计算机提供最底层的、最直接的硬件设置和控制。

4. 外存储器

由于内存容量有限，大量程序和数据都能存储在外存储器(外存)中，只有被调入内存中才能被 CPU 执行。外存主要包括采用磁性存储技术的硬盘、采用光存储技术的光盘和采用电存储技术的 U 盘等。

1) 机械硬盘

机械硬盘即通常所说的硬盘，是计算机最重要的外存，由一张或多张涂有磁性材料的铝合金或玻璃材质的盘片组成。微机主机箱内的硬盘是固定硬盘，被密封固定在硬盘驱动器(hard-disk drive，HDD)中。

(1) 硬盘结构。

一块硬盘的内部结构如图 2.12 所示，多张盘片固定在同一个主轴上，电机带动主轴使磁盘旋转，伸缩臂带动悬浮在盘面上的磁头径向移动进行读写操作。

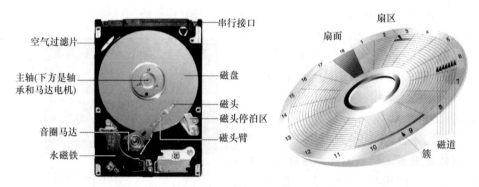

图 2.12　硬盘的内部结构

每张盘片有两面，每个盘面对应一个读写磁头，所以盘面数=磁头数。

每一个盘面被分为数目相等的同心圆磁道，并且从外缘的 0 开始编号，因此具有相同编号的磁道形成一个圆柱，称为磁盘的柱面，磁盘的柱面数=磁道数。

每个磁道又被等分为若干个弧段，即扇区。磁盘驱动器向磁盘读写数据，以扇区为单位。传统的每个扇区存储容量均为 512B，自 2009 年起，硬盘公司正从传统的512B 扇区迁移到更大、更高效的 4096B 扇区(一般称为 4K 扇区)，国际磁盘驱动器设备与材料协会(International Disk Drive Equipment and Materials Association，IDEMA)将之称为高级格式化。4K 扇区为实现更高的区域密度、硬盘容量和更强大的纠错功能提供了一条捷径。

$$硬盘容量=磁头数×柱面数×扇区数×每扇区的容量$$

例如，某硬盘有 3 张盘片，6 个磁头，10000 个柱面，每个磁道上有 8743 个4K 扇区，则硬盘容量=6 × 10000 × 8743 × 4096B=2TB。

一定数量相邻的扇区根据一定的划分规则组成一个簇，称为分配单元。系统将簇作为磁盘存储空间的单位，簇的大小总是 2^n 个扇区，如 2、4、8、16、64 个扇区。簇一般容量为 4KB、8KB、16KB、32KB、64KB 等。所以无论文件大小是多少，除非正好是簇大小的倍数，否则文件所占用的最后一个簇或多或少都会产生一些剩余的空间，且这些空间又不能给其他文件使用，否则会造成数据混乱。簇越大存储性能越好，但空间浪费越严重；簇越小性能相对越低，但空间利用率越高。新技术文件系统(new technology file system, NTFS)格式的文件系统簇的默认大小为 4KB，也可以通过格式化磁盘对簇大小进行合理设置。

(2) 接口类型。

B 硬盘接口是 B 硬盘与主机的连接部件，用于在 B 硬盘和主机内存之间传输数据，其优劣直接影响着程序运行快慢和系统性能好坏。微机 B 硬盘接口类型主要为串行高技术配置(serial advanced technology attachment, SATA)，目前主流的 SATA 接口类型有 SATA 2.0、SATA 3.0，数据传输速率分别为 3.0Gbit/s、6.0Gbit/s。

(3) 衡量硬盘性能的主要参数。

① 容量：容量描述了硬盘的存储能力，硬盘的容量通常用 GB、TB 描述，目前微机的硬盘容量已经可高达 TB。

② 转速：是指硬盘盘片每分钟转动的圈数，单位是 r/min。转速越快表示数据存取速度越快。微机硬盘的转速一般有 5400r/min、7200r/min，服务器中使用的硬盘转速基本都采用 10000r/min，甚至 15000r/min。

2) 固态硬盘(solid state disk，SSD)

固态硬盘简称固盘，是一种运用 Flash 芯片发展出的新型硬盘。固盘的外观可以被制作成多种模样，如笔记本硬盘、平板电脑硬盘、存储卡、U 盘等样式。

一块固盘的内部结构如图 2.13 所示。固盘摒弃了传统机械结构，采用全芯片存储，与磁性的硬盘不同，固盘的 NAND 闪存没有硬盘所具有的位写(write-in-place)功能，NAND 的写入操作必须在空白区域进行，如果目标区域已经有数据，必须先擦除后再写入。NAND 闪存写入与擦除操作的最小单位不同，写入的最小单位为 4KB，这个 4KB 大小的单元称为"页"(page)，而擦除则以"块"(block)为单位，块的大小一般是 128KB、256KB、512KB。

3) 光盘

光盘(compact disc, CD)是微机主要使用的光介质存储器，光盘盘片是在塑料基底上加各种镀膜制作而成的，数据通过激光刻在盘上。光盘的特点是容量大、价格便宜、保存时间长，可保存各种多媒体信息。

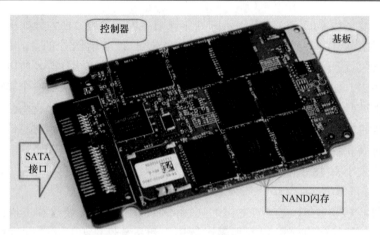

图 2.13　固盘的内部结构

除只读光盘(CD-ROM)外，一次性可写光盘(CD-R)和可重复写入光盘(CD-RW)已经非常普及。另外，数字视盘只读存储器(DVD-ROM)也为常用配置。一张普通 CD 容量为 700MB 左右；高密度数字视频光盘(DVD)具有更高的磁道密度，采用更有效的数据压缩编码，一张 DVD 容量为 4.7~17GB。蓝光光盘(blu-ray disc，BD)是 DVD 之后的新一代光盘格式，制作工艺更先进，用以存储高品质的影音以及高容量的数据，一张 BD 的容量为几十吉字节，甚至能高达几百吉字节。

读取光盘信息的设备称为光盘驱动器，简称光驱。光盘驱动器可分为 CD-ROM 驱动器、DVD-ROM 驱动器、康宝(COMBO)、蓝光光驱和 DVD 刻录机等。COMBO 是一种集合了 CD 读取、刻录和 DVD-ROM 读取的多功能产品。DVD 刻录机不仅包含 COMBO 的所有功能，还支持 DVD 刻录。

衡量光驱的最基本指标是数据读取速率，即倍速。CD-ROM 光盘驱动器的单倍速(1×)是指每秒钟光驱的数据传输速率为 150KB/s，同理，双倍速(2×)就是指传输速率为 300KB/s，现在市面上的 CD-ROM 光驱的倍速一般都在 50×以上。DVD-ROM 光盘驱动器的单倍速(1×)为 1350KB/s，目前的 DVD-ROM 光盘驱动器的倍速已经可达 20×以上。

4) 移动存储器

(1) 移动硬盘。移动硬盘可以提供相当大的存储容量，是一种性价比较高的移动存储产品。移动硬盘通常由笔记本计算机硬盘和带有数据接口的外壳组成，移动硬盘(盒)的尺寸主要有 1.8in①、2.5in 和 3.5in 三种，容量最高可达几太字节。数据接口多采用 USB、IEEE 1394 等。

(2)U 盘。U 盘全称"USB 闪存盘"，是一种采用通用串行总线(universal serial

---

① 1in=2.54cm。

bus, USB)的无需物理驱动器的 Flash 存储产品, 可以通过 USB 接口与计算机连接, 实现即插即用, 特点是轻巧便携、容量高、价格低廉。U 盘是一种使用最广泛的移动存储器, 目前的接口类型主要有 USB2.0、USB3.0、USB3.1。

(3) 闪存卡。闪存卡也是一种 Flash 存储产品, 样子小巧, 犹如一张卡片, 一般应用在数码相机、智能手机、掌上电脑、MP3、MP4 等小型数码产品中作为存储介质, 闪存卡有 Smart Media(SM 卡)、Compact Flash(CF 卡)、Secure Digital(SD 卡)、Memory Stick(记忆棒)等多种类型。闪存卡需要通过读卡器和计算机的 USB 接口连接, 才能进行读写操作。

2.3.2　输入输出设备

1. 基本输入设备

输入设备是向计算机输入数据和信息的设备, 微机常见的基本输入设备有键盘、鼠标、扫描仪、触摸屏等。

(1) 键盘。键盘由一组开关矩阵组成, 包括数字键、字母键、符号键、功能键及控制键等。每一个按键在计算机中都有它的唯一代码。键盘接口主要有 PS/2、USB 两种类型。

(2) 鼠标。鼠标是一种手持式屏幕坐标定位设备, 它是适应菜单操作的软件和图形处理环境而出现的一种输入设备。常用的鼠标有两种, 一种是机械式的, 另一种是光电式的。光电式鼠标因性能更好, 被大多微机采用。鼠标接口主要有串口、PS/2、USB 三种类型。

(3) 扫描仪。扫描仪是将原稿作为图形资料输入计算机的一种设备。按照扫描原理, 可将扫描仪分为平板式、手持式和滚筒式三种。目前办公用的多为平板式扫描仪。扫描仪的常用接口类型有小型计算机系统接口(small computer system interface, SCSI)、USB 和 IEEE 1394 三种。

(4) 触摸屏。触摸屏是一种可接收触头等输入信号的感应式液晶显示装置, 可用以取代机械式的按钮面板。触摸屏是目前最简单、方便、自然的一种人机交互方式, 被广泛应用于手机、平板电脑、公共信息的查询、工业控制、电子游戏、点歌点菜等。

2. 基本输出设备

输出设备将计算机处理的结果转换成人们能够识别的数字、字符、图像、声音等形式显示、打印或播放出来。微机的基本输出设备是显示器、打印机等。

1) 显示器

显示器通常也称为监视器, 根据制造材料不同, 可分为阴极射线显像管

(cathode ray tube, CRT)显示器、液晶显示器(liquid crystal display, LCD)、发光二极管(light emitting diode, LED)显示器和等离子显示器。显示器的主要技术指标有显示屏尺寸、分辨率、可显示颜色数目、响应时间。

(1) 显示屏尺寸。显示屏尺寸用显示器的对角线的长度来衡量，目前主流的显示器尺寸有 22.1in、23in、24in、27in、29in 等。传统显示屏的宽高比为 4:3，现代微机显示屏的宽高比有宽屏(16:9、16:10)和超宽屏(21:9、32:9)。

(2) 分辨率。分辨率是指整个屏幕可以显示的像素数量，一般用水平分辨率×垂直分辨率来表示，如 2560×1600、3840×2160 等。分辨率越高，清晰度越好。

(3) 可显示颜色数目。一个像素可显示的颜色种类由表示这个像素的二进制位数决定，位数越多，颜色种类越多。例如，颜色位数为 24 位，则可表示的颜色数量为 2^{24}。

(4) 响应时间。液晶材料具有黏滞性，对显示有延迟，响应时间就反映了各像素点的发光对输入信号的反应速度。响应时间越小越好，目前市场上的主流 LCD 响应时间都已达到 8ms 以下，高端产品甚至为 5ms、4ms、2ms 等。

2) 打印机

打印机用于将计算机处理结果打印在相关介质上。打印机按工作原理分为三种：针式打印机、喷墨式打印机、激光打印机等。

(1) 针式打印机：通过打印机和纸张的物理接触，以点阵形式来打印字符或图形，按照打印头的针数分为 9 针和 24 针等。针式打印机的特点是噪声大、打印质量较差、价格低廉，多用于医院、银行、保险、餐饮等行业。

(2) 喷墨式打印机：采用直接将墨水喷到纸上来形成字符或图形，特点是体积小、操作简单方便、噪声低、彩色印刷能力强，但成本较高。

(3) 激光打印机：利用电子照相原理，光源是激光。激光打印机具有打印激光度高、速度快、噪声低等优点。

衡量打印机好坏的指标主要有打印精度、打印速度等。打印精度就是打印机的分辨率，用 dpi 来表示。针式打印机的分辨率一般为 180~360dpi，喷墨式打印机和激光打印机分辨率一般可达 1200dpi 以上。

2.3.3　总线和接口

1. 总线

总线(bus)是计算机各种功能部件之间传送信息的公共通信干线。从物理上讲，总线就是一组电子线路，计算机的各部件(如 CPU、RAM 等)和外部设备均通过专门的接口电路连接到总线上，通过总线进行各种数据信息的传递。

按数据传送方式，总线可以分为串行总线和并行总线。串行就是只采用一根数据线对二进制数逐位传输,常见的有 USB、RS232、PS/2、IEEE 1394、PCI Express 等;并行就是采用多根数据线,一次可同时传输多位(如 8 位、16 位、32 位、64 位),常见的有工业标准结构(industrial standard architecture, ISA)、PCI 等。从原理来看,并行传输效率似乎高于串行,但其设计难度大、成本高,在高频率条件下串行反而优于并行。因此,串行总线大有彻底取代并行总线的势头,如 USB 取代 IEEE 1284、SATA 取代 PATA、PCI Express 取代 PCI 等。

按照计算机传输的信息种类,总线可以划分为数据总线、地址总线和控制总线,如图 2.14 所示。

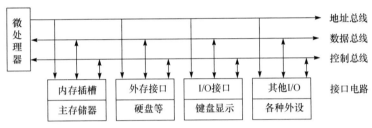

图 2.14 微机的总线结构

1) 数据总线

数据总线(data bus,DB)是主要连接 CPU 与各部件的通道,用来传送数据信息,是双向总线,具体的传送方向由 CPU 控制。它的条数取决于 CPU 的字长,如 Intel Core i7 字长 64 位,其数据总线宽度也是 64 位。

2) 地址总线

地址总线(address bus,AB)是用来传送地址信息的单向总线,地址信息只能从 CPU 传向存储器或其他接口。CPU 在运算时需要提取数据,就得"挨家挨户"地寻找数据的存放位置,即寻址。CPU 能查找的最大地址范围称为寻址能力,地址总线的宽度(位数)是决定 CPU 可直接寻址的内存空间大小(寻址能力)的最主要因素。若地址总线的宽度为 n 位,则 CPU 的寻址范围$=2^n$B。

例如,若某 CPU 只有 1 根地址总线,那么它最多能对 2 个存储单元进行寻址。

因为在二进制计算机中,所有物理元件只有 0(低电平)、1(高电平)两种状态。假设已经把这唯一的 1 根地址总线与两个存储单元 a 和 b 进行连接,并规定若地址总线上的电压是高电平时读 a,低电平时读 b,所以 1 根地址总线最多能对 2 个存储单元进行寻址;同理,2 根地址总线可以对 $2^2=4$ 个存储单元进行寻址,对应的电压情况可以是低低(00)、低高(01)、高低(10)、高高(11);3 根地址总线就可以对 $2^3=8$ 个存储单元进行寻址(000、001、010、011、100、101、110、111);依此类推,n 根地址线可对 2^n 个存储单元进行寻址。

　　Intel 早期生产的 80286 的地址总线和地址寄存器的宽度为 24 位，CPU 的寻址能力为 2^{24} B =16MB；80386 及以上的地址总线和地址寄存器的宽度为 32 位，CPU 的寻址能力为 2^{32}B =4GB。

　　现今微机大都采用 64 位的 CPU，即数据位数为 64 位，就 CPU 设计而言，为了更好地支持间接寻址，地址位数应尽量与数据位数一致，所以从理论上讲，64 位 CPU 应该有 64 根地址总线，但是，CPU 对内存的实际寻址范围还受其结构设计影响，可能要分担部分地址给串口通信、并口通信，还有显卡、网卡等，会导致 n 位 CPU 的可访问内存单元并不是 2^n 个。例如，某 64 位 CPU 对内存的寻址实际使用的是 36 根地址总线，可管理内存的大小是 2^{36}B=64GB。此外，CPU 可管理内存的大小还与操作系统及相关软件有关，一般而言，32 位操作系统只支持 32 位的地址寻址，内存的寻址范围就被限制在 2^{32}B =4GB，为突破此限制，可以通过破解物理地址扩展(page address extension，PAE)来支持更大的内存，如使用网上流行的 ReadyFor4GB 等软件来实现，但这种方法不太稳定，最好还是安装支持大于 4GB 地址空间的 32 位操作系统(如 Windows 2000 Server/2003)或 64 位的操作系统来实现对 4GB 以上内存的支持。

　　3) 控制总线

　　控制总线(control bus，CB)用来传送控制信号和时序信号，以协调各部件之间的操作，是双向总线。控制信号中，其中有的是 CPU 向内存或外部设备发出的信号，有的是内存或外部设备向 CPU 发出的信号。

　　数据总线、地址总线和控制总线统称为系统总线，即通常意义上所说的总线。

　　总线的技术指标主要有总线位宽、工作频率和总线带宽。

　　① 总线位宽。如果把主板比作一座城市，总线就像是城市里的公共汽车，能按照固定行车路线，传输来回不停运作的比特。但是，每条线路在同一时间内都仅能传输一个比特，因此必须采用多条线路才能同时传送更多数据，总线位宽是指总线能同时传送的二进制数据的位数，总线宽度越大，传输性能就越佳。

　　② 工作频率。总线的工作频率以 MHz 为单位，工作频率越高，总线工作速度越快。

　　③ 总线带宽。总线带宽是指单位时间内总线上传送的数据量，即总线数据传输速率。总线的工作频率越高，位宽越宽，总线带宽也就越大。总线带宽=总线工作频率×(总线位宽/8)。

　　采用总线结构便于部件和设备的扩充，制定统一的总线标准能使不同设备实现相互连接。总线标准是指各计算机生产厂家都要遵守的系统总线要求，从而使不同厂家生产的部件可以互换。目前微机大多采用的总线标准有 PCI 和 PCI-E 等。

　　(1) PCI。

　　PCI 总线是由 Intel 于 1991 年推出的局部总线标准，它为 CPU 与外部设备之间提供了一条数据通道，为显卡、声卡、网卡等设备提供了连接接口，PCI 是并行总线，其数据宽度为 32bit/64bit，工作频率为 33MHz/66MHz，PCI 的数据传输速率可达 132~264MB/s。PCI 扩展性好、可靠性高，支持即插即用，但是由于设备共享带宽，一旦挂接的设备增多，会导致每个设备的实际传输速率下降，性能得不到保证。

(2) PCI-E。

PCI 扩展标准(PCI Express，PCI-E)是新一代的总线接口，是一种点对点串行连接的设备连接方式，比起 PCI 的共享并行架构，每个 PCI-E 设备都拥有自己独立的数据连接(独立通道)，对于其他设备这个通道是封闭的，各个设备之间并发的数据传输互不影响，均可独享总线带宽，因此 PCI-E 现在已经成为主板上的主力扩展槽。

根据通道数不同，PCI-E 可分为 X1、X4、X8、X16、X32 等多种插槽，PCI-E 向下兼容，如 PCI-X8 的卡可插在 X16 以上的插槽中；根据版本不同，PCI-E 可分为 1.0、2.0、3.0 三个版本，三个版本的单通道单向数据传输带宽分别是 250MB/s、500MB/s、1GB/s。

2. 接口

外部总线通常以接口形式表现，是外部设备与计算机连接的端口，计算机上常见的接口有以下几种。

1) USB 接口

USB 接口是一种串行总线接口，可用于连接各种外设，如打印机、移动存储设备、键盘、鼠标、扫描仪等。USB 接口支持热插拔，输入输出速率较快，是目前外设的主流接口。

目前 USB 主要由三个规范：

(1) USB2.0，传输速率可达 480Mbit/s。

(2) USB3.0，传输速率可达 4.8Gbit/s，向下兼容。

(3) USB3.1，传输速率可达 10Gbit/s，向下兼容。

2) IEEE 1394 接口

IEEE 1394 接口是一种用于连接外部设备的高速串行接口，支持热插拔，目前传输速度可达 400Mbit/s ，IEEE 1394 接口没有 USB 接口那么普遍，并不是所有计算机都具有。现在能支持 IEEE 1394 接口的设备主要是数字摄像机、音响设备等，应用范围与 USB 接口有所重叠。

IEEE 1394 接口主要有 6 针标准和 4 针小型口两种类型，如图 2.15 所示。6 针接口可以给连接的设备供电，一般用于台式机；4 针接口不能供电，通常用在笔记本电脑和数码设备上。

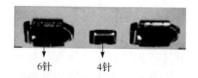

图 2.15　IEEE 1394 接口(6 针、4 针)

3) VGA、DVI、HDMI、DP 接口

显示绘图矩阵(video graphic array，VGA)接口、数字可视化接口(digital visual interface，DVI)、高清晰度多媒体接口(high definition multimedia interface，HDMI)、DP(displayport)接口都是视频接口，用于连接显示器，如图 2.16 所示。

(a) VGA接口　　　　(b) DVI　　　　(c) HDMI　　　　(d) DP接口

图 2.16　VGA、DVI、HDMI、DP 四种接口

(1) VGA 接口是一种 D 型口，用于传输模拟信号，信号质量不佳，一般接 CRT 显示器。

(2) DVI 是数字视频接口，广泛用于连接 LCD、数字摄影机等。此接口的优点是传输速度快、画面质量佳；缺点是不能传输音频信号，不兼容平板高清电视。

(3) HDMI 是 DVI 的扩展，是一种适合影像传输的专用型数字化接口，可同时传送音频和影音信号，是目前平板电视与计算机连接的主要接口。

(4) DP 接口一开始就面向 LCD 开发，是一种高清晰音/视频流的传输接口，DP 也可同时传送音频和影音信号，具有较高的带宽，能最大限度整合周边设备；与 HDMI 相比，DP 接口具备更好的开放性和可扩展性，但是支持的设备种类没有 HDMI 丰富。

2.4　计算机网络简介

2.4.1　计算机网络的形成

计算机网络的出现最初源于 20 世纪 60 年代的美苏争霸，美国军方认为需要一个专门用于传输军事信息的网络，于是美国国防部高级研究计划署(Advanced Research Projects Agency，ARPA)主持研制了一个命名为 ARPAnet 的计算机网络(简称阿帕网)，当时的 ARPAnet 规模极小，仅由分布在四所大学的 4 台大型计算机组成。而今，随着信息技术和通信技术的日益成熟，越来越多规模不等的网络接入，计算机网络已经发展成为覆盖全球范围的互联网，用户只要接入互联网就能和网上所有的计算机相互通信。

1. 计算机网络的定义及组成

按资源共享观点可将计算机网络定义为：以能够相互共享资源的方式互联起来的自治计算机系统的集合。计算机网络应具备以下要点：

(1) 实现资源共享。这里的资源包括网络中的所有硬件、软件及数据。

(2) 互联的计算机是分布在不同地理位置的多台"自治计算机"。

(3) 联网计算机之间的通信必须遵循共同的网络协议。

计算机网络按逻辑功能划分，由资源子网和通信子网两部分组成，资源子网包括计算机系统、终端、终端控制器、联网外部设备、各种软件资源与信息资源，通信子网主要包括集线器、网桥、路由器、网关与通信线路等硬件设备。

2. TCP/IP 协议

如同人与人之间相互交流需要遵循一定的规则一样，联网计算机之间的通信也必须遵守共同的规则、标准或约定，即网络协议。目前 TCP/IP 协议已经成为公认的互联网的协议标准。TCP/IP 协议是众多协议的集合，其中有两个核心协议：TCP(传输控制协议)和 IP(网际协议)。IP 协议共出现过 6 个版本，目前主要使用的是版本 4，即 IPv4。

3. 标准分类 IP 地址

IP 地址是 IP 协议提供的一种统一的地址格式，它为互联网上的每一个网络和每一台主机分配一个逻辑地址，主要用于路由器的寻址。常见的 IP 地址分为 IPv4 与 IPv6 两大类。由于目前主要应用的是 IPv4，IPv6 还未推广，所以这里重点介绍 IPv4 地址的划分。

IPv4 使用 32 位二进制位的地址，通常用点分十进制来表示，也就是按 8 位二进制为一组转换成对应的十进制，中间用实心圆点分隔，如 200.10.10.1。标准分类的 IP 地址如图 2.17 所示。

A 类地址中网络号占前 8 位(最高位为 0)，主机号占后 24 位，网络号的取值范围是 000000000～01111111，对应十进制 0～127。网络号的值为 0 和 127 的两块地址作为特殊用途，不能分配。主机号全 0 和全 1 的两个地址保留，故每一个 A 类地址可允许分配的主机数号为 $2^{24}-2=16777214$，对应的子网掩码为 255.0.0.0。

B 类地址中网络号占前 16 位(最高位为 10)，主机号占后 16 位，第一段数值的取值范围是 128～191。主机号全 0 和全 1 的两个地址保留，每一个 B 类地址可允许分配的主机数号为 $2^{16}-2=65534$，对应的子网掩码为 255.255.0.0。

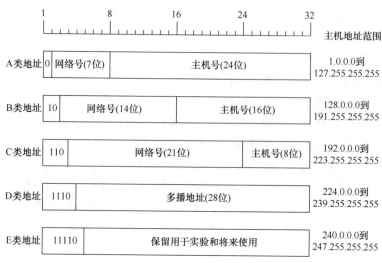

图 2.17　标准分类的 IP 地址

C 类地址中网络号占前 24 位(最高位为 110),主机号占后 8 位,第一段数值的取值范围是 192～223。主机号全 0 和全 1 的两个地址保留,每一个 C 类地址可允许分配的主机数号为 $2^8-2=254$,对应的子网掩码为 255.255.255.0。

D 类地址为多播地址、E 类地址为保留地址。

标准分类的 IP 地址的格式为两级地址:网络号+主机号。例如:1 个 B 类 IP 地址 190.20.10.10,缺省的子网掩码为 255.255.0.0,也就是前 16 位为网络号(190.20.0.0),后 16 位为主机号(0.0.10.10)。

标准分类的 IP 地址在很多时候会造成浪费,例如,一个公司有 500 台主机需要分配 IP 地址,申请一个 C 类地址不够用,申请一个 B 类地址又太多。为了提高 IP 地址的利用率,缓解 IP 地址的缺乏,子网划分技术应运而生,也就是从主机号里借用一部分作为子网号,IP 地址由原来的二级结构变成了三级结构:网络号+子网号+主机号。由于篇幅有限,不在此详细阐述,有兴趣的读者可以参考相关文献。

2.4.2　大数据时代的到来

最早提出"大数据"时代到来的是全球知名咨询公司麦肯锡,自麦肯锡的报告发布后,大数据迅速成为计算机行业争相传诵的热门概念,也吸引了各个领域的高度关注。大数据是由人类日益普及的网络行为所伴生的,并由相关部门、企业采集,用于辅助决策的数据。大数据的关键在于对海量数据的挖掘,这个靠单台计算机无法完成,必须依托云计算的分布式处理、分布式数据库、云存储等,因此大数据与云计算密不可分。"云计算"中的"云"指的就是计算机网络,通过网络互联的各种设备，如微机、平板电脑、手机及各种传感器等，无一不是数据来源或者承载的方式。

大数据无处不在，大数据应用于包括金融、教育、餐饮、电商、能源、体能和娱乐等在内的社会各行各业，日常生活中也有很多与大数据应用密切相关的例子；例如，引发热议的支付宝的年度账单，就是运用大数据统计分析出了用户的全部消费类型；今日头条利用大数据和精确算法为用户推送感兴趣的内容；还有各类手机导航地图，给出行用户规划路径，避开拥塞路段；以及微信运动、朋友圈广告、语音转文字等功能也都离不开大数据，类似的例子不胜枚举。

由于微信拥有海量的用户，微信平台上每时每刻都会产生海量数据，微信本身的大数据分析功能对商家的营销产生着巨大作用，例如，可以通过大数据分析解读微信公众号用户的阅读习惯，这对于广大微信运营者有很大的参考价值，不仅可以做品牌推广，同时也可以推送更多的信息给客户。下面通过图文结合给大家介绍一下如何借助网络平台申请微信公众号：

(1) 打开微信公众号申请官网 https://mp.weixin.qq.com，选择"立即注册"。

(2) 选择账号类型，个人选择"订阅号"，企业选择"服务号"。

(3) 如图 2.18 所示，填写用于注册的邮箱，并激活。

(4) 根据收到的激活邮件填写激活验证码。

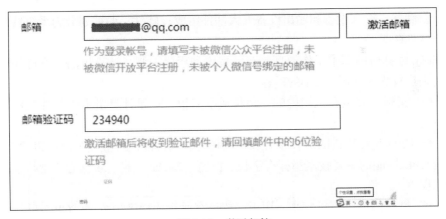

图 2.18　激活邮箱

(5) 设置密码后选择"我同意并遵守"，单击"注册"按钮，如图 2.19 所示。

(6) 再次确认账号类型，选择主体类型，此处以"个人"为例。

(7) 进行主体信息登记、管理员信息登记。

(8) 按要求输入公众号的账号名称及功能介绍，单击"完成"，便成功申请了公众号。

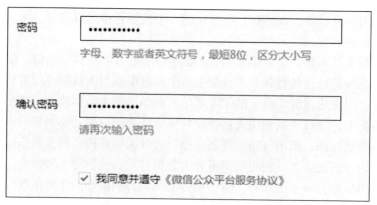

图 2.19 创建密码

本 章 小 结

(1) 计算机发展经历了四个阶段，计算机技术正朝着巨型化、微型化、网络化和智能化方向发展。当今计算机所遵循的基本结构及工作原理始终是冯·诺依曼体系结构。

(2) 计算机系统由硬件系统和软件系统两部分组成，硬件系统由运算器、控制器、存储器、输入设备和输出设备五大部件组成；软件一般被划分为系统软件和应用软件两类。

(3) 计算机的基本工作原理是存储程序和程序控制，计算机的工作过程实际上就是执行程序(指令序列)的过程。

(4) 主板是安装在机箱内的一块集成电路板，也是计算机中各部件相互连接的枢纽。

(5) CPU 是计算机的运算核心和控制核心，其性能大致能反映出微机的档次。衡量 CPU 性能的主要技术指标有字长、位宽、Cache 容量、多核心、主频、睿频和线程等。

(6) 微机的内存容量较小，用于存放正在运行的程序和数据，CPU 只与内存直接交换数据；外存容量较大，用于长期存放大量暂时不用的程序和数据。

(7) 总线是计算机各种功能部件之间传送信息的公共通信干线，按数据传送方式分为串行总线和并行总线，按所传输的信息种类分为数据总线、地址总线和控制总线。目前微机采用的总线标准主要有 PCI 和 PCI-E 等。

(8) 按资源共享观点可将计算机网络定义为：以能够相互共享资源的方式互联起来的自治计算机系统的集合。

思　考　题

1. 计算机硬件由哪几个主要部件组成？它们的作用分别是什么？

2. CPU 有哪些主要的性能指标？

3. 什么是指令？什么是指令的流水线技术？请简述计算机执行一条指令的具体步骤。

4. 什么是软件？软件的主要分类？

5. BIOS 芯片中主要存储的内容是什么？有什么用途？

6. 什么是总线？目前微机常采用的总线标准有哪些？

7. CPU 的寻址能力取决于什么因素？

8. ROM 和 RAM 的作用和区别是什么？

9. 什么是计算机网络？标准 IP 地址分为几类？

第 3 章　数制和信息编码

　　内容提要：本章主要介绍二进制、八进制、十进制和十六进制的计数规则，以及各种进制之间的相互转换方法；数据的基本概念，数的小数方式表示法即定点表示法和浮点表示法，带符号数的表示及运算方法，原码、反码和补码的表示及运算，西文字符的美国信息交换标准码(American standard code for information interchange, ASCII)、汉字编码、字形的点阵和矢量表示。

3.1　引　　言

　　计算机是一种由电子器件构成的，具有计算能力和逻辑判断能力以及自动控制与记忆功能的信息处理机器。计算机内部的信息分为两大类：控制信息和数据信息。控制信息是一系列的控制命令，用于指挥计算机如何操作；数据信息是计算机操作的对象，又可分为数值数据和非数值数据，数值数据用于表示数量的大小，非数值数据主要包括西文字符、汉字、特殊符号等。

　　1. 信息在计算机中如何表示

　　计算机作为一种信息加工处理的工具，要对信息进行输入、存储、运算等操作，那么信息在计算机中又是如何表示的呢？由于计算机是由逻辑电路组成的，逻辑电路工作时只有两种输出状态，即高电平和低电平。二进制的两个符号"0"和"1"正好与逻辑电路的两个状态低电平和高电平对应，与逻辑代数中的"假"与"真"相对应，为计算机实现逻辑运算带来了方便。其次，二进制运算法则简单，使运算器结构简单，两个状态代表的两个数码在存储、传输、处理时不易出错，因此电路更可靠，所以不论是什么信息，在输入计算机内部时，都必须用二进制编码表示，以方便存储和处理。

　　2. 为什么要了解数制间的转换

　　人们已经习惯使用十进制数，其书写也很方便，数据大小也能一目了然，而二进制数书写起来位数较长，为了满足人们的习惯，在计算机的输入设备(键盘)上的数字，仍然采用十进制数，如0～9，而计算机内的数字电路只有低电平和高电平两个状态，用二进制数的 0 和 1 来表示，当利用键盘输入一个十进制数后，在计算机中必须要转换成二进制数。虽然在计算机中用得最多的是二进制数和十进制数，但是由于采用二进制来表示一个数时数位太多，通常用与二进制数有简单对应关系的八进制数或十六进制数来表示，所以要了解数制间的转换。

3. 为什么要了解信息编码

在现实世界中，文字是人们进行通信的主要形式。在计算机中，文字用二进制的编码表示，即用不同的二进制编码来代表不同的文字。通常人们把不同二进制数的组合称为"编码"。例如，西文就是用 7 位二进制数构成的 128 种不同的组合的 ASCII 编码，因此键盘上的 0~9 的数字、a~z 和 A~Z 的英文字母、字符、标点以及其他特殊符号，都分别对应一个 7 位二进制数。汉字的输入、转换和存储方法与西文相似，但由于汉字数量多，不能由西文键盘直接输入，计算机在处理汉字信息时也要将其转化为二进制代码，这就需要对汉字进行编码，经过编码转换后存放到计算机中再进行处理操作。

3.2　数　　制

3.2.1　进位计数制的基本概念

进位计数制也称为数制(number system)，是人们利用数字符号来计数的方法，进位计数制是将数字符号按序排列形成数位，并按照某种由低位到高位进位的原则进行计数的数值表示方式。数位是指数码在某个数中所处的位置，同一个数码处在不同数位时它所代表的数值不同。人类都是按照进位方式来实现计数的，这种计数制度称为进位计数制，简称进位制。大家熟悉的十进制就是一种典型的进位计数制。

下面先给出进位计数制的两个概念：进位基数和数位的权值。

进位基数：基数是指在某种进位计数制中每个数位上所能使用的数码个数，记作 R。每一种进位计数制都有一组特定的数码，如十进制，每个数位规定使用的数码符号为 0、1、2、3、4、5、6、7、8、9，共 10 个，故其进位基数 $R=10$。二进制数只有两个数码，进位基数 $R=2$，而十六进制数有 16 个数码，进位基数 $R=16$。

数位的权值：数位的权值是指以该进制的进位基数为底，以数码所在位置的序号为指数的整数次方。各个数位的权值均可表示成 R^n 或 R^m 的形式，其中 R 是进位基数，n 是整数部分的位数，m 是小数部分的位数。按如下方法确定：整数部分，以小数点为起点，自右向左依次为 0, 1, 2, …, $n-1$；小数部分，以小数点为起点，自左向右依次为 -1, -2, …, $-m$。

R 进制数 N 可表示为

$$N = a_{n-1} \times R^{n-1} + a_{n-2} \times R^{n-2} + \cdots + a_0 \times R^0 + a_{-1} \times R^{-1} + \cdots + a_{-m} \times R^{-m}$$
$$= \sum_{i=-m}^{n-1} a_i \times R^i$$

3.2.2　常用进位计数制

1. 十进制

十进制(decimal)计数法的特点如下:

(1) 逢十进一。

(2) 使用 10 个数字符号(0，1，2，…，9)的不同组合来表示一个十进制数，如十进制数的 168.7 按权展开可表示为

$$(168.7)_D = 1 \times 10^2 + 6 \times 10^1 + 8 \times 10^0 + 7 \times 10^{-1}$$

2. 二进制

二进制(binary)计数法的特点如下:

(1) 逢二进一。

(2) 使用两个数字符号(0、1)的不同组合来表示一个二进制数，如二进制数的 1011.11 按权展开可表示为

$$(1011.11)_B = 1 \times 2^3 + 0 \times 2^2 + 1 \times 2^1 + 1 \times 2^0 + 1 \times 2^{-1} + 1 \times 2^{-2}$$

二进制的运算规则如下。

加法: 0+0=0，0+1=1，1+0=1，1+1=10。

减法: 0−0=0，1−1=0，1−0=1，0−1=1(有借位)。

乘法: 0×0=0，0×1=0，1×0=0，1×1=1。

除法: 0÷1=0，1÷1=1。

例 3.1　求$(1011)_B + (1101)_B$ 的值。

```
    1 0 1 1
 +  1 1 0 1
 ──────────
  1 1 0 0 0
```

$$(1011)_B + (1101)_B = (11000)_B$$

例 3.2　求$(1101)_B − (1011)_B$ 的值。

```
    1 1 0 1
 −  1 0 1 1
 ──────────
    0 0 1 0
```

$$(1101)_B-(1011)_B=(0010)_B$$

例 3.3 求$(1011)_B\times(11)_B$的值。

$$
\begin{array}{r}
1011\\
\times\quad\ 11\\
\hline
1011\\
+\ 1011\ \ \\
\hline
100001
\end{array}
$$

$$(1011)_B\times(11)_B=(100001)_B$$

例 3.4 求$(1010)_B\div(10)_B$的值。

$$
\begin{array}{r}
101\\
10\,\overline{)1010}\\
10\\
\hline
10\\
10\\
\hline
0
\end{array}
$$

$$(1010)_B\div(10)_B=(101)_B$$

3. 八进制

八进制(octal)计数法的特点如下：

(1) 逢八进一。

(2) 在八进制中，每个数位上规定使用的数码为 0、1、2、3、4、5、6、7，共 8 个，进位基数 R 为 8。八进制数 752.34 按权展开可表示为

$$(752.34)_O=7\times8^2+5\times8^1+2\times8^0+3\times8^{-1}+4\times8^{-2}$$

4. 十六进制

十六进制(hexadecimal)计数法的特点如下：

(1) 逢十六进一。

(2) 每个数位上能使用的数码符号有 0、1、2、3、4、5、6、7、8、9、A、B、C、D、E、F，共 16 个，其中 A～F 依次表示 10～15，基数是 16。十六进制数 E5AD.BF 按权展开可表示为

$$(E5AD.BF)_H=14\times16^3+5\times16^2+10\times16^1+13\times16^0+11\times16^{-1}+15\times16^{-2}$$

5. 二进制数、八进制数和十六进制数转换成十进制数

将一个二进制数、八进制数和十六进制数转换成十进制数的方法很简单，就

是数码乘以各自的权的累加，写出该进制的按权展开式，然后相加，就可得到等值的十进制数。

例 3.5　将二进制数(1001.1)_B转换成十进制数。

$$(1001.1)_B = 1 \times 2^3 + 0 \times 2^2 + 0 \times 2^1 + 1 \times 2^0 + 1 \times 2^{-1} = (9.5)_D$$

例 3.6　将八进制数(257)_O转换成十进制数。

$$(257)_O = 2 \times 8^2 + 5 \times 8^1 + 7 \times 8^0 = (175)_D$$

例 3.7　将十六进制数(5DA)_H转换成十进制数。

$$(5DA)_H = 5 \times 16^2 + 13 \times 16^1 + 10 \times 16^0 = (1498)_D$$

6. 几种数制对照

几种数制对照如表 3.1 所示。

表 3.1　几种数制对照表

十进制数	二进制数	八进制数	十六进制数
0	0	0	0
1	1	1	1
2	10	2	2
3	11	3	3
4	100	4	4
5	101	5	5
6	110	6	6
7	111	7	7
8	1000	10	8
9	1001	11	9
10	1010	12	A
11	1011	13	B
12	1100	14	C

续表

十进制数	二进制数	八进制数	十六进制数
13	1101	15	D
14	1110	16	E
15	1111	17	F
16	10000	20	10

3.2.3　不同数制间的转换

　　任何数字系统(如计算机)的原始输入数据和最终输出数据一般均为十进制数，因为人们都熟悉十进制。但计算机的运算都按二进制来进行，由于二进制的书写长度太长，通常用八进制和十六进制数来表示以缩短长度，因此要了解计算机的工作，必须知道这几种数制间的转换关系。

　　1. 十进制数转换成二进制数、八进制数和十六进制数

　　1) 十进制数与二进制数之间的转换

　　整数部分：除以 2 取余数，直到商为 0，余数从右到左排列。

　　小数部分：乘以 2 取整数，整数从左到右排列。

　　例 3.8　求 $(11.375)_D=(?)_B$。

$$(11.375)_D=(1011.011)_B$$

　　2) 十进制数与八进制数之间的转换

　　整数部分：除以 8 取余数，直到商为 0，余数从右到左排列。

　　小数部分：乘以 8 取整数，整数从左到右排列。

　　例 3.9　求 $(427.245)_D=(?)_O$。

```
                                    0.245          取整
                                  ×    8
         8 427          余数         1.960   ⟶  1      最高位
                                  ×    8
         8 53  ·············  3    最低位    7.680   ⟶  7
                                  ×    8
         8 6   ·············  5            5.440   ⟶  5      最低位
                                            ⋮          ⋮
           0   ·············  6    最高位
```

$$(427.245)_D = (653.175)_O$$

3) 十进制数与十六进制数之间的转换

整数部分：除以 16 取余数，直到商为 0，余数从右到左排列。

小数部分：乘以 16 取整数，整数从左到右排列。

例 3.10 求 $(427.65)_D = (?)_H$。

```
                                    0.65           取整
                                  ×   16
                                   10.40   ⟶  10 (A)  最高位
                                  ×   16
        16 427          余数         6.40    ⟶  6
        16 26  ·············  11 (B)  最低位  ×   16
        16 1   ·············  10 (A)          6.40    ⟶  6      最低位
                                              ⋮          ⋮
           0   ·············  1    最高位
```

$$(427.65)_D = (1AB.A\,66)_H$$

2. 二进制、八进制、十六进制数间的相互转换

八进制数的基数 $R=8$，3 位二进制数恰好是 8 个状态，即 $8=2^3$；十六进制数的基数为 $R=16$，4 位二进制数恰好是 16 个状态，即 $16=2^4$。二进制数、八进制数和十六进制数之间具有 2 的整指数倍关系，因而可直接进行转换。

将二进制数转换为八进制或十六进制的方法如下。

整数部分：从小数点开始，向左按 3 位一组转换为八进制或按 4 位一组转换为十六进制，最后不满 3 位或 4 位的则需补 0。将每组以对应的等值八进制数或十六进制数代替。

小数部分：从小数点开始，向右按 3 位一组转换为八进制或按 4 位一组转换为十六进制，最后不满 3 位或 4 位的则需补 0。将每组以对应的等值八进制数或十六进制数代替。

1) 八进制、十六进制数转换为二进制数

一位八进制数对应三位二进制数，一位十六进制数对应四位二进制数。

例 3.11 求$(257.36)_O = (?)_B$。

$(257.36)_O = (\underline{010}\ \underline{101}\ \underline{111}.\underline{011}\ \underline{110})_B = (10101111.01111)_B$
$\qquad\qquad\quad 2\ \ 5\ \ 7\ .\ 3\ \ 6$

例 3.12 求$(3B8.56)_H = (?)_B$。

$(3B8.56)_H = (\underline{0011}\ \underline{1011}\ \underline{1000}.\underline{0101}\ \underline{0110})_B = (1110111000.0101011)_B$
$\qquad\qquad\quad 3\ \ \ B\ \ \ 8\ .\ 5\ \ \ 6$

2) 二进制数转化成八进制数

整数部分：从右向左按三位进行分组，不足补零。

小数部分：从左向右按三位进行分组，不足补零。

例 3.13 求$(10101111.01111)_B=(?)_O$。

$(10101111.01111)_B = (\underline{010}\ \underline{101}\ \underline{111}.\underline{011}\ \underline{110})_B = (257.36)_O$
$\qquad\qquad\qquad\quad 2\ \ 5\ \ 7\ .\ 3\ \ 6$

例 3.14 求$(1011011111.100110)_B=(?)_O$。

$(1011011111.100110)_B = (\underline{001}\ \underline{011}\ \underline{011}\ \underline{111}.\underline{100}\ \underline{110})_B = (1337.46)_O$
$\qquad\qquad\qquad\qquad 1\ \ 3\ \ 3\ \ 7\ .\ 4\ \ 6$

3) 二进制数转化成十六进制数

整数部分：从右向左按四位进行分组，不足补零。

小数部分：从左向右按四位进行分组，不足补零。

例 3.15 求$(1110111000.0101011)_B=(?)_H$。

$(1110111000.0101011)_B = (\underline{0011}\ \underline{1011}\ \underline{1000}.\underline{0101}\ \underline{0110})_B = (3B8.56)_H$
$\qquad\qquad\qquad\qquad\quad 3\ \ \ B\ \ \ 8\ .\ 5\ \ \ 6$

例 3.16 求$(1011011111.10011)_B=(?)_H$。

$(1011011111.10011)_B = (\underline{0010}\ \underline{1101}\ \underline{1111}.\underline{1001}\ \underline{1000})_B = (2DF.98)_H$
$\qquad\qquad\qquad\qquad 2\ \ \ D\ \ \ F\ .\ 9\ \ \ 8$

3.3 计算机中数据的表示

计算机中数据的表示与数学中数据的表示不同，计算机中的数据称为机器数，数学中的数据称为真值。机器数有以下特点：①用二进制表示；②正负符号数字化，用 0 表示正数，用 1 表示负数；③小数点位置的约定完全是人为的。小数点位置是隐含约定的，小数点并不需要真正地占据一个二进制位。计算机在进行算术运算时，需要指出小数点的位置，根据小数点的位置是否固定，在计算机中有两种数据格式：定点表示和浮点表示。

3.3.1 带符号数的表示及运算

在计算机中任何数据都以二进制代码 0 和 1 表示，是由计算机内部的晶体管的饱和导通与截止对应的两种输出状态，即低电平和高电平决定的，这两种状态正好用二进制的两个数码 0 和 1 表示。实际中的数据有正数和负数之分，因此实际数据是用正号"+"或负号"–"表示的，在机器里就只能用一位二进制数 0 或 1 来区别。通常这个符号放在二进制数的最高位，称为符号位，以 0 代表符号"+"，以 1 代表符号"–"。

1. 带符号数的编码表示

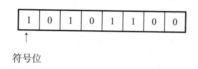

符号位

2. 带符号数的运算带来的问题

例如，$(-5)_D+(4)_D$ 的结果应为 $(-1)_D$，$(9)_D-(7)_D$ 的结果应为 $(+2)_D$，但在计算机中若按照前面讲的利用 8 位二进制进行计算，符号位和数值同时参加运算，如果是减法，把减法变成加法运算，如 $(9)_D-(7)_D=(9)_D+(-7)_D$，则运算结果如下：

$$
\begin{array}{ll}
\quad 10000101 \quad -5 & \quad 00001001 \quad +9 \\
+00000100 \quad +4 & +10000111 \quad -7 \\
\hline
\quad 10001001 \quad -9 & \quad 10010000 \quad -16
\end{array}
$$

从上述运算可知，当符号位同时和数值参加运算后产生了错误的结果，为了解决上述问题，采用编码的表示方式，常用的编码是原码、反码和补码，其实质是对负数表示的不同编码。

3.3.2 原码、反码和补码

符号位同时和数值参加运算后产生了错误的结果，采用原码、反码和补码可以解决负数在机器内部数值连同符号位一起参加运算的问题。

1. 原码

将带符号数的数值部分用二进制数表示，符号部分用 0 表示符号"+"，用 1 表示符号"–"，这样形成的一组二进制数称为原带符号数(也称真值)的原码(sign magnitude)。

在原码表示法中，用最高位表示数符，若为 0，则代表正数；若为 1，则代表负数。数值部分为真值的绝对值，这种表示方法就是原码表示法。

$$[X]_{原} = \begin{cases} 0X & +7:00000111 \quad +0:00000000 \\ 1|X| & -7:10000111 \quad -0:10000000 \end{cases}$$

例 3.17 求出 $X=(+48)_D$ 和 $Y=(-48)_D$ 的 8 位二进制原码。

$$X_{原}=(00110000)_B, \quad Y_{原}=(10110000)_B$$

例 3.18 求出 $X=(+75)_D$ 和 $Y=(-75)_D$ 的 8 位二进制原码。

$$X_{原}=(01001011)_B, \quad Y_{原}=(11001011)_B$$

2. 反码

反码，就是对负数的原码，除符号位外，逐位取反所得到的数，而正数的反码则与其原码形式相同。

$$[X]_{反} = \begin{cases} 0X & +7:00000111 \quad +0:00000000 \\ 1|\bar{X}| & -7:11111000 \quad -0:11111111 \end{cases}$$

例 3.19 求出 $X=(+48)_D$ 和 $Y=(-48)_D$ 的 8 位二进制反码。

$$X_{反}=(00110000)_B, \quad Y_{反}=(11001111)_B$$

例 3.20 求出 $X=(+75)_D$ 和 $Y=(-75)_D$ 的 8 位二进制反码。

$$X_{反}=(01001011)_B, \quad Y_{反}=(10110100)_B$$

3. 补码

计算机中通常采用的带符号数表示法是补码(complement)表示法，其规则是：对于正数，补码与原码相同；对于负数，符号位仍为 1，但二进制数值部分要按位取反，末位加 1。这样得到的一组二进制数称为原带符号数的补码(如果末位不加 1，则称为反码)。将其称为补码，是因为真值为负数时所得到的补码与真值的数值部分之和为 2^n，即彼此对 2^n 互补，此处 n 为二进制补码的位数。利用这一特点，可以快速计算一个带符号二进制数(或十六进制数)的补码。

若某数为正，则补码就是它本身；若某数为负，则先将其表示成原码，然后除符号位外，逐位取反(即 0 变 1，1 变 0)，最后再加 1。

$$[X]_{补} = \begin{cases} 0X & +7:00000111 \quad +0:00000000 \\ 1|\bar{X}|+1 & -7:11111001 \quad -0:00000000 \end{cases}$$

例 3.21 求出 $X=(+48)_D$ 和 $Y=(-48)_D$ 的 8 位二进制补码。

X 为正数，补码与原码相同，因此，$X_{补}=X_{原}=(00110000)_B$。

Y 为负数,数值部分要在原码的基础上按位取反,末位加 1,因此,$Y_{补}=(11010000)_B$。

例 3.22　求出 $X=(+75)_D$ 和 $Y=(-75)_D$ 的 8 位二进制补码。

X 为正数,补码与原码相同,因此,$X_{补}=X_{原}=(01001011)_B$。

Y 为负数,数值部分要在原码的基础上按位取反,末位加 1,因此,$Y_{补}=(10110101)_B$。

综上所述:

(1) 正数的原码、补码、反码,三者相同。

(2) 负数的补码、反码与原码不同,但三者符号位都为 1。

(3) 反码与补码只差 1,因此只需将反码加 1,即得补码(此即简便求补码法)。

4. 补码的运算

(1) 补码加法:两个补码表示的数相加,符号位参加运算,且两数和的补码等于两数补码之和,即 $[X+Y]_{补}=[X]_{补}+[Y]_{补}$。

例 3.23　$X=1011$,$Y=-1110$,求 $X+Y$。

$[X]_{补}=01011$,$[Y]_{补}=10010$,$[X+Y]_{补}=11101$,$X+Y=-0011$

(2) 补码减法:减法运算要变换为加法运算来进行,减去一个数变为加上这个数的负数。即 $[X-Y]_{补}=[X]_{补}+[-Y]_{补}$。

例 3.24　利用 8 位二进制补码计算 $(4)_D-(5)_D$ 的结果,结果用十进制数表示。

$(4)_D-(5)_D=(4)_D+(-5)_D=(00000100)_{补}+(11111011)_{补}=(11111111)_{补}=(10000001)_{原}=(-1)_D$

利用补码运算 $(4)_D-(5)_D$ 的结果是正确的,补码可以方便地进行带符号数的加、减法运算。在用补码进行加、减运算时,符号位与数字位一样参加运算,给计算机的加、减运算带来很大方便。反码一般不用于计算,但可作为原码转换为补码时的中间代码。

(3) 引入了补码编码后,大大简化了运算规则:减法转化成了加法,这样大大简化了运算器硬件电路的设计,加、减法可用同一硬件电路进行处理。

运算时,符号位与数值位同等对待,都按二进制参加运算;符号位产生的进位丢掉不管,其结果是正确的。

(4) 产生的问题:但要注意的是,同号相加或异号相减时,有可能发生溢出(overflow)。溢出是指运算结果超出了原指定位数所能表示的带符号数范围。因此,当发生溢出时,需要增加二进制补码的位数,否则运算结果将出错。

5. 溢出

(1) 溢出的概念:在计算机中带符号数用补码表示,对于 8 位机,数的范围为 $-128\sim+127$,对于 16 位机,数的表示范围为 $-32768\sim32767$。若计算结果超出了这个范围则称为溢出。发生溢出情况时,其计算结果是错误的。

(2) 溢出的产生：在补码运算中，若两个正数相加，而结果为负；两个负数相加，而结果为正，则结果出错，产生了溢出。将两正数相加产生的溢出称为正溢；反之，两负数相加产生的溢出称为负溢。

例 3.25　利用 8 位二进制补码计算$(9)_D-(7)_D$的结果。

$$(9)_D-(7)_D=(+9)_D + (-7)_D=(00001001)_补+(11111001)_补=(00000010)_补$$

$$=(00000010)_原=(+2)_D$$

```
      0 0 0 0 1 0 0 1      9的补码
  +   1 1 1 1 1 0 0 1     -7的补码
    ─────────────────
    [1] 0 0 0 0 0 0 1 0
          ↑
        自动丢失
```

例 3.26　利用 8 位二进制补码计算$(65)_D+(70)_D$的结果。

$$(65)_D=(01000001)_2 =(01000001)_补$$

$$(70)_D=(01000110)_2 =(01000110)_补$$

$$(65)_D+(70)_D=(01000001)_补+(01000110)_补=(10000111)_补$$

```
      0 1 0 0 0 0 0 1
  +   0 1 0 0 0 1 1 0
    ─────────────────
      1 0 0 0 0 1 1 1
        溢出
```

对于有符号的，最高位为符号位，可以表示的最大整数为 127，即 01111111，两个正的 8 位二进制数相加结果为负数，显然是错误的，产生了溢出。

原因是计算结果超出了机器的存放范围，因为计算机存放一个基本信息单元的长度是由硬件电路决定的。基本信息单元的二进制位数称为字长，因此字长是指存放二进制信息的最基本的长度，它决定计算机进行一次信息传送、加工、存储的二进制的位数。一台计算机的字长是固定的，有 8 位、16 位、32 位、64 位等，所以机器数所能表示的数值大小和精度也受到限制。当计算机中要存放很大的数时，如何解决溢出问题？通常采用指数形式存放，即采用"浮点数"形式存放。

3.3.3　定点数与浮点数在计算机中的表示

前面介绍了用补码解决数值的符号表示和计算问题，由于计算机处理的数通常是既有整数又有小数，但计算机中通常只表示整数或纯小数，在计算机中如何解决小数点的存放问题？计算机中表示实数的方法有两种，即定点数和浮点数，小数点不占用位置。

1. 定点数

约定小数点隐含固定在某个位置不变，这种表示法称为定点表示法。采用定点表示法的计算机称为定点计算机。原则上，小数点固定在哪一位并无关系，但为了方便，总是把小数点规定在数的最前面或最后面，即总是把所有的数化为纯小数或纯整数来对待。选择哪一种在硬件上并无区别，是在程序中约定的。定点数的小数点位置是隐含约定的，小数点在机器中并不实际存在，小数点并不需要真正地占据一个二进制位。

(1) 定点纯整数：定点整数即纯整数，小数点的位置在最低数值位的后面，用于表示整数，如图3.1所示。在计算机中为了运算方便，带符号的定点整数通常用补码表示，也可用原码表示，两种码表示定点整数的范围略有不同。设机器字长有 n 位，则有以下表示范围。

原码定点整数的表示范围：$-(2^{n-1}-1)\sim 2^{n-1}-1$。

补码定点整数的表示范围：$-2^{n-1}\sim 2^{n-1}-1$。

若机器字长有 8 位，则有以下表示范围。

原码定点整数的表示范围：$-127\sim 127$。

补码定点整数的表示范围：$-128\sim 127$。

(2) 定点纯小数：小数点的位置约定在最高数值位的前面，符号位之后，用于表示小于 1 的纯小数，如图3.2所示。

图3.1　定点纯整数　　　　　　　　　　图3.2　定点纯小数

定点小数的表示范围，对于 n 位字长的定点小数，不同的编码表示范围不同。

原码定点小数的表示范围：$-(1-2^{-n+1})\sim 1-2^{-n+1}$。

补码定点小数的表示范围：$-1\sim 1-2^{-n+1}$。

2. 浮点数

小数点的位置在数中可以变动，这种表示法称为浮点表示法。采用浮点表示法的计算机称为浮点计算机。

浮点表示法类似于科学计数法，任何一个数均可通过改变指数部分，使小数点位置发生移动，如数$(23.67)_D$ 可以写成 2.367×10^1、0.2367×10^2、0.02367×10^3 等不同形式。在浮点表示法中，把一个 R 进制数 N 浮点表示为

$$N=R^C\times M$$

其中，C 为 N 的阶码，是指数，是带符号的定点整数，指明小数点的位置；M 为
N 的尾数，表示 N 的有效数字，在大多数计算机中，尾数为纯小数，常用原码或补
码表示。其中阶符和尾符表示数字的符号位，规定正号用 0 表示，负号用 1 表示。阶
符是阶码的符号位，阶码主要决定浮点数的表示范围，尾符是整个浮点数的符号位，
表示该浮点数的正负，尾数主要决定浮点数的精度，浮点数的表示方法如下：

阶符	阶码	尾符	尾数

例如，浮点数 $N=2^{-101}\times 0.1101$ 表示形式如下：

1	101	0	1101

又如，浮点数 $N=-2^{101}\times 0.1101$ 表示形式如下：

0	101	1	1101

为了提高运算的精度，需要充分利用尾数的有效数位，通常采取浮点数规格
化形式，即规定尾数的最高数位必须是一个有效值，如果阶码的底为 2，规格化
浮点数的尾数应满足条件 $1/2\leqslant|M|<1$。表 3.2 为浮点数的典型值。

表 3.2　浮点数的典型值

浮点数类型	浮点数代码		真值
	阶码	尾数	
最大正数	01…1	0.11…11	$(1-2^{-n})\times 2^{k}-1$
绝对值最大负数	01…1	1.00…00	$-1\times 2^{2^{k}-1}$
最小正数	10…0	0.00…01	$2^{-n}\times 2^{-2^{k}}$
规格化的最小正数	10…0	0.10…00	$2^{-1}\times 2^{-2^{k}}$
绝对值最小负数	10…0	1.11…11	$-2^{-n}\times 2^{-2^{k}}$
规格化的绝对值最小负数	10…0	1.01…11	$(-2^{-1}-2^{-n})\times 2^{-2^{k}}$

3.4　信 息 编 码

3.4.1　ASCII 码

ASCII 码是微机中表示字符的常用码制，主要用在计算机的输入输出设备上。
ASCII 码是用七位二进制表示一个字符，但由于字节是计算机中常用的单位，所
以采用一字节来存放一个 ASCII 字符，每字节中的最高位都用"0"表示。7 位
ASCII 码可表示 $2^7=128$ 种字符，其中包括 0~9 共 10 个数字字符、26 个大写英

文字母、26 个小写英文字母、34 个专用符号、32 个控制符号，这些字符通常都可以在计算机输入键盘上找到相应的键,按键后就可将字符的编码输入计算机中。需要时也可以将这些字符的编码送往显示器或打印机，显示或打印出相应的字符图形。其中可直接显示或打印字符 94 个，不可打印字符 34 个，如表 3.3 所示，在 ASCII 码对照表的第 1 行、第 2 行及 SP 和 DEL 共 34 个字符都是不可直接显示或打印的字符，称为控制字符，它们可用于数据通信时的传输控制、打印或显示时的格式控制、对外部设备的操作控制或进行信息分隔等特殊功能，如 DC_1 表示设备控制1,是不可直接显示或打印的字符,它的 ASCII 码为$(00010001)_B$ 或$(11)_H$。字母 A 是可直接显示或打印的字符， 它的 ASCII 码为$(01000001)_B$ 或$(41)_H$，字母 T 的 ASCII 码为$(01010100)_B$ 或$(54)_H$，数字 9 的 ASCII 码为$(00111001)_B$ 或$(39)_H$等。

表 3.3　ASCII 码对照表

高位＼低位	0000	0001	0010	0011	0100	0101	0110	0111	1000	1001	1010	1011	1100	1101	1110	1111
0000	NUL	SOH	STX	ETX	EOT	ENQ	ACK	BEL	BS	HT	LF	VT	FF	CR	SO	SI
0001	DLE	DC_1	DC_2	DC_3	DC_4	NAK	SYN	ETB	CAN	EM	SUB	ESC	FS	GS	RS	US
0010	SP	!	”	#	$	%	&	‘	(	)	*	+	,	—	.	/
0011	0	1	2	3	4	5	6	7	8	9	:	;	<	=	>	?
0100	@	A	B	C	D	E	F	G	H	I	J	K	L	M	N	O
0101	P	Q	R	S	T	U	V	W	X	Y	Z	[	\	]	↑	←
0110	‘	a	b	c	d	e	f	g	h	i	j	k	l	m	n	o
0111	p	q	r	s	t	u	v	w	x	y	z	{	|	}	~	DEL

以下为字符对应的编码及十六进制数。

LF(换行)：$(00001010)_B$，$(0A)_H$。

CR(回车)：$(00001101)_B$，$(0D)_H$。

SP(空格)：$(00100000)_B$，$(20)_H$。

0~9：$(00110000)_B$~$(00111001)_B$，$(30)_H$~$(39)_H$。

A~Z：$(01000001)_B$~$(01011010)_B$，$(41)_H$~$(5A)_H$。

a~z：$(01100001)_B$~$(01111010)_B$，$(61)_H$~$(7A)_H$。

表 3.3 中控制符的含义如下：

NUL：空白(null)。

SOH：标题开始(start of heading)。

STX：正文开始(start of text)。

ETX：正文结束(end of text)。

EOT：传输结束(end of transmission)。

ENQ：询问(enquiry)。

ACK：确认(acknowledge)。

BEL：响铃(告警)(bell)。

BS：退一格(backspace)。

HT：水平列表(horizontal tabulation)。

LF：换行(line feed)。

VT：垂直列表(vertical tabulation)。

FF：走纸(form feed)。

CR：回车(carriage return)。

SO：移出(shift out)。

SI：移入(shift in)。

DLE：数据链路换码(data link escape)。

DC$_1$：设备控制 1(device control 1)。

DC$_2$：设备控制 2(device control 2)。

DC$_3$：设备控制 3(device control 3)。

DC$_4$：设备控制 4(device control 4)。

NAK：否认(negative acknowledge)。

SYN：同步空传(synchronous idle)。

ETB：块结束(end of transmission block)。

CAN：取消(cancel)。

EM：纸尽(end of medium)。

SUB：替换(substitute)。

ESC：退出(escape)。

FS：文件分离符(file separator)。

GS：字组分离符(group separator)。

RS：记录分离符(record separator)。

US：单元分离符(unit separator)。

SP：空格(space)。

DEL：删除(delete)。

3.4.2　汉字编码

汉字也是字符，汉字的输入、转换和存储方法与西文相似，但它比西文字符量大而且复杂，不能由键盘直接输入，计算机在处理汉字信息时也要将其转换为二进制代码，这就需要对汉字进行编码，经过编码转换后存放到计算机中再进行处理操作。一般汉字编码采用 2 字节即 16 位二进制数进行编码。

由于汉字的特殊性，在汉字的输入、存储、输出过程中所使用的汉字编码是不一样的，输入时有输入编码，存储时有汉字机内码，输出时有汉字字形编码。根据汉字处理过程中的不同要求，主要分为四类：汉字输入编码、汉字交换码、汉字机内码和汉字字形码。人们通过键盘根据汉字的输入码输入汉字，计算机接收到这个输入码后，将它转换为汉字机内码存储，当要显示或打印汉字时，将内部码以点阵的形式转换成汉字字形码。

1. 汉字输入编码

汉字输入编码也称外码，为了能把汉字这种象形文字通过西文标准键盘输入到计算机内，就必须对汉字用键盘已有的字符设计编码，这种编码称为汉字输入编码。目前采用的汉字输入方案是一种键盘编码方案，就是利用标准键盘对汉字进行编码输入，在键盘编码输入法中，通常用一个规定好的按键组合来代表一个汉字，通过输入规定的按键组合就可以输入某个汉字，这种按键的组合就称为汉字输入码。为了便于输入，汉字输入码必须设计得容易学习和记忆，因为在输入汉字时，用户必须很快将该汉字转换成输入码，然后经由键盘输入，同一汉字有不同的输入编码，这取决于用户采用哪种输入法，不同的输入法对同一汉字有不同的编码方案，常见的有字音编码、字形编码等。

(1) 字音编码：以汉语读音为基础的输入编码，分为全拼、双拼、微软拼音、智能 ABC 等。但汉字同音字太多，输入重码率很高，因此按拼音输入后还必须进行同音字选择，影响了输入速度的提高。

(2) 字形编码：以汉字的形状确定的编码，汉字总数虽多，但都是由一笔一画构成的，把汉字的笔画部件用字母或数字进行编码，按笔画的顺序依次输入，就能表示一个汉字，如五笔字型输入法等。

2. 汉字交换码(国标码)

为了使每一个汉字有统一的代码，1981 年，我国国家标准总局颁布了《信息交换用汉字编码字符集 基本集》，即 GB 2312—1980 汉字编码，又称"国标码"(也称交换码)，该标准收集汉字 6763 个，其中一级汉字 3755 个，按汉语拼音排列，二级汉字 3008 个，按偏旁部首排列，还收集了 682 个图形符号。国标码的编码原则是：每个汉字用两字节表示，分别称为前字节和后字节，每字节用七位二进制码(每字节的最高位均未作定义，最高位默认为 0)，采用 14 位二进制码，能组成 $2^{14}=16384$ 个汉字。国标码字符集由 94 行×94 列构成，行号称为区号，列号称为位号，区号和位号组合在一起构成汉字的"区位码"。

例 3.27 已知下列几个字的区号和位号，求它们的区位码。

"国"字处在代码表中的第 25 行、第 90 列，它的区位码是 2590。

"中"的区号是 54，位号是 48，它的区位码为 5448。

"华"的区号是 27，位号是 10，它的区位码为 2710。

为了与 ASCII 码兼容，把汉字或符号在代码表中的区号、位号各增加 32 后得到汉字的"国标码"。也就是说国标码是区位码的区号和位号分别加上 32 得到的。上述的几个字的区位码转变成国标码的方法如下。

"国"的国标码高位字节为 25+32=57，低位字节为 90+32=122，它的国标码为 57122。

"中"的国标码高位字节为 54+32=86，低位字节为 48+32=80，它的国标码为 8680。

"华"的国标码高位字节为 27+32=59，低位字节为 10+32=42，它的国标码为 5942。

3. 汉字机内码

计算机内部使用的汉字编码称为汉字机内码，也称为汉字内部码，简称内码，它是机器存储和处理汉字时采用的统一编码。每个汉字的机内码是唯一的，用两字节表示。计算机系统中，由于机内码的存在，输入汉字时就允许用户根据自己的习惯使用不同的输入码，进入系统后再统一转换成机内码存储。由于国标码与ASCII 码兼容，可以认为它是扩展的 ASCII 码，为了把汉字和西文字符加以区分，采用的方法是把一个汉字看成两个扩展 ASCII 码，把国标码的两字节的最高位由0 变为 1，这种最高位为 1 的双字节编码即该汉字的机内码。汉字机内码可以理解为变形国标码，变形国标码是把国标码的两字节的最高位分别加 1，就变成了汉字机内码。

例 3.28 已知"国"字的区位码是 2590，求它的机内码。

"国"字的国标码为 57122，它的双字节二进制编码为 $(00111001)_B(01111010)_B$，两字节的最高位置 1 以后得到机内码，机内码的二进制表示形式为 $(10111001)_B(11111010)_B$，十六进制表示为 $(B9)_H(FA)_H$。它的机内码为 $(B9\ FA)_H$。

例 3.29 已知"中"字的区位码是 5448，求它的机内码。

"中"字的国标码为 8680，它的双字节二进制编码为 $(01010110)_B(01010000)_B$，两字节的最高位置 1 以后得到机内码，机内码的二进制表示形式为 $(11010110)_B(11010000)_B$，十六进制表示为 $(D6)_H(D0)_H$。它的机内码为 $(D6D0)_H$。

4. 汉字输出

英文字符在计算机内表示为 ASCII 码，汉字在计算机中表示成国标码，但在显示器等输出设备上看到的并不是这些编码，而是我们认识的字母或汉字。计算机怎样做到这一点呢？为了在输出设备上输出正确的英文字符或汉字，必须令计算机了解有关字形的知识，即计算机必须知道每个汉字或英文的字形，并在需要的时候将某个字的字形送到输出设备进行输出。同样，每个字形也必须表示为二进制代码，存储在计算机的字形库中。这些二进制代码也称为字形码。汉字字形码又称汉字字模，用于汉字在显示器上显示或在打印机上输出，通常有两种表示方法：点阵表示和矢量表示。

1) 点阵表示

用点阵表示字形时，汉字字形码指的就是这个汉字字形点阵的代码。点阵表示是用一组排列成矩形阵列的点来表示一个字符，黑点处表示"1"，空白处表示"0"。根据汉字输出的要求不同，有 16×16、24×24、32×32、48×48 四种点阵。图 3.3 显示了"大"字的 16×16 字形点阵代码。通常点阵规模越大，显示的文字越清晰，所占存储空间也越大，16×16 的点阵占用 32 字节，32×32 的点阵占用 128

字节。所以字形点阵只能用来构成汉字库，而不能用于机内存储。字库中存储了每个汉字的点阵代码，当显示输出或打印输出时才检索字库，输出字形点阵，得到字形。点阵字体的主要缺点是当字体放大时，会出现锯齿状失真，字体变得不太美观，而矢量字形技术可以有效地避免这个问题。

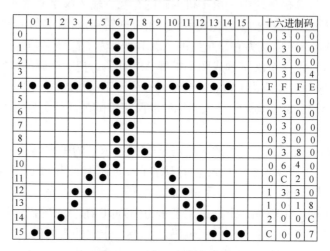

	0	1	2	3	4	5	6	7	8	9	10	11	12	13	14	15	十六进制码			
0							●	●									0	3	0	0
1							●	●									0	3	0	0
2							●	●									0	3	0	0
3							●	●						●			0	3	0	4
4	●	●	●	●	●	●	●	●	●	●	●	●	●	●	●		F	F	F	E
5							●	●									0	3	0	0
6							●	●									0	3	0	0
7							●	●									0	3	0	0
8							●	●									0	3	0	0
9							●	●	●								0	3	8	0
10						●	●			●							0	6	4	0
11					●	●					●						0	C	2	0
12				●			●	●			●	●					1	3	3	0
13				●								●	●				1	0	1	8
14			●										●	●			2	0	0	C
15	●	●												●	●	●	C	0	0	7

图3.3　"大"字的点阵图

2）矢量表示

矢量表示通过一连串称为矢量的直线或曲线绘制出笔画的轮廓，只要这些矢量折线与文字的笔画轮廓足够近似，描述出的字形就会很美观。由于矢量表示的笔画优美且能任意缩放，矢量字形描述技术在目前的计算机上得到了越来越广泛的应用。汉字的矢量表示方式存储的是描述汉字轮廓特征的信息，矢量表示比较复杂，它把字符的轮廓用一组直线和曲线来勾画，记录的是每一条直线和曲线的端点及控制点的坐标。当要输出汉字时，通过计算机的计算，由汉字字形描述生成所需大小和形状的汉字点阵。矢量字形在存入计算机时，只需要存储这些矢量折线，不像点阵字体中要存储每个点的信息。矢量化字形描述与最终文字显示的大小、分辨率无关，因此可产生高质量的汉字输出。Windows 操作系统中使用的 TrueType 技术就是矢量表示形式，图 3.4 是用矢量表示的字符。

ABCD

图 3.4　用矢量表示的字符

汉字的点阵表示形式编码和存储方式简单，无须转换就可直接输出，但字形放大后产生的效果差，且同一字体不同的点阵要用不同的字库。汉字的矢量表示形式精度高，字的大小在变化时能保持字形不变，但输出时需要进行大量计算。

5. 中文信息处理过程

中文信息通过键盘以外码的形式输入计算机，外码被输入处理程序翻译成相应的内码，并在计算机内部进行存储和处理，最后由输出处理程序查找字库，按需要显示的中文内码调用相应的字形码，再送到输出显示设备进行显示或打印。

从键盘上输入一个汉字，最后从显示器或打印机输出该汉字，从编码形式上大致经历如下变化过程：

输入汉字 ──→ 汉字输入编码 ──→ 汉字国标码 ──→ 汉字机内码 ──→ 汉字字形码 ──→ 汉字输出

用户在键盘上输入"好"字的输入码 VB(五笔字型码)；计算机通过检索汉字输入编码和汉字机内码的对照表，将汉字输入编码转换为相应的汉字机内码 B3A3(国标码)进行存储和处理；在需要输出时，再检索汉字机内码和汉字字形码的对照表，根据汉字字形码将"好"字输出在显示器或打印纸上。

6. BIG5 编码

BIG5 编码是中国台湾、香港、澳门地区使用的一种繁体汉字的编码标准，它采用的是双字节编码方案，其中第一字节的值在 A0H～FEH，第二字节的值在 40H～7EH 和 A1H～FEH，包括 408 个符号、一级汉字 5401 个、二级汉字 7652 个，共计 13461 个汉字和符号。

7. Unicode

ASCII 码对英语来说非常合适，但对其他语言文字就不适用了，为了处理汉字，1981 年，我国颁布了 GB 2312—1980 汉字编码的国家标准，由于 GB 2312—1980 支持的汉字太少，1995 年，我国颁布了汉字扩展规范 GBK 1.0 汉字编码的国家标准，收录了 21886 个字符，它分为汉字区和图形符号区，汉字区包括 21003 个字符。2000 年，我国颁布了 GB 18030—2000 汉字编码的国家标准，该标准收录了 27484 个汉字，同时还收录了藏文、蒙文、维吾尔文等主要的少数民族文字。随着互联网的迅速发展，要求进行数据交换的需求越来越迫切，由于全世界有上百种语言，各国有各国的编码标准，就不可避免地出现冲突。结果就是，在多语言混合的文本中就会显示乱码。因此不同的编码体系已经成为信息交换的障碍，为了满足多种语言共存的文档处理的需要，于是产生了 Unicode 编码，Unicode 是由国际组织设计，支持世界上超过 650 种语言的国际字符集。它为每种语言中的每个字符设定了统一并且唯一的二进制编码，以满足跨语言、跨平台进行文本转换、处理的要求。Unicode 的全称是"Universal Multiple –Octet Coded Character Set"，简称为 UCS，UCS 有两种格式：UCS-2 和 UCS-4。UCS-2 用 2 字节编码，有

2^{16}=65536 个码位，UCS-4 用 4 字节编码，最高位为 0 ，有 2^{31}=2147483648 个码位。Unicode 的最初目标是用一个 16 位编码来为超过 65000 字符提供映射，但它不能覆盖全部历史上的文字，特别是不能解决基于网络的传输的问题，因此 Unicode 用一些基本的保留字符制定三套编码方案，即 UTF-8、UTP-16 和 UTF-2，在 UTF-8 中，字符是以 8 位序列来编码的，用一个或几个字节来表示一个字符，UTF-16 和 UTF-32 分别是 Unicode 的 16 位和 32 位编码方式。

Unicode 把所有语言都统一到一套编码里，解决了传输过程中不同语言间的冲突而导致出现乱码的问题，Unicode 编码通常是 2 字节，如果要用到非常偏僻的字符，就需要 4 字节。当传输的全部是英文字符时，用 Unicode 编码比 ASCII 编码多一倍存储空间，在存储和传输上存在空间浪费的情况。这时采用 UTF-8 编码就能节省空间,UTF-8 编码把一个 Unicode 字符根据不同的数字大小编码成 1～6 字节，常用的英文字母被编码成 1 字节，汉字通常是 3 字节，只有很生僻的字符才会被编码成 4～6 字节。

目前操作系统和大多数编程语言都直接支持 Unicode 编码，其中 Python 语言就直接支持 Unicode 编码，用记事本编辑时，从文件读取的 UTF-8 字符被转换为 Unicode 字符到内存，编辑完成后，保存时再把 Unicode 编码转换为 UTF-8 字符保存到文件。Python 在进行词频统计时，就要把文本文档保存为 Unicode 编码。

本 章 小 结

本章的主要知识点包括：运算是计算机最主要的功能，主要介绍二进制、八进制、十进制和十六进制的计数规则，以及各种进制之间的相互转换方法；数据的基本概念,数据的小数方式表示法分为定点表示法和浮点表示法，带符号数的表示中，通常把符号数字化，用 0 表示正，1 表示负，带符号数的加、减运算，如带符号的二进制数$(10000101)_B+(00000100)_B=(10001001)_B$，当符号位同时和数值参加运算后产生了错误的结果，为了解决这类问题，采用编码的表示方式，常用的编码是原码、反码和补码，利用补码，可以方便地进行带符号数的加、减法运算，但要注意的是，同号相加或异号相减时，有可能发生溢出。本章还介绍了西文字符的 ASCII 码、汉字编码和字形的点阵、矢量表示；同时介绍了 BIG5 编码和目前普遍使用的 Unicode 编码。

思 考 题

1. 在计算机中为什么要使用二进制？

2. 在计算机中使用二进制，为什么还要用十六进制表示？

3. 计算机中数据的表示与数学中数据的表示有什么不同？

4. 定点数和浮点数是如何表示的？

5. ASCII 码的用途是什么？编码特点是什么？

6. 汉字编码用什么进制表示？编码特点是什么？

第 4 章　操作系统基础与信息安全

内容提要：操作系统是计算机系统软件的核心组成部分，是计算机系统中管理软、硬件资源的重要系统软件，它能够为其他应用软件提供支持，使系统资源最大限度地发挥作用；同时，操作系统也是用户操作计算机的平台，一台新的计算机必须安装操作系统才能正常使用，用户在使用计算机之前也必须了解所安装的操作系统。本章介绍操作系统的基础知识、常见的一些问题以及 Windows 7 的具体操作，兼具理论性与实用性。

4.1　操作系统概述

4.1.1　操作系统的概念及分类

通过学习计算机系统的基础知识可以知道任何一个计算机系统都是由计算机硬件系统和计算机软件系统组成的，计算机软件系统又由系统软件和应用软件组成，而操作系统(operating system，OS)就是计算机系统中的核心系统软件，它负责管理和控制计算机系统的各种软、硬件资源，为其他软件的运行提供支撑，并为用户和计算机之间搭起了一座交互沟通的桥梁。

操作系统的种类非常多，按照各种设备安装操作系统的简易程度，可分为智能卡操作系统、实时操作系统、传感器节点操作系统、嵌入式操作系统、个人计算机操作系统、多处理器操作系统、网络操作系统和大型机操作系统等；按常用的应用领域，主要有三类：桌面操作系统、服务器操作系统和嵌入式操作系统。

1. 桌面操作系统

桌面操作系统主要用于个人计算机与 Mac 机，从软件上主要分为两大类，分别为 UNIX 操作系统和 Windows 操作系统。

(1) UNIX 操作系统：UNIX 操作系统的优点是具有较好的可迁移性，可运行于许多不同类型的计算机，还具有较好的可靠性和安全性，支持多任务、多用户、网络管理和网络应用。其缺点是缺乏统一的标准，应用程序不够丰富，并且不易学习，这些都限制了 UNIX 操作系统的普及应用。

(2) Windows 操作系统：Windows 操作系统生动、形象的用户界面以及十分简单的操作方法，吸引着成千上万的用户，成为目前装机普及率最高的一种操作系统, 如 Windows 98、Windows XP、Windows Vista、Windows 7、Windows 8、Windows 10 等。

2. 服务器操作系统

服务器操作系统一般指的是安装在大型计算机上的操作系统, 如 Web 服务器、应用服务器和数据库服务器上的操作系统等。服务器操作系统主要集中在以下三大类。

(1) UNIX 系列: SUNSolaris、IBM-AIX、HP-UX、FreeBSD、OS X Server 等。

(2) Linux 系列: Red Hat Linux、CentOS、Debian、Ubuntu Server 等。

(3) Windows 系列: Windows NT Server、Windows Server 2003、Windows Server 2008、Windows Server 2008 R2 等。

3. 嵌入式操作系统

嵌入式操作系统是应用在嵌入式系统的操作系统。嵌入式系统广泛应用在生活的各个方面, 涵盖范围从便携设备到大型固定设施, 如数码相机、智能手机、平板电脑、家用电器、医疗设备、交通灯、航空电子设备和工厂控制设备等, 越来越多的嵌入式系统安装有实时操作系统。

在嵌入式领域常用的操作系统有嵌入式 Linux、Windows Embedded、VxWorks 等, 以及广泛使用在智能手机或平板电脑等消费电子产品的操作系统, 如 Android、iOS、Symbian、Windows Phone 和 BlackBerry OS 等。

4.1.2　常用的操作系统及其功能

常用的操作系统有 Windows、UNIX、Linux 和 MS DOS、Mac OS、OS/400、OS/2 等, 而 MS DOS、Mac OS、OS/400、OS/2 等操作系统虽然在计算机应用过程中起到非常重要的作用, 但是目前已逐渐被功能强大、界面友好和方便使用的 Windows、UNIX、Linux 所取代。

操作系统的基本功能有: CPU 管理、内存管理、文件管理、设备管理和作业管理等, 除了上述基本功能外, 操作系统还具有中断处理和错误处理等功能。

(1) CPU 管理: 为了提高 CPU 的利用率, 操作系统采用多道程序技术, 即当某个程序因某种原因不能运行时, 就把处理器的占用权转让给另一个可运行的程序。通过进程管理, 解决处理器任务分配、调度和回收等问题, 提高 CPU 的利用率。

(2) 内存管理: 为多道程序的运行提供良好的环境, 能从逻辑上扩充内存, 并解决用户存放在内存中的程序和数据互不干扰、在一定条件下还能共享的问题, 方便用户使用。

(3) 文件管理: 文件管理就是有效地支持文件的存储、检索和修改, 并解决文件的共享、保护等问题。

(4) 设备管理：设备管理是指对计算机系统中所有的设备(输入设备、输出设备和外部设备)进行管理。

(5) 作业管理：作业管理的任务是为用户提供一个使用系统的良好环境，使用户能有效地工作，并使整个系统能高效地运行。

4.2　Windows 7 的基本操作

4.2.1　Windows 7的桌面设置

安装了 Windows 7 操作系统的计算机启动后看到的整个屏幕就是桌面，由桌面背景、任务栏和"开始"菜单、桌面图标三部分组成，是用户操作的平台，如图 4.1 所示。

图 4.1　Windows 7 桌面

1. 桌面背景

桌面背景就是桌面上显示的背景图案，也称为桌布或者墙纸。Windows 7 中提供了"我的主题(1)""Aero 主题(1)""安装的主题(1)""安装的主题(2)"和"基本和高对比度主题(1)"的主题选项来装饰桌面，还提供了很多漂亮的桌面背景，用户可以根据个人喜爱进行个性化桌面设计。

2. 任务栏和"开始"菜单

任务栏位于桌面底部，用来管理当前正在运行的应用程序，正在运行的应用程序称为任务，如图 4.2 所示。Windows 7 是一个多任务操作系统，用户可以同时运行多个应用程序。

图 4.2　任务栏

在任务栏的空白处右击，单击"属性"，弹出"任务栏和「开始」菜单属性"对话框，在"任务栏和「开始」菜单属性"对话框中，切换到"任务栏"选项卡，用户可根据自己的需要进行相关设置。

在"任务栏和「开始」菜单属性"对话框中，选中"「开始」菜单"或"工具栏"选项卡，用户可根据自己的需要进行设置。

3. 桌面图标

桌面图标是由形象的图片和文字组成的，图片作为它的标识，文字表示它的名称或功能。在 Windows 7 中，所有的文件或文件夹都可用图标来形象表示，双击这些图标，即可快速打开文件或文件夹。桌面上常用的主要图标有计算机、网络、回收站、360 安全浏览器、Internet Explorer 等，如图 4.1 所示。

4.2.2　Windows 7 的控制面板

控制面板是用来进行系统设置和设备管理的一个工具集。单击"开始"→"控制面板"即可打开如图 4.3 所示"控制面板"窗口。

图 4.3　"控制面板"窗口

在控制面板中，用户可以根据自己的喜好对鼠标、键盘、桌面等进行设置和管理，还可以进行添加或删除程序等操作，也可在控制面板中插入用户安装的应用程序和服务的图标。

4.2.3　Windows 7 的用户管理

单击"控制面板"窗口中的"用户帐户和家庭安全"("帐户"应为"账户"，但系统中为"帐户"，为与系统截图保持一致，保留"帐户"，下同)打开如图 4.4 所示"用户帐户和家庭安全"窗口，便可对计算机的"用户帐户""家长控制""Windows CardSpace"和"凭据管理器"等功能进行相应的设置。

图 4.4　"用户帐户和家庭安全"窗口

4.2.4　Windows 7 的任务管理器

Windows 7 的任务管理器可以提供正在运行的计算机程序和进程的相关信息。在"任务栏"的空白处右击，弹出的快捷菜单如图 4.5 所示，单击"启动任务管理器"，或按 Ctrl+Alt+Delete 组合键，打开"Windows 任务管理器"窗口，如图 4.6 所示。

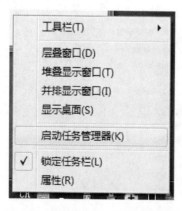

图 4.5　右击任务栏弹出的快捷菜单

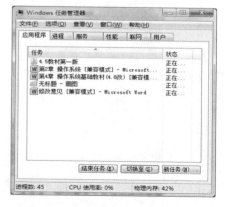

图 4.6　"Windows 任务管理器"窗口

1. 查看系统运行状态

在"Windows 任务管理器"窗口的"应用程序"选项卡中，可以看到正在运行的应用程序及其状态。在系统运行过程中，如果某个应用程序出错，很久没有响应，用户可关闭该应用程序，让其他应用程序正常运行。要关闭一个应用程序，只要在程序列表中右击选中该程序，在快捷菜单中单击"结束任务"即可。

2. 查看系统性能

在"Windows 任务管理器"窗口中选择"性能"选项卡，打开如图 4.7 所示窗口，用户可以看到 CPU 的使用情况、页面文件的使用记录、句柄数、线程数和进程数等。

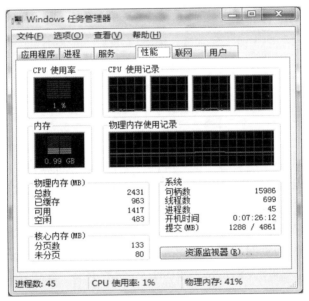

图 4.7　"性能"选项卡

3. 查看系统进程

进程是一个程序与其数据一起在计算机上执行时所发生的活动。一个程序被加载到内存中，系统就创建了一个进程，程序执行结束后，该进程也就结束了。当一个程序同时被执行多次时，系统就创建了多个进程，尽管是同一个程序。一个程序可以被多个进程执行，一个进程也可以同时执行多个程序。

在"Windows 任务管理器"窗口中选择"进程"选项卡，打开如图 4.8 所示窗口。

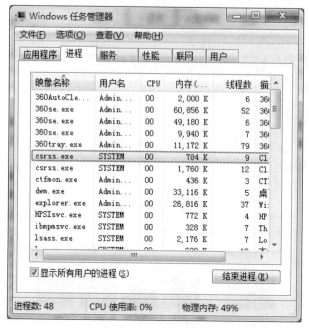

图 4.8　　"进程"选项卡

在"Windows 任务管理器"的"进程"选项卡中，可以看到每一个进程所包含的线程数。线程是一个动态的对象，它是处理器调度的基本单位，表示进程中的一个控制点，执行一系列的指令。在引入线程的操作系统中，把线程作为处理器调度的对象，而把进程作为资源分配单位，为了实现共享资源、提高 CPU 的利用率，一个进程内可同时有多个并发执行的线程。许多操作系统把一个进程"细分"成多个线程，如图 4.8 所示，选中的这个进程有 9 个线程数。

4. 终止未响应的应用程序

当系统出现如"死机"的症状时，往往存在未响应的应用程序。此时，可以通过"Windows 任务管理器"终止这些未响应的应用程序，系统就恢复正常了。

5. 终止进程的运行

当 CPU 的使用率长时间达到或接近 100%，或系统提供的内存长时间处于几乎耗尽的状态时，通常是系统感染了某些病毒。可利用"Windows 任务管理器"找到 CPU 或内存占用率高的进程，然后终止它。

4.2.5　Windows 7 的内存管理

内存管理是操作系统中最重要的组成部分之一，是指存储器资源(主要指内存并涉及外存)的管理,主要是指对主存储器的管理,主要关注存储介质方面的操作与维护工作。存储管理主要解决以数据恢复和历史信息归档为目的的联机与脱机数据存储,必须确保备份和存档的物理安全。

在早期计算时代,由于人们所需要的内存数远远大于物理内存,人们设计出了各种各样的策略来解决此问题,其中最成功的是虚拟内存技术。它使得系统中为有限物理内存竞争的进程所需内存空间得到满足。虚拟内存让多个进程之间可以方便地共享内存,所有的内存访问都是通过每个进程自身的页表进行的。对于两个共享同一物理页面的进程,在各自的页表中必须包含指向这一物理页面框号的页表入口。把 D 盘的一部分硬盘空间模拟成内存的操作如下:

(1) 单击"开始"菜单中的"控制面板"打开"控制面板"窗口。

(2) 单击"系统和安全" → "系统",打开"系统"窗口,如图 4.9 所示。

图 4.9　"系统"窗口

(3) 单击"高级系统设置"选项打开"系统属性"对话框,如图 4.10 所示。

(4) 单击"高级"选项卡下"性能"选项区的"设置"按钮,打开"性能选项"对话框,如图 4.11 所示。

(5) 单击"高级"选项卡中的"更改"按钮,打开"虚拟内存"对话框,单击选中"D:",如图 4.12 所示。

(6) 在"虚拟内存"对话框中依次设置"初始大小""最大值"等参数,单击"设置"按钮,便可把 D 盘的一部分硬盘空间模拟成内存。

除以上设置外,还可对"计算机名""硬件""系统保护"和"远程"等选项进行相关操作。

图 4.10　　"系统属性"对话框

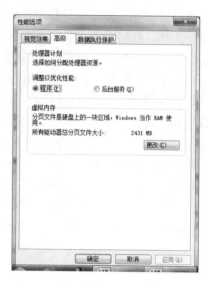

图 4.11　　"性能选项"对话框

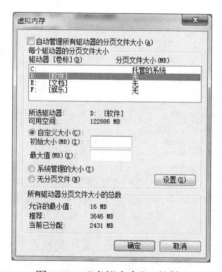

图 4.12　　"虚拟内存"对话框

4.2.6　Windows 7 的磁盘管理

磁盘管理是一项使用计算机时的常规任务，它是以一组磁盘管理应用程序的形式提供给用户使用的，包括查错程序、磁盘碎片整理程序以及磁盘整理程序等。使用它可以对磁盘进行常规的操作，如格式化、更改驱动器卷标和新建卷等操作。

1. 磁盘分区

磁盘分区就是将一个硬盘分成几个逻辑硬盘，它们之间的文件互不影响，便于用户在使用过程中进行分类和管理。硬盘分区的顺序：创建主分区→创建扩展分区→创建逻辑分区→格式化逻辑驱动器。

对硬盘进行分区时，先创建一个主分区就是 C 盘，用于安装和启动操作系统，将剩余的磁盘空间全部划分为扩展区，再将扩展区分成几个逻辑区，就是 D 盘和 E 盘等。在 Windows 7 中，一个硬盘最多可以创建三个主分区，主分区不能再细分。只有创建三个主分区后才能创建后面的逻辑驱动器，如 F、G 等。删除分区时，主分区可以直接删除，扩展分区则需要先删除逻辑驱动器后才能删除。

2. 磁盘格式化

对磁盘进行分区并创建逻辑驱动器后，还不能使用该磁盘，还需要进行格式化。格式化的目的是把磁道划分成一个个扇区，每个扇区 512B，并安装文件系统，建立根目录。

如果对旧磁盘进行格式化，将会删除磁盘上原有的信息，因此在对磁盘进行格式化时要特别慎重。若磁盘有重要的内容，最好复制到其他盘中，再对其进行格式化。磁盘格式化时不能处于写保护状态或有打开的文件。下面以格式化 U 盘的操作进行说明：

(1) 双击"计算机"图标，右击"可移动磁盘"图标，在弹出的快捷菜单中选择"格式化"选项，打开格式化可移动磁盘对话框，如图 4.13 所示。

图 4.13　格式化可移动磁盘对话框

容量：显示当前被格式化的 U 盘容量。

文件系统：Windows 7 支持 FAT32(file allocation table 32，32 位文件分配表)和 NTFS 文件系统。

分配单元大小：文件占用磁盘空间的基本单位，只有当文件系统采用 NTFS 时才可以选择，否则只能使用默认配置。

卷标：卷的名称，即磁盘名称，用户自己输入。

(2) 单击"开始"按钮，开始格式化。

如果选定"快速格式化"选项，则仅删除磁盘上的文件和文件夹，而不检查磁盘的损坏情况。快速格式化只适用于曾经格式化过的磁盘并且磁盘没有损坏的情况。

4.2.7　帮助系统

在操作计算机的过程中，难免会遇到各种问题，而解决问题的快捷方法之一就是使用 Windows 提供帮助和支持。如果计算机连接到网络，则还可以获得以下帮助和支持：

(1) 在 Windows 帮助和支持设置为"联机帮助"的情况下，可以获得最新的帮助内容。

(2) 邀请其他人使用"远程协助"提供帮助。

(3) 使用 Web 上的资源。

4.3　文件系统管理

4.3.1　文件和文件系统概述

1. 文件的基本概念

文件是一个完整的、有名称的信息的集合。程序和数据就是以文件的形式存储在磁盘上的，可以是用户创建的文档，还可以是执行的应用程序。文件是最基本的存储单位，它使计算机能够区分不同的信息组。

1) 文件名

为了便于查找和存取文件，任何一个文件都有文件名。一般来说，文件名由基本名和扩展名两个部分组成。其基本格式为"基本名. 扩展名"。

例如：文件名为"CHAPTER. txt"的文件，其中"CHAPTER"为基本文件名，"txt"为扩展名。

提示：Windows 文件名命名须遵循如下规则：

（1）文件名中不能出现字符\、/、:、*、?、"、<、>、|。

（2）文件名不区分英文字母大小写，例如，"CHAPTER.TXT"和"chapter.txt"表示同一个文件。

2）文件类型

文件的类型可通过文件的图标或扩展名显示出来，在 Windows 7 中相同类型的文件都有相同的图标和扩展名。在 Windows 7 中，文件的类型通常有很多种，如可执行文件的扩展名（"com"和"exe"）、文本文件的扩展名（"txt"）、图像文件的扩展名（"bmp""gif""jpg"）、多媒体文件的扩展名（"wav"）等。

3）文件属性

文件的大小、占用空间及所有者信息等，这些信息称为文件属性。文件的重要属性包括"只读""隐藏"和"存档"三种。

只读：只能打开并阅读其内容，不能修改该文件的内容，即修改后不能在当前位置进行保存。

隐藏：设置隐藏属性后这类文件将被隐藏或以暗淡的图标显示，可通过打开"文件夹选项"对话框，在"查看"选项卡中设置其显示或隐藏。

存档：不仅能打开该文件阅读，还可修改其内容并保存。

2. 文件系统

1）文件系统的概念

文件系统就是文件夹命名、存储和组织的总体结构。

在文件系统的管理下，用户可以根据文件名访问文件，而不用考虑各种外存储器的差异及文件存放的位置，文件系统为用户提供了一个简单的访问文件的方法，因此文件系统又被称为用户与外存储器的接口。

2）文件系统要解决的问题

（1）如何有效地分配文件存储器的存储空间。

（2）如何提供合适的存取方法。

（3）命名的冲突和文件的共享。

3）Windows 的分区及簇

Windows 系列操作系统支持的 FAT(16)、FAT32 和 NTFS 都是文件系统，文件系统是针对所有磁盘和存储介质的软件系统，如硬盘通常被分为几个区，如 C 区、D 区、E 区等，分区的目的主要是更有效地存储数据和查找数据，为文件的安放提供合理的空间。硬盘上的文件常常要进行创建、删除、增长、缩短等操作，操作越多，磁盘上的文件就可能被分得越零碎，但是每段至少是一簇。由于硬盘上存放着段与段相连的信息，操作系统在读取文件时就能准确地找到各段的正确位置并读出。

4.3.2　文件目录结构

文件目录是表示文件存放于外存储器中的位置及路径。

1. 树形目录结构

在此种结构中，有一个根目录，任何一级目录中的项，既可以指向次一级的子目录(即目录文件)，又可以指向一个普通文件，如图 4.14 所示。

图 4.14　树形目录结构

2. 线性检索

查找文件可以通过绝对路径和相对路径两种方法：

(1) 绝对路径，即从根目录开始到某个文件的完整路径，例如，在图 4.14 中查找"Flash"文件夹下的"abc.swf"文件的绝对路径为"C:\Program Files\Macromedia\Flash\abc.swf"。

(2) 相对路径，即从当前目录开始到某个文件的路径，例如，在图 4.14 中，若当前目录为"C:\Program Files"，则查找"Flash"文件夹下的"abc.swf"文件的相对路径为".\Macromedia\Flash\abc.swf"。

4.3.3　文件及文件夹的操作

1. 计算机

文件和文件夹的操作都可在"计算机"中进行。为了方便管理计算机中的文件和文件夹，Windows 7 利用"计算机"显示文件夹的结构和文件的详细信息，利用它们能启动应用程序、打开文件、查找文件、复制文件等，具体操作如下。

单击"开始"菜单中的"计算机"或双击桌面上的"计算机"图标都能启动"计算机"窗口。进入"计算机"窗口后，可以一级一级地打开文件夹，寻找自己需要的文件夹或文件，进行打开、复制、删除等操作。

在"文件夹"列表的很多图标的前面有 ▷ 符号，表明该文件夹中还有下一级子文件夹。单击 ▷ 可以展开此文件夹，展开后文件夹前的 ▷ 号会变成 ◢ ，单击

◢ 符号又可以将展开的内容折叠起来。

　　在浏览窗口中的内容时,除了可以根据不同的需要选择适合的文件和文件夹的显示方式,还可以使用"排序方式"和"分组依据"等不同的方式来排列文件或文件夹。Windows 7 提供了 8 种文件和文件夹的显示方式,如"超大图标""大图标""中等图标""小图标""列表""详细信息""平铺""内容"等。

　　2. 选择文件或文件夹

　　文件夹是磁盘上组织程序和文档的一种手段,它既可以包含文件,也可以包含其他文件夹。文件夹可看成图形用户界面中存储文件和程序的容器,在屏幕上由一个文件夹形状的图标表示,具体操作如下。

　　(1) 选定单个文件或文件夹:单击要选择的文件或文件夹图标。

　　(2) 选定多个连续的文件或文件夹:先单击选定第一个文件或文件夹图标,再按住键盘上的 Shift 键,然后单击所要选的最后一个文件或文件夹的图标。

　　(3) 选定多个不连续的文件或文件夹:先按住键盘上的 Ctrl 键,再逐个单击想要选择的文件或文件夹图标。

　　(4) 选定全部文件或文件夹:选择"组织"→"全选"命令或按 Ctrl+A 组合键,也可以按 Alt 键调出 Windows 7 资源管理器菜单,选择"编辑"菜单中的"全选"命令。

　　(5) 反向选择:如果除了少数几个文件不需要选中,其他文件都要选中,这时可以使用"反向选择"的功能。操作方法是:先选中这几个不需要选的文件,然后按 Alt 键调出 Windows 7 资源管理器菜单,选择"编辑"中的"反向选择"命令,则刚才未被选中的文件或文件夹全部被选中。

　　3. 新建文件或文件夹

　　方法一:在"计算机"窗口中,双击打开需要创建新文件或文件夹的磁盘驱动器。单击"文件"→"新建",在打开的菜单中单击要建立的文件类型如"文件夹",输入文件或文件夹的名称,按 Enter 键完成新建文件或文件夹的操作。

　　方法二:在空白处右击,从弹出的快捷菜单中单击"新建"选项,在下一级菜单中单击要建立的文件或文件夹选项,输入新的文件或文件夹的名称,按 Enter 键完成新建文件或文件夹的操作。

　　4. 移动、复制、删除文件或文件夹

　　1) 移动文件或文件夹
　　移动文件或文件夹是指将文件或文件夹从原始磁盘目录下移到另外的磁盘目

录中。

(1) 如果是在同一个驱动器下，鼠标直接单击拖动文件或文件夹到目的位置即可。如果不是在同一驱动器，则需要按住 Shift 键再进行以上操作。

(2) 鼠标右击指定要移动的文件或文件夹不放，将其拖动到目标位置松开鼠标，从弹出的快捷菜单中单击"移动到当前位置"。

(3) 鼠标右击指定要移动的文件或文件夹，在弹出的快捷菜单中选择"剪切"，或单击"编辑"→"剪切"，或按 Ctrl+X 组合键。将光标定位到目标位置并右击，在弹出的菜单中单击"粘贴"或单击"编辑"→"粘贴"，或按 Ctrl+V 组合键完成移动操作。

2) 复制文件或文件夹

(1) 单击选择要复制的文件或文件夹并按住鼠标左键不放，同时按住 Ctrl 键将其拖动到目标位置即可。

(2) 右击要复制的文件或文件夹并按住鼠标右键不放，将其拖动到目标位置，松开鼠标，在弹出的快捷菜单中单击"复制到当前位置"。

(3) 单击"编辑"→"复制"，或按 Ctrl+C 组合键。

3) 删除文件或文件夹

在整理文件时有些没用的文件或文件夹需要删除，选中要删除的文件或文件夹：

(1) 直接按键盘上的 Delete 键。

(2) 选择"文件"→"删除"选项。

(3) 直接将其拖到桌面的"回收站"图标中。

(4) 右击要删除的文件或文件夹，在弹出的快捷菜单中单击"删除"。

无论选择哪一种方法，系统都会弹出一个确认"删除文件"或"删除文件夹"的对话框，如图 4.15 所示。

图 4.15　"删除文件"对话框

如果确实要删除文件，单击"是"按钮，否则单击"否"按钮。该对象在此处被删除后，被放到"回收站"。

如果出现删除错误，可在桌面上双击"回收站"图标，在"回收站"中选中要恢复的对象，右击，选择"还原"选项即可。

如果删除对象时，同时按下 Shift 键，系统将直接删除该对象，而不放到回收站，用户就无法恢复被删除的文件或文件夹。或在"回收站"中单击"清空回收站"也可使"回收站"中的文件或文件夹被永久删除。

5. 压缩和解压文件或文件夹

压缩文件和文件夹的目的是减少它们所占用的存储器的空间。文件夹被压缩后将变小，有利于文件的传输和保存。

压缩文件和文件夹的操作方法如下：选定需要压缩的文件或文件夹，右击，在弹出的快捷菜单中选择"添加到压缩文件"选项，则生成一个以该文件或文件夹名字命名的压缩文件。

解压是要将文件或文件夹从压缩文件中取出。解压文件或文件夹的方法如下：选定需要解压的文件或文件夹，右击，在弹出的快捷菜单中选择"解压到当前文件夹"或"解压文件"。

6. 搜索文件或文件夹

随着用户在计算机中存储的信息不断增加，查找一个目标文件所耗费的时间也在增加，这时可以利用 Windows 7 的搜索功能进行查找，可以快速地对文件或文件夹进行定位。如果用户想搜索某种格式的文件，使用搜索功能会很方便，其操作如下：单击"开始"菜单，在"搜索程序和文件"框中输入需搜索的文件或文件夹名→单击搜索按钮，即可开始搜索。

在搜索时，可以使用通配符，通配符是指可以代表某一类字符的通用代表符，常用的通配符有两个，即"*"和 "？"，"*"代表任意的一个或多个字符；"？"只能代表任意的一个字符。例如，"*.*"代表计算机中所有的文件夹和文件；"*.docx"代表所有文件扩展名为"docx"的文件。"?sy.docx"代表文件名为三个字符，且第一个为任意字符、后两个字符为 sy、文件类型为"docx"的所有文档。

7. 查看文件或文件夹的属性

每一个文件或文件夹都有一定的属性信息，并且对于不同的文件类型，其"属性"对话框中的信息也各不相同，如文件的类型、文件路径、占用的磁盘空间、修改时间和创建时间等。其操作方法如下：选定要查看属性的文件或文件夹，选择"文件"菜单中的"属性"选项即可以打开文件或文件夹的属性对话框。在 Windows 7 中，一般一个文件或文件夹都包含"只读""隐藏""存档"等属性。

如果要显示被隐藏的文件或文件夹对象，其操作方法如下：

(1) 在"计算机"窗口中单击"工具"菜单，选择"文件夹选项"，打开"文件夹选项"对话框。

(2) 选择"查看"选项卡，选中"高级设置"列表框中选中"显示隐藏的文件、文件夹和驱动器"单选按钮，如图 4.16 所示。

(3) 单击"确定"按钮，可重新显示被隐藏的文件或文件夹。

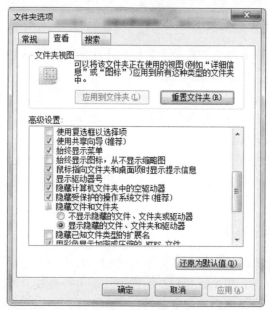

图 4.16　　"文件夹选项"对话框的"查看"选项卡

4.4　注册表应用简介

4.4.1　注册表基础知识

1. 注册表的概念

注册表就是一个以层次结构保存和检索的复杂数据库，其中存放的各种参数直接控制着 Windows 操作系统的启动、硬件驱动程序的装载以及一些应用程序的运行。Windows 通过注册表所描述的硬件驱动程序和参数来安装硬件的驱动程序、决定分配的资源及所分配资源之间是否存在冲突等。注册表中存放的 Windows 信息决定了 Windows 的桌面外观、浏览器界面和系统性能等，应用程序的安装注册信息、启动参数等信息也存放在注册表中。用户可以通过注册表编辑器对注册表进行查看、编辑或修改。

　　Windows 系统采用文本文件作为软、硬件以及应用程序的配置文件，分别将软、硬件的配置信息放到"win.ini"和"system.ini"文件中，将应用程序的配置信息保存在单独的".ini"文件中，但是采用文本文件存储这些配置信息会产生很大的局限性，例如，用文本文件配置信息文件最大只能有 64KB 的容量，对于 Window7 庞大的系统，该配置文件的容量是远远不够的。

　　2. 注册表的结构

　　1) 注册表的物理结构

　　注册表实际是一些称为"配置单元"的文件，每个配置单元文件对应注册表的一个分支，最后由"配置单元管理器"负责将它们"组合"起来，Windows 7 的配置单元文件一般存放在系统盘"C:\Windows\System32\config"文件夹中，如图 4.17 所示。

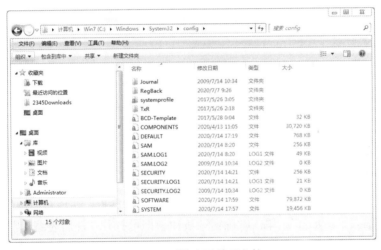

图 4.17　系统配置单元文件

　　Windows 7 安装完成后，会自动将所有的系统配置单元文件备份到"C:\Windows"文件夹中。当系统出现问题时，就可以将该文件夹中的文件恢复到"C:\Windows \System32\config"文件夹中，但所有的系统设置将全部丢失。

　　2) 注册表的逻辑结构

　　注册表的逻辑结构包括根键、子键、键值项及其键值，它们之间是按照树形的方式来组织和管理的。根键下有若干个子键，每个子键下又可能有若干个子键，子键中又有若干个键值项，每个键值项的值就是键值。

3. 注册表项的功能

HKEY_CLASSES_ROOT：存储的信息可以确保当使用 Windows 资源管理器打开文件时打开正确的程序。

HKEY_CURRENT_USER：包含了当前登录用户的配置信息的根目录。用户文件夹、屏幕颜色和控制面板等设置都存储在此处。该信息被称为配置文件。

HKEY_LOCAL_MACHINE：包含该计算机针对任何用户的配置信息。

HKEY_USERS：包含计算机上所有用户的配置文件的根目录。

HKEY_CURRENT_CONFIG：包含本地计算机在系统启动时所用的硬件配置文件信息。

4. 项和子项

注册表编辑器窗口中，单击每个项左端的"+"号，可以展开该项，每个项展开后还可以列出下一级的项，称为子项，子项还可以再展开，列出"子子项"等。注册表列出了控制项和子项之间的关系。

5. 值和数据

注册表编辑器窗口分为左、右两个窗格，如果在左边窗格中选择一个项或子项，则在右边窗格中将显示这个项或子项的值。一个值由"名称""类型""数据"三部分构成，每个项至少有一个名为"默认"的值(有的未设置)，除这个值，还可以有零个或多个其他值。

6. 打开注册表编辑器的方法

选择"开始"→"运行"选项，打开"运行"对话框。在该对话框的"打开"文本框中输入"regedit"，单击"确定"按钮，即可打开"注册表编辑器"窗口。在"注册表编辑器"窗口的左侧窗格中的这些文件夹称为"键"，要展开某个键，只需单击它左侧的 ▷ 符号，展开后可以看到每个键包含的子键，选择某个子键，在右侧窗格中将出现各个键值项，双击某个键值项，在打开的对话框中就能看到其键值。

4.4.2 注册表的基本操作

1. 新建、修改和删除注册表项

1) 新建注册表项

打开注册表编辑器，选择"HKEY_CURRENT_USER\Software"子键，在菜单栏中单击"编辑"→"新建"→"项"，在"HKEY_CURRENT_USER\Software"

子键下新建了一个子键, 默认名称为 "新项#1", 右键单击 "新项#1", 在快捷菜单中单击 "重命名", 输入名称 "Students"。

2) 修改注册表项

在右边窗格中找到并双击新建的 "Students" 的键值项, 弹出 "编辑字符串" 对话框, 在 "数值数据" 文本框中输入 "1", 单击 "确定" 按钮, 完成修改。

3) 删除注册表项

右击新项 "Students", 在快捷菜单中选择 "删除" 选项, 就删除了该子键。

2. 查找注册表项、值或数据

当需要在成百上千的子键、键值中查找自己需要的对象时, 可以通过查找的方式快速找到。例如, 查找 "Students" 的方法如下:

(1) 打开注册表编辑器, 单击 "编辑" → "查找", 弹出 "查找" 对话框。

(2) 在 "查找" 对话框中输入 "Students", 勾选 "项" "值" "数据" 复选框, 单击 "查找下一个" 按键, 开始查找。

3. 导入和导出注册表内容

当对注册表进行修改后, 若发现系统有问题, 可以将导出的注册表重新导入, 而且导出后的 ".reg" 文件是一个文本文件, 可以直接对其进行修改, 再进行导入。

1) 导出注册表

打开注册表编辑器, 选中要导出的注册表项目, 在菜单栏中单击 "文件" → "导出", 打开 "导出注册表文件" 对话框, 在其中设置导出文件的保存位置和文件名, 单击 "确定" 按钮。导出的注册表项内容保存在一个注册表类型的文件中 (*.reg)。

2) 导入注册表

如果要将前面导出的注册表文件导入注册表中, 操作如下:

打开注册表编辑器, 单击 "文件" → "导入", 打开 "导入注册表文件" 对话框, 在其中选择导入的注册表文件所在的位置, 再选择注册表文件, 单击 "打开" 按钮, 在打开的提示框中单击 "确定" 按钮完成导入。

4. 备份注册表

由于注册表的修改不当会对系统造成相当大的影响, 为了安全起见, 在修改注册表之前, 最好先对注册表进行备份。在 Windows 7 中, 可以通过注册表编辑器的导出功能对注册表进行备份, 再通过导入功能恢复注册表。利用注册表编辑器的导出功能备份注册表的操作步骤: 打开 "注册表编辑器" 窗口, 单击 "文件" → "导出", 弹出 "导出注册表文件" 对话框, 在其中选择备份文件的保存路径并为其命名，在"导出范围"选项组中选择"全部"单选按钮即可备份整个注册表文件。使用导入功能恢复注册表的过程与导出注册表类似，只需单击"文件"→"导入"，选择所保存的注册表备份文件，单击"打开"按钮即可将注册表文件恢复为备份文件。

4.5 智能手机操作系统简介

4.5.1 智能手机操作系统的概念

智能手机操作系统是一种运算能力及功能比传统功能手机系统更强的手机系统。目前，在智能手机市场上，中国市场仍以个人信息管理型手机为主，随着更多厂商的加入，整体市场的竞争已经开始呈现出分散化的态势。目前应用在手机上的操作系统主要有 Android(安卓)、iOS(苹果)、Windows Phone(微软)、Symbian(塞班)、BlackBerry OS(黑莓)等。它们之间的应用软件互不兼容，因为可以像个人计算机一样安装第三方软件，所以智能手机有丰富的功能。智能手机能够显示与个人计算机所显示出来一致的正常网页，它具有独立的操作系统以及良好的用户界面，拥有很强的应用扩展性，能方便随意地安装和删除应用程序。

4.5.2 主要智能手机操作系统介绍

1. Android

Android 一词的本义指"机器人"，同时 Android 也是 Google 于 2007 年 11 月 5 日宣布的基于 Linux 平台开发的手机操作系统名称，是一种以 Linux 为基础的开放源代码操作系统，该平台由操作系统、中间件、用户界面和应用软件组成，号称是首个为移动终端打造的真正开放和完整的移动软件，主要使用于便携设备。Android 操作系统最初由 Andy Rubin(安迪·鲁宾，Google 工程副总裁，Android 开发的领头人)开发，最初主要支持手机。2005 年，由 Google 收购注资，并组建开放手机联盟对 Android 系统进行开发改良，使之逐渐扩展应用到平板电脑及其他领域。

Android 在正式发行之前，最开始拥有两个内部测试版本，并且以著名的机器人名称来对其进行命名，它们分别是阿童木(Android Beta)、发条机器人(Android 1.0)。后来由于涉及版权问题，Google 将其命名规则变更为用甜点作为它们系统版本代号的命名方法。甜点命名法开始于 Android 1.5 发布时。作为每个版本代表的甜点的尺寸越变越大，然后按照 26 个字母排序：Cupcake 纸杯蛋糕(Android 1.5)、Donut 甜甜圈(Android 1.6)、Eclair 松饼(Android 2.0/2.1)、Froyo 冻酸奶(Android 2.2)、Gingerbread 姜饼(Android 2.3)、Honeycomb 蜂巢(Android 3.0)、Ice Cream

Sandwich 冰激凌三明治(Android 4.0)、Jelly Bean 果冻豆(Android4.1)、Kitkat 奇巧巧克力(Android 4.4)、Lollipop 棒棒糖(Android 5.0)、Marshmallow 棉花糖(Android 6.0)、Nougat 牛轧糖(Android 7.1)、Oreo 奥利奥(Android 8.0)、Pie 派(Android 9.0)等。

2. iOS

iOS 智能手机操作系统的原名为 iPhone OS，是由苹果公司开发的移动操作系统，其核心与 Mac OS X 的核心同样都源自于 Apple Darwin。它主要适用于 iPhone 和 iPod Touch。就像其基于的 Mac OS X 操作系统一样，它也是以 Darwin 为基础的。iOS 的系统架构分为四个层次：核心操作系统层(core OS layer)、核心服务层(core services layer)、媒体层(media layer)、可轻触层(cocoa touch layer)。iOS 操作系统占用约 512MB 的存储空间。

iOS 由两部分组成：操作系统和能在 iPhone 和 iPod Touch 设备上运行原生程序的技术。iPhone 和 iPod Touch 使用基于 ARM 架构的中央处理器，而不是 80x86 处理器(就像以前的 PowerPC 或 MC680x0)，它使用由 Power VR 视频卡渲染的 Open GLES 1.1。因此，Mac OS X 上的应用程序不能直接复制到 iPhone OS 上运行，它们需要针对 iPhone OS 的 ARM 重新编写。

从 iPhone OS 2.0 开始，通过审核的第三方应用程序可以通过苹果的 App Store 进行发布和下载。在 2.2 版本的固件中，iPhone 的主界面包括以下自带的应用程序：SMS(短信)、日历、照片、相机、YouTube、股市、地图(辅助全球卫星定位系统的 Google 地图)、天气、时间、计算机、备忘录、系统设定、iTunes(将会被链接到 iTunes Music Store 和 iTunes 广播目录)、App Store 以及联络资讯。还有四个位于最下方的常用应用程式包括电话、Mail、Safari 和 Wechat。除了电话、短信和相机，iPod Touch 保留了大部分 iPhone 自带的应用程序。iPhone 上的"iPod"程序在 iPod Touch 上被分成了两个，即音乐和视讯，位于主界面最下方 dock 上的应用程序也根据 iPod Touch 的主要功能而改成了音乐、视讯、照片和 iTunes。目前，苹果全球开发者大会(WWDC)已正式发布各方面功能都较为优越的 iOS 14。

4.6　信息安全技术

当前信息化水平已成为衡量一个国家现代化水平和综合国力的重要标志，抢占信息资源也成为国际竞争的重要内容。信息安全的概念也正在与时俱进，成为世界性的现实问题，它与国家安全、民族兴衰和战争的胜负息息相关，没有信息安全就没有完全意义上的国家安全，也没有真正意义上的政治、军事和经济安全。

信息安全从早期的通信保密发展到关注信息的保密、完整、可用、可控和不可否认的信息安全，并进一步发展到如今的信息保障和信息保障体系，单纯的保密和静态的保护已不能适应当今的需要。信息保障以操作和技术来实现组织与人的任务运作，一个健全的信息安全保障体系对于数据安全概念应该是信息保密性、完整性和可用性，面向使用者的安全概念则应该是鉴别、授权、访问、控制、抗否认性和可服务性以及基于内容的个人隐私、知识产权等的保护，这两者的结合正是信息安全保障体系所应该提供的安全服务。

4.6.1　信息安全技术的定义

信息社会的到来给全球发展带来了契机，信息技术的运用引起了人们生产方式、生活方式和思想观念的转变，极大地促进了人类社会的发展和人类文明的进步，把人们带进了崭新的时代。信息安全是在技术层面上的含义，即保证客观上杜绝对信息安全属性的威胁。这是因为信息入侵者无论怀有什么样的阴谋诡计，采取何种手段，首先是通过攻击信息的几种安全属性来达到目的的。

信息安全技术具有以下基本属性：

(1) 完整性。完整性是指信息存储和传输的过程保持被修改不被破坏、不被插入、不延迟、不乱序和不丢失的数据特征。对于军用信息来说完整性遭破坏将导致延误战机、自相残杀或闲置战斗力，破坏信息完整性是对信息安全发动攻击的最终目的。

(2) 可用性。可用性是指信息可被合法用户访问并能按照要求顺序使用的特征，即在需要时就可以取用所需信息。可用性攻击就是阻断信息的可用性，如破坏网络和有关系统的正常运行就属于这种类型的攻击。

(3) 保密性。保密性是指防止信息泄露给非授权个人和实体，仅供授权用户使用的特征。军用信息安全尤为注重信息保密性。

(4) 可控性。授权机构可以随时控制信息的机密性，美国政府提倡"密钥托管""密钥恢复"等措施就是实现信息安全可控性的例子。

(5) 可靠性。可靠性是指信息用户认可的质量连续服务于用户的特征(信息的迅速、准确和连续地转移等)，但也有人认为可靠性是人们对信息系统而不是信息本身的要求。

4.6.2　信息安全技术的实现方法

随着 Internet 技术和国际互联网络的发展，目前的办公自动化已由传统的局域网内互联互通上升到了支持移动办公、远程办公管理等更为广阔的领域。在这个过程中，随之而来的就是在网络化办公的各个环节可能出现的各种问题，信息安全成为利用 Internet 和网络技术实现网络化办公时需要解决的重大问题。常用信息安全技术的实现方法有以下几种。

1. 数据加密技术

一般数据加密过程如图 4.18 所示(C 表示密文，P 表示明文，E 表示加密算法，D 表示解密算法，Kx(x=e,d)表示密钥)。

其中：

(1) 明文为信息的原始形式(plaintext)。

(2) 密文为明文经过变换加密后的形式(ciphertext)。

(3) 加密(enciphering)是指由明文变成密文的过程。

(4) 解密(deciphering)是指由密文变成明文的过程。

(5) 密钥是指在加密、解密过程中，通信双方都要掌握的专门信息(key)。

(6) 加密过程是指利用密码技术把某些重要信息或数据从一个可理解的明文形式变换成为一种错乱的、不可理解的密文形式。

(7) 解密过程是指密文经过线路传送到达目的端后，用户按特定的解密方法将密文还原为明文。

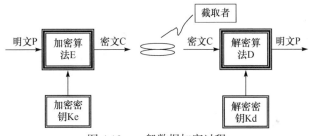

图 4.18　一般数据加密过程

在密码学中通常有两种基本密码体制：私钥密码(单钥密码)体制和公钥密码(双钥密码)体制。其中私钥密码体制中只采用一个密钥，且该密钥收发双方均应知晓；公钥密码体制采用两个密钥，其中一个为公用密钥，如图 4.19 所示。

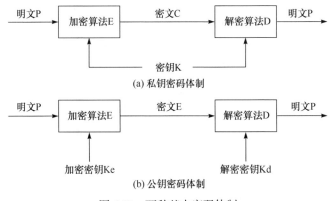

图 4.19　两种基本密码体制

在网络应用中一般采取两种密钥形式：对称密钥和非对称密钥。采用何种加密形式要结合具体应用环境和系统，而不能简单地根据其加密强度来作出判断。因为除了加密算法本身，密钥合理分配、加密效率与现有系统的结合，以及投入产出分析都应在实际环境中具体考虑。

(1) 对称密钥加密，即密码学中的私钥体制。信息的发送方和接收方用一个密钥去加密和解密数据。目前常用的私钥加密算法包括 DES(数据加密标准)和 IDEA(国际数据加密算法)。以下是几种最常见的对称加密体制的技术实现。

① 常规密钥密码体制。常规密钥密码体制，即加密密钥与解密密钥是相同的。在早期的常规密钥密码体制中，典型的有代替密码，其原理可以用一个例子来说明：将字母 a, b, c, d, …, w, x, y, z 的自然顺序保持不变，但使之与 D, E, F, G, …, Z, A, B, C 分别对应(即相差 3 个字符)。若明文为 student 则对应的密文为 VWXGHQW(此时密钥为 3)。由于英文字母中各字母出现的频度早已有人进行过统计，所以根据字母频度表可以很容易对这种代替密码进行破译。

② DES。DES 算法原是 IBM 公司为保护产品的机密于 1971 年至 1972 年研制成功的，后被美国国家标准学会和美国国家安全局选为数据加密标准，并于 1977 年颁布使用。国际标准化组织(ISO)也已将 DES 作为数据加密标准。DES 对 64 位二进制数据加密，产生 64 位密文数据。使用的密钥为 64 位，实际密钥长度为 56 位(有 8 位用于奇偶校验)。解密时的过程和加密时相似，但密钥的顺序正好相反。

DES 的保密性仅取决于对密钥的保密，而算法是公开的。DES 内部的复杂结构是至今没有找到捷径破译方法的根本原因，如图 4.20 所示。

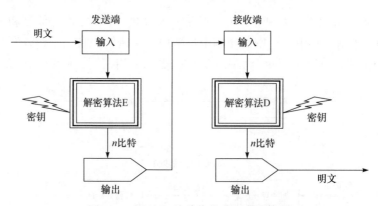

图 4.20　以 DES 为代表的分组密码体制

(2) 非对称加密，又称公钥加密。在 Internet 中使用更多的是公钥系统，它的加密密钥和解密密钥是不同的。一般对于每个用户生成一对密钥后，将其中一个作为公钥公开，另外一个则作为私钥由属主保存，它最主要的特点就是加密和解密使用不同的密钥,每个用户保存着一对密钥——公钥和私钥,因此这种体制又称为双钥或非对称密钥密码体制。

常用的公钥加密算法是 RSA 算法,加密强度很高。RSA 算法是 Rivest、Shamir 和 Adleman 于 1977 年提出的第一个完善的公钥密码体制,具体做法是将数字签名和数据加密结合起来。发送方在发送数据时必须加上数据签名,做法是用自己的私钥加密一段与发送数据相关的数据作为数字签名,然后与发送的数据一起用接收方的密钥加密。当这些密文被接收方收到后,接收方用自己的私钥将密文解密得到发送的数据和发送方的数字签名,再用发布方公布的公钥对数字签名进行解密,若成功,则确定是由发送方发出的。由于加密强度高,而且并不要求通信双方事先要建立某种信任关系或共享某种秘密,因此十分适合在 Internet 上使用。

(3) DES 与 RSA 相结合的综合保密系统。为了充分利用对称密钥和非对称密钥算法的优点,解决每次传送更换密钥的问题,提出混合密码系统,即 DES 与 RSA 相结合的综合保密系统。发送者自动生成对称密钥,用对称密钥加密要发送的信息,将生成的密文连同用接收方的公钥加密后的对称密钥一起传送出去。接收者用其私钥解密被加密的密钥来得到对称密钥,并用它来解密密文。这样保证每次传送都可由发送方选定不同的密钥进行,更好地保证了数据通信的安全性,如图 4.21 所示(K 表示对称密钥,M 表示加密密文)。

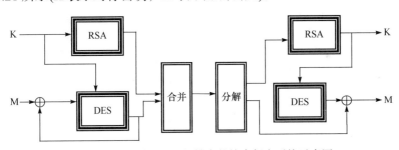

图 4.21　DES 与 RSA 相结合的综合保密系统示意图

使用混合密码系统可以同时提供机密性保障和存取控制。利用对称加密算法加密大量输入数据可提供机密性保障,然后利用公钥加密对称密钥。如果想使多个接收者都能使用该信息,可以对每一个接收者利用其公钥加密一份对称密钥,从而提供存取控制功能。

2. 基于加密技术的数字签名

数字签名技术是实现交易安全的核心技术之一,它的实现基础就是加密技术。以往的书信或文件是根据亲笔签名或印章来证明其真实性的。但在计算机网络中传送的报文又如何盖章呢? 这就是数字签名所要解决的问题。

数字签名必须保证以下几点：接收者能够核实发送者对报文的签名；发送者事后不能抵赖对报文的签名；接收者不能伪造对报文的签名。现在已有多种实现各种数字签名的方法，但采用公钥算法要比常规算法更容易实现。例如，若 SKA 和 SKB 分别为 A 和 B 的私钥，而 PKA 和 PKB 分别为 A 和 B 的公钥。发送者 A 用其私钥 SKA 对报文 X 进行运算，将结果 SKA(X)传送给接收者 B。B 用已知的 A 的公钥得出 PKA(SKA(X))=X。因为除 A 外没有别人能具有 A 的解密密钥 SKA，所以除 A 外没有别人能产生密文 SKA(X)。这样，报文 X 就被签名了。可以看出，实现数字签名也同时实现了对报文来源的鉴别。

但是上述过程只是对报文进行了签名。对传送的报文 X 本身却未保密。因为截到密文并知道发送者身份的任何人，通过查询手册即可获得发送者的公钥 PKA，因此能够理解报文内容，则可同时实现秘密通信和数字签名。

3. PKI 技术

公钥基础设施(public key infrastructure，PKI)是指建立在公钥理论的基础上，提供公钥加密和数字签名的服务系统，主要包括 CA(certification authority)认证机构、RA(registration authority)注册机构、密钥(key)和证书(certification)管理等功能模块。

PKI 的作用包括以下几个方面：

(1) 身份认证。

(2) 完整性验证。

(3) 私有性验证。

(4) 访问控制。

(5) 授权交易。

(6) 防止抵赖。

总的来说，PKI 系统具有很强的一致性、透明性和可验证性，这使得商业用户在实现电子商务的同时，能更好地保障每个用户获得安全服务。

在 PKI 系统中，CA 又称为认证中心，它是证书的签发机构，是 PKI 的核心。由前面的知识可以知道，仅加密是不够的，全面的保护还要求认证和识别。数字签名技术就是利用公钥加密技术来识别网上传送信息的真实性的，但这也存在着一个严重的问题，即任何人都可以生成一对密钥。那么，怎样才能保证一对密钥只属于一个人呢？这就需要一个权威机构对密钥进行有效的管理，颁发证书证明密钥的有效性，将公钥同某一个实体(消费者、商户、银行)联系在一起。这种机构就称为认证机构，它确保参与加密对话的人确实是其本人。CA 就是这样一个确保信任度的权威实体，它的主要职责是颁发证书、验证用户身份的真实性。CA 在电子商务中的应用关系模型如图 4.22 所示。

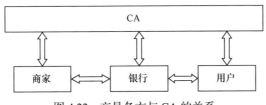

图 4.22　交易各方与 CA 的关系

本 章 小 结

本章主要介绍了如下内容：操作系统是管理计算机资源、控制程序运行并为用户提供交互操作界面的系统软件的集合，是计算机系统的关键组成部分；操作系统的管理与配置内存、设置系统资源供需的优先次序、控制输入与输出设备、文件系统管理、安全性管理等基本内容，信息安全的相关技术。

思 考 题

1. 简述操作系统的概念。
2. 简述操作系统的功能。
3. 简述文件和文件系统的概念。
4. 简述 Windows 7 控制面板和任务管理器的功能。
5. 简述 Windows 7 内存管理和磁盘管理的功能。
6. 简述注册表的概念及功能。
7. 简述信息安全技术的种类。

第 5 章　办公软件 Office 2010

内容提要：Microsoft Office 可以说是微软影响力最为广泛的产品之一，Office 是一套由微软公司开发的风靡全球的办公软件，其 2010 版可以让您随心所欲地工作，既可以通过个人计算机使用，又可以通过 Web 使用，甚至在智能手机上也可以使用。其中变化首先体现在界面上，Office 2010 采用了 Ribbon 新界面主题，界面更加简洁明快、干净整洁，并且标识也改为了全橙色；其次体现在功能上，Office 2010 做了很多功能上的改进，同时也增加了很多新的功能，特别是在线应用，可以让用户更加方便、自由地去表达想法、去解决问题以及与他人联系。本章主要介绍 Office 2010 的三个软件 Word 2010、PowerPoint 2010、Excel 2010 的应用操作。

5.1　Word 2010

Word 2010 字处理软件是 Microsoft Office 家族的一员，主要面向文字处理，适用于制作各种应用文档，用户可以在 Word 2010 中快速完成简单的会议通知、布局精美的产品说明书、详细的年终总结报告等。Word 2010 提供简洁明了的文档处理操作界面，方便用户快速入门。本节主要介绍 Word 2010 的基本功能，如文件编辑与排版、表格处理、图文混排、公式编辑、样式与模板的制作和使用。通过对本章的学习，用户可以掌握 Word 2010 的文档处理操作，学会使用并解决文字处理方面的实际问题。

5.1.1　Word 2010 基础操作

Word 2010 基础操作提供了对整个文档的创建、录入、编辑、打印与保存等功能。

1. Word 2010 的操作界面

用户启动 Word 2010 应用程序时，系统都会打开一个窗口，用于管理和编辑文档，如图 5.1 所示。窗口一般包含以下几个部分。

(1) 标题栏：显示正在编辑的文档的文件名以及所使用的软件名。

(2) "文件"选项卡：基本命令(如"新建""打开""关闭""另存为"和"打印")位于此处。

(3) 快速访问工具栏：常用命令位于此处，如"保存"和"撤销"，也可以添加个人常用命令。

(4) 功能区：工作时需要用到的命令位于此处，它与其他软件中的"菜单"或"工具栏"相同。

(5) "编辑"窗口：显示正在编辑的文档。

(6) "显示"按钮：可用于更改正在编辑的文档的显示模式以符合您的要求。

(7) 滚动条：可用于更改正在编辑的文档的显示位置。

(8) 缩放滑块：可用于更改正在编辑的文档的显示比例。

(9) 状态栏：显示正在编辑的文档的相关信息。

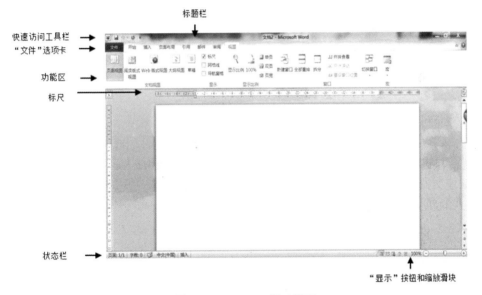

图 5.1　Word 2010 窗口界面

2. 创建文档

第一次启动 Word 2010 应用程序时，系统会根据空白文档模板创建一个名为"文档 1"的文档，中文字体为宋体，英文字体为 Times New Roman，字号为五号，纸张大小为 A4。根据应用文档的需要，用户可以选择新建空白文档或根据模板文件来创建有文字内容的文件。

1) 创建空白文档

方法一：选择"文件"→"新建"，打开"新建文档"任务窗口，如图 5.2 所示。再选择任务窗口中"空白文档"，系统会根据空白文档模板创建一个名为"文档 1"的文档，如果再新建文件，则系统依次自动建立"文档 2""文档 3"……"文档 n"。

方法二：按 Ctrl+N 组合键，系统创建一个新文档。

图 5.2　　"新建文档"窗口

2) 利用模板新建其他文档

模板文档的扩展名为"dotx"，是标准文档的样本文件。选择"文件"→"新建"，再选择"新建文档"窗口中的"可用模板"和"Office.com 模板"，在弹出的"新建文档"窗口(图 5.2)中选择相应文档模板，可依据所选模板创建特定内容与格式的新文档。

3. 文字录入

文档编辑窗口有个闪烁的竖线光标，称为插入点，标识文档编辑的当前位置。当用户确定了插入点的位置后，就可以输入文本内容了。根据输入的内容和利用自己熟悉的中文输入法，即可开始文本的输入。输入文档时，当插入点到达页面的最右端时，会自动换行，不需按 Enter 键。只有在一个段落结束或想插入一个空段落时，才按 Enter 键产生段落标记。想在一个段落中开始一个新行而又不想开始一个新段落，可按 Shift+Enter 组合键。

Word 中文档输入有两种模式，即插入模式和改写模式，在状态栏上会以"改写(灰色按钮/黑色按钮)"标识。插入模式下录入字符在插入点左侧出现，改写模式下输入字符依次覆盖插入点右侧的字符。双击状态栏，改写按钮处于灰色状态时为插入模式，否则处于黑色状态时为改写模式；或使用键盘上的插入键(Insert)进行插入模式和改写模式的切换。

在编辑文档的过程中，可使用 Backspace 键删除插入点左侧的一个字符，Delete 键删除插入点右侧的一个字符。

4. 保存文档

为了防止文档丢失，应及时将编辑文档保存在外存储器上，以便将来再次修改或使用。Word 2010 提供了两种保存文档方式。保存：将所编辑的文档按原文档名存盘，快捷键是 Ctrl+S。另存为：将未取名的文档或已有名字的文档按新文档名存盘。

新建文档第一次保存时，无论使用保存还是另存为方式，都弹出"另存为"对话框；原有文档再次打开修改后，只需保留修改后的内容使用"保存"命令，以原有文档名存盘，不弹出"另存为"对话框；原有文档再次打开修改后，原文档与修改后的内容都要保留则使用"另存为"，修改后的文档可另取文件名存盘。

5. 编辑文档

编辑文档的操作遵循"先选定，后操作"的原则。正确输入文本内容后，就可以进行各种编辑操作。要对文档内容进行修改，首先要选定需要修改的内容。在 Word 中通常看到的文本都是"白底黑字"，而当选定一段文本后，它就会变成"灰底黑字"，这样就可以很容易地将二者区分开。

1) 删除与修改

(1) 删除。

方法一：用 Delete 键或 Backspace 键删除单个字符。

方法二：选定要删除的文本，然后按 Delete 键。

方法三：选定要删除的文本，单击"文件"选项卡中的"剪切"按钮，可以删除一批字符或图形。

(2) 撤销和恢复。

用户在进行编辑工作时难免会进行误操作，如误删了文本中的内容或错误地剪切和粘贴等。Word 为用户提供了"撤销"和"恢复"功能，可以最大限度地挽回损失，很大程度地提高工作效率。单击快速访问工具栏上的"撤销"按钮就可以恢复上一步的操作。"撤销"按钮右边还有个"恢复"按钮，它的功能和"撤销"正好相反。"撤销"是取消对文档所做过的操作，可以挽回误操作，而"恢复"功能则可以恢复错误的"撤销"操作。

2) 复制与移动

编辑过程中通常会将一段文本移动或复制到其他位置，利用剪贴板可实现对文档内容进行删除、复制、移动等操作。剪贴板是内存中的一块区域，Windows 中的剪贴板只保留了最近一次剪切或复制的内容，而 Office 2010 提供了 24 个子剪贴板，可保留最近 24 次剪切或复制的内容。单击"开始"→"剪贴板"组右下角启动器按钮打开"剪贴板"工具栏可查看剪贴板上的内容。与剪贴板有关的操作有剪切、复制和粘贴。

剪切：将选定文档内容移动至剪贴板中。单击"开始"→"剪贴板"组中的"剪切"按钮 或按 Ctrl+X 组合键。

复制：将选定文档内容复制至剪贴板中。单击"开始"→"剪贴板"组中的"复制"按钮 或按 Ctrl+C 组合键。

粘贴：将剪贴板中的内容复制到当前文档插入点。单击"开始"→"剪贴板"组中的"粘贴"按钮 或按 Ctrl+V 组合键。

(1) 移动。

方法一：剪贴法。先选定要移动的文本，然后单击"剪切"按钮 (或按 Ctrl+X 组合键)，所选定的文本移动到"剪贴板"上，将光标移动到目的地，单击"粘贴"按钮 (或按 Ctrl+V 组合键)，完成移动操作。

方法二：鼠标拖动法(选定内容不保留在剪贴板中)。先选定要移动的文本，将鼠标指针移到选定对象上，再按住鼠标左键并拖动到插入位置。或先选定要移动的文本，然后在插入位置按下 Ctrl+鼠标右键。

(2) 复制。

方法一：剪贴法。先选定要复制的文本，然后单击"复制"按钮 (或按 Ctrl+C 组合键)，所选定的文本复制到"剪贴板"上，将光标移动到目的地，单击"粘贴"按钮 (或按 Ctrl+V 组合键)。

方法二：拖动法。先选定要移动的文本，按住 Ctrl 键，再按住鼠标左键，光标增加一个"+"号时，拖动鼠标到插入位置。

3) 查找与替换

如果要找到一篇文档中所有的词组"电脑"，并将其都更改为"计算机"，用户应该怎样完成操作呢？Word 为用户提供的"查找"和"替换"功能可以方便地完成这项工作。在 Word 中，用户不仅可以查找文档中的普通文本，还可以对文档的格式进行查找和替换，使查找与替换的功能更加强大和有效。

(1) 查找。

查找有两种方式：查找和高级查找。

单击"开始"→"编辑"组→"查找"下拉列表中的"查找"，或按下 Ctrl+F 组合键，弹出"查找"导航，如图 5.3 所示。输入查找内容"电脑"，按下 Enter 键，文中显示查找结果，如图 5.4 所示。

单击"开始"→"查找"下拉列表中的"高级查找"，打开"查找和替换"对话框，如图 5.5 所示。高级查找可查找特定格式的文本、特殊字符等。

① 搜索。

向下：从插入点向下(文档尾部)查找。

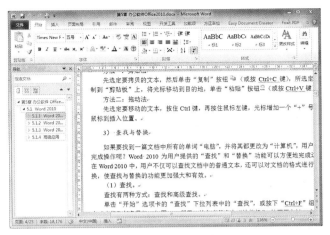

图 5.3 　"查找"导航

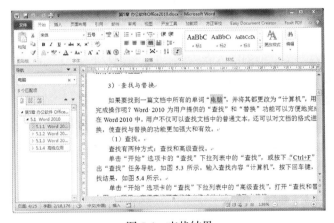

图 5.4　查找结果

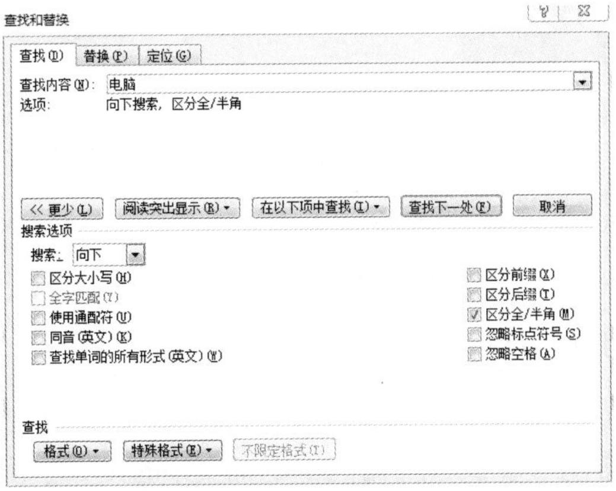

![查找和替换对话框]

图 5.5 　"高级查找"对话框

向上：从插入点向上(文档首部)查找。

全部：查找全文。

② 区分大小写：勾选该复选框后，Word 将只查找在"查找内容"框中指定的按大小写字母组合的那些单词。例如，查找时会将 "to"与"To"视为不同的单词。

③ 全字匹配：勾选该复选框后，Word 将会查找用户键入的完整单词或字母。例如，查找"low"时不会将"yellow"中的"low"标识出来。

④ 使用通配符：通配符即可以代替其他字符的特殊字符。

⑤ 单击"格式"按钮，可对查找字符串的格式进行限定。

(2) 替换。

查找的目的主要是修改，用户可用替换一次完成操作，例如，将一篇文档中所有的词组"电脑"改为"计算机"。单击"开始"→"替换"或按下 Ctrl+H 组合键，会打开如图 5.6 所示的"查找和替换"对话框。

在"查找内容"文本框内输入要查找的内容，如"电脑"。

在"替换为"文本框内输入新内容，如"计算机"。

在"搜索"下拉列表中选择搜索范围：全部、向上或向下。

如果需要将搜索到的全部内容替换为新文本，则单击"全部替换"按钮，否则单击"查找下一处"按钮，找到要替换的字符后，再单击"替换"按钮。

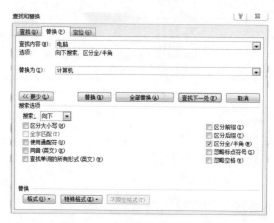

图 5.6　"查找和替换"对话框

5.1.2　Word 2010 排版技巧

文字编辑完成后，下一步要进行文档内容的修饰与排版。日常看到的各种报纸或杂志中，标题通常使用和正文不同的字体，而文字的大小也不一样。Word 2010 提供了多种灵活的格式化文档的操作，使得整个文档布局更为合理，版式更为清楚。

1.文档格式设置

文档格式设置包括页面设置、字符格式设置、段落格式设置等操作，Word 2010 为用户提供了大量的中西文字体、多种字号及丰富的段落编排方式，用户可快速将文档进行排版。

1）页面设置

页面设置是将文档按照打印输出的纸张大小、边距等要求进行设置。单击"页面布局"选项卡，可打开"页面设置"功能区。

(1) 页边距：可设置上、下、左、右页边距和纸张方向(横向和纵向)等，如图 5.7 所示。

(2) 纸张：默认状态下，Word 2010 将自动使用 A4 幅面的纸张来显示新的空白文档。纸张大小为 21 厘米 × 29.7 厘米，如图 5.8 所示。用户可定义不同的纸张大小与方向，如将纸张设置为 16 开大小。

(3) 版式："页眉和页脚"区域可设置"奇偶页不同"或"首页不同"；"页面"区域可设置页面的对齐方式，包括"顶端对齐""居中""两端对齐"和"底端对齐"，如图 5.9 所示。

(4) 文档网格：设置每页中的行数或每行中的字符数，以及正文中文字排列方向，如图 5.10 所示。

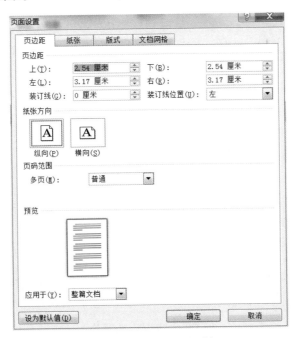

图 5.7　"页边距"选项卡

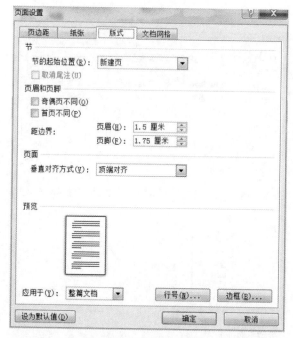

图 5.8 "纸张"选项卡

图 5.9 "版式"选项卡

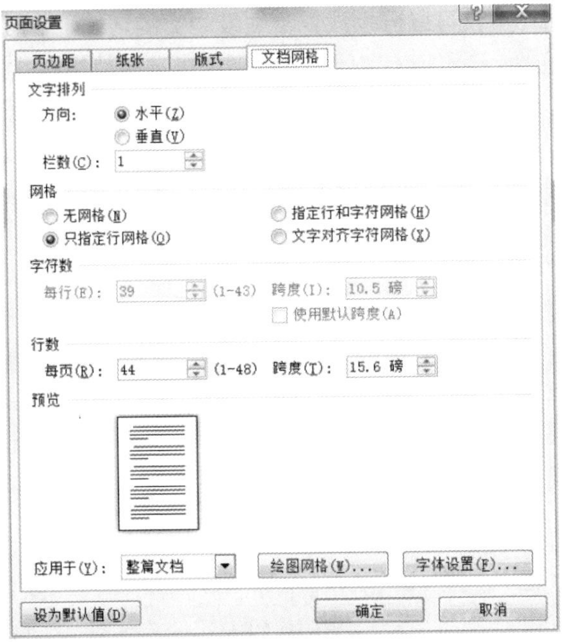

图 5.10 "文档网格"选项卡

2) 字符格式设置

Word 2010 为用户提供了如"Times New Roman""Courier New"等几十种英文字体，以及"隶书""楷书""宋体"等多种中文字体，此外用户还可以根据自己的需要安装其他相应的字体。用户可以设置字体、字号、字形、前景色与背景色、字符间距等字体效果。

单击"开始"选项卡"字体"组中对应的工具按钮(图 5.11)可以设置字符格式。单击"开始"选项卡"字体"组右下角的启动器按钮，可打开"字体"对话框。

图 5.11 "开始"选项卡"字体"组

取消字符格式方法如下。

方法一：再次单击"开始"→"字体"组中对应的工具按钮。

方法二：打开字体对话框，取消对应选择。

"字体"对话框有两个选项卡，第一个为"字体"选项卡，如图 5.12 所示。在这个选项卡中，用户不仅可以分别设置英文及中文的字体、字形、字号、下划线、着重号和文字颜色等，还可以在"效果"选项组内选择使用各式各样的文字效果。在第二个"高级"选项卡中，如图 5.13 所示，可以调整字符的间距、位置和缩放比例等内容。

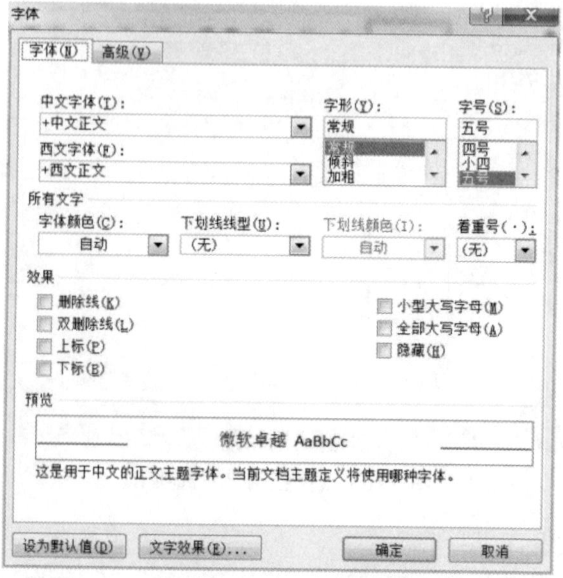

图 5.12　　"字体"选项卡

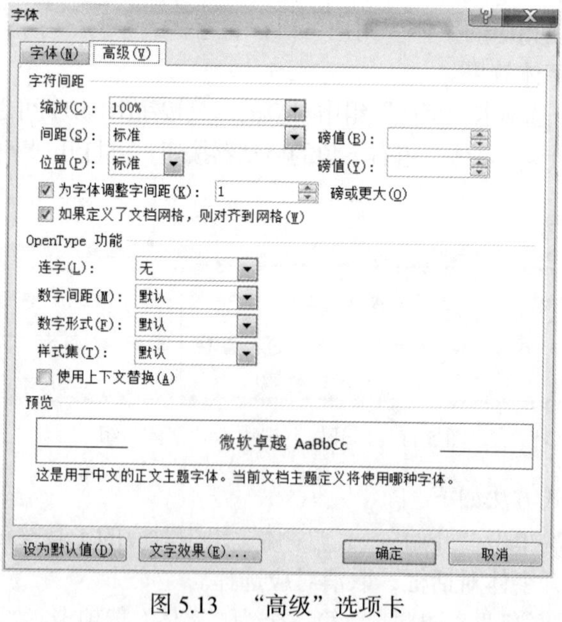

图 5.13　　"高级"选项卡

3) 段落格式设置

每次按下 Enter 键就插入了一个段落标记(相当于复制段落格式)。段落标记存储当前段落的格式,并且可删除,删除了段落标记就删除了该段落格式。可以设置段落的间距、行距、缩进以及段落中文字的排列对齐方式等多项内容。

(1) 段落对齐。

段落对齐是指段落在文档中的横向排列方式。对齐方式包括左对齐、右对齐、居中对齐、两端对齐和分散对齐,如标题一般采用居中对齐、正文采用两端对齐等。选定段落,再单击工具栏上的对齐按钮,即可设置段落对齐方式;也可单击"开始"→"段落"组右下角的启动器按钮,打开"段落"对话框,在"缩进和间距"选项卡中的"对齐方式"项中进行设置,如图 5.14 所示。

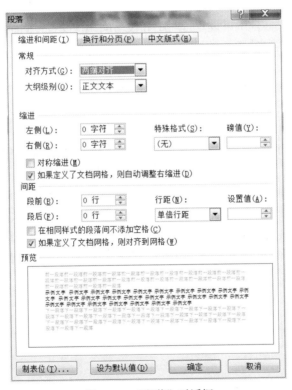

图 5.14　"段落"对话框

(2) 段落缩进。

段落缩进是指段落内容和页边距之间的距离,包括首行缩进、左缩进、右缩进和悬挂缩进。

方法一:使用"段落"对话框。选定段落,打开"段落"对话框,在图 5.14 的"缩进"栏中分别设置左、右缩进量。在"特殊格式"下拉列表框中可设置"首行缩进"或"悬挂缩进"。

方法二：使用工具栏上的"增加缩进量"按钮▐▋和"减少缩进量"按钮▐▋。选定段落，再单击此按钮，可向左或向右缩进段落。

方法三：使用标尺设置。选定段落，再拖动水平标尺上的缩进标记至适当位置，如图 5.15 所示。

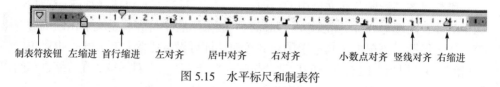

制表符按钮　左缩进　首行缩进　　左对齐　　居中对齐　　右对齐　　　小数点对齐　竖线对齐　右缩进

图 5.15　水平标尺和制表符

(3) 行间距和段落间距。

在"段落"对话框中可设置行间距和段落间距。设置行间距时，先选定文本，单击"行距"下拉列表框，选择"单倍行距""1.5 倍行距"或"2 倍行距"；如果选择了"最小值""固定值"或"多倍行距"，则须在"设置值"中输入一个介于 0 和 1584 的值。设置段落间距时，先选定段落，然后在"段前"和"段后"中输入数值，再单击"确定"按钮即可。

(4) 标尺、制表符和制表位。

Word 标尺可以用来设置或查看段落缩进、制表位、页面边界和栏宽等信息。勾选菜单"视图"→"显示"组中"标尺"复选框可以打开标尺。

制表符是一种格式控制符，可使文本在列的方向上进行对齐。单击水平标尺最左端的制表符按钮，可改变制表符的类型；在标尺上单击，即可输入制表符。如果要删除某个制表符，只须用鼠标将其拖出标尺即可。图 5.15 为水平标尺和各种制表符。

制表位是水平标尺上的一些特定位置，它是当按 Tab 键时插入点移动的水平距离。使用"段落"对话框可打开"制表位"对话框，设置制表位位置，如图 5.16 所示。

图 5.16　"制表位"对话框

4) 段落边框和底纹

在 Word 中，可为文档中的字符、段落、表格、图形等对象设置各种边框和底纹。选定要设置边框或底纹的对象，单击"开始"→"段落"组"边框和底纹"下拉列表的"边框和底纹"，打开"边框和底纹"对话框，如图 5.17 所示。

(1) 在"边框"选项卡中，可设置"方框""阴影""三维"等效果，也可以由用户自己定义段落边框。

定义文字边框的方法是在单击"边框和底纹"前先选择文字，定义段落边框的方法是在单击"边框和底纹"前先选择段落或仅选择段落标记。也可以在"边框"选项卡的"应用于"中选择"文字"或"段落"。

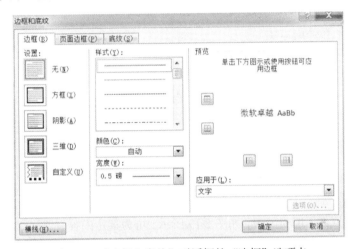

图 5.17　"边框和底纹"对话框的"边框"选项卡

例 5.1　在文档第二段添加一个带阴影的线宽为 1.5 磅的红色边框。

① 选择第二段落。

② 单击"开始"→"段落"组"边框和底纹"下拉列表的"边框和底纹"，打开"边框和底纹"对话框，如图 5.17 所示。

③ 在"边框"选项卡中选择边框类型"阴影"。

④ 在颜色下拉列表框中选择"红色"。

⑤ 在宽度下拉列表框中选择"1.5 磅"。

⑥ 在"应用于"下拉列表框中选择"段落"。

⑦ 单击"确定"按钮完成设置。

用户也可以简单地利用格式工具栏上的按钮 📰 ▾ 为选择的文字添加边框。

取消边框的操作是：选择带边框的对象，单击"开始"→"段落"组"边框和底纹"下拉列表的"边框和底纹"，打开"边框和底纹"对话框，在"边框"选项卡中选择边框类型为"无"，单击"确定"按钮完成设置。

(2) 用"页面边框"选项卡为整个页面设置边框。

例 5.2　为文档页面加上红苹果艺术边框。

① 单击"开始"→"段落"组"边框和底纹"下拉列表的"边框和底纹",打开"边框和底纹"对话框,如图 5.17 所示。

② 在"页面边框"选项卡中选择艺术型"红苹果",如图 5.18 所示。

图 5.18　　"边框和底纹"对话框的"页面边框"选项卡

③ 单击"确定"按钮完成设置。

(3) 在"底纹"选项卡中,如图 5.19 所示,可为选定内容设置底纹颜色或图案。

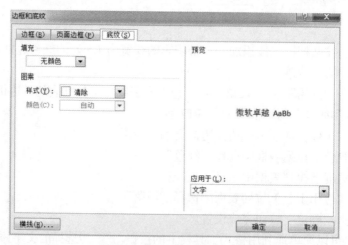

图 5.19　　"边框和底纹"对话框的"底纹"选项卡

定义文字底纹的方法是在单击"边框和底纹"前先选择文字,定义段落底纹的方法是在单击"边框和底纹"前先选择段落或仅选择段落标记。也可以在"底纹"选项卡的"应用于"中选择"文字"或"段落"。底纹又分为底纹填充和底纹图案，用户可以分别设置底纹填充和底纹图案，也可以同时设置底纹填充和底纹图案。

① 底纹填充。

底纹填充是将某个颜色作为选中的文字或段落的背景，设置方法为：在"底纹"选项卡的填充部分中选择颜色，单击"确定"按钮。若不需要底纹填充，则可以在"底纹"选项卡中选择"无颜色"，再单击"确定"按钮。

② 底纹图案。

底纹图案是指覆盖在底纹填充色上的图案，它可以是一些点或一些线条，点的密度用比例表示，如 30%、70%等。这些点或线条也有对应的颜色，这些颜色在图案部分的样式下的颜色下拉列表框中选择，因为有了这些点或线条才会有对应的颜色，所以一定要先选择样式，才能选择颜色。

取消底纹图案的方法是：在"底纹"选项卡的"样式"下拉列表框中选择"清除"。

例 5.3　为文档文字标题设置 20%的深绿色底纹。

① 选择文字标题。

② 单击"开始"→"段落"组→"边框和底纹"下拉列表的"边框和底纹"，打开"边框和底纹"对话框，如图 5.17 所示。

③ 在"底纹"选项卡的图案部分选择样式为"20%"。

④ 在"底纹"选项卡的图案部分选择颜色为"深绿色"。

⑤ 单击"确定"按钮完成设置。

5) 段落项目符号及编号

项目符号及编号用于对一些重要条目进行标注或编号，用户可以为选定段落添加项目符号、编号或标题，Word 提供多种项目符号、编号或标题的形式，用户也可以修改它们的格式。打开"定义新项目符号"对话框(图 5.20)的方法是：单击"开始"→"段落"组→"项目符号"下拉列表的"定义新项目符号"，也可用同样方法定义"编号"或"多级列表"。

(1) 项目符号和编号。

单击"开始"→"段落"组的"编号"按钮 ≡ 和"项目符号"按钮 ≡，给段落编号，步骤如下：

① 选择要设为列表的段落。

② 单击"开始"→"段落"组的"编号"按钮(或"项目符号"按钮)的下拉列表。

③ 选择"定义新项目符号"(图 5.20)或"定义新编号格式"(图 5.21)，进行相关设置。

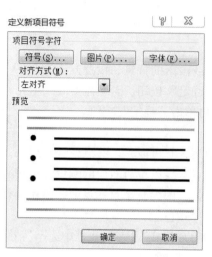

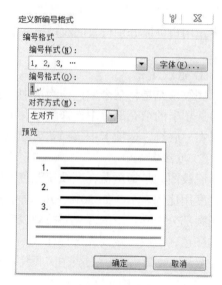

图 5.20　"定义新项目符号"对话框　　　图 5.21　"定义新编号格式"对话框

用户还可以使用图片项目符号,方法是单击"定义新项目符号"对话框的"图片"按钮,从图片项目符号库中挑选需要在文档中使用的图片项目符号。

(2) 多级列表。

多级列表可以用于创建多级标题,单击"开始"→"段落"组"多级列表"下拉列表的"定义新的多级列表"或"定义新的列表样式"。

例 5.4　设置多级符号至第二级。

第一级格式为"第 i 章"(其中 i 为数字,从 2 开始),第二级格式为"$i.j$"(其中 i 为章编号,会随着章的改变而自动改变,j 为节编号,从 1 开始)。

操作步骤如下:

① 单击"开始"→"段落"组"多级列表"下拉列表的"定义新的多级列表",打开"定义新多级列表" 对话框,如图 5.22 所示。

② 选择"级别 1",先删除"编号格式"中原有的文字,在"输入编号的格式"中先输入"第",然后在"此级别的编号样式"中选择"1,2,3,…",再在"输入编号的格式"中输入"章"。

③ 单击"开始"→"段落"组"多级列表"下拉列表的"定义新的列表样式"命令,打开"定义新列表样式"对话框,如图 5.23 所示。

④ 在"起始编号"处选择"2",单击"确定"按钮返回。

⑤ 打开"定义新多级列表"对话框,选择"级别 2",删除"编号格式"中原有的文字,在"前一级别编号"中选择"级别 1"(即章编号),然后选择"定义新的列表样式",在"编号格式"中输入".",再在"编号样式"中选择"1,2,

3，…"(即节编号)。

⑥ 单击"确定"按钮完成设置。

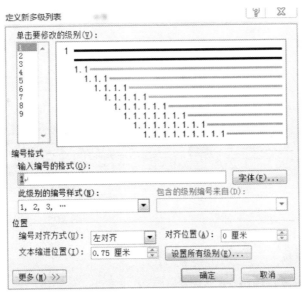

图 5.22　"定义新多级列表"对话框

图 5.23　"定义新列表样式"对话框

6) 分栏排版

分栏是一种常用的排版格式，可将文档内容在页面上分成多个列块显示，使排版更加灵活。只有在页面视图的方式下才能看到分栏效果。单击"页面布局"→"页面设置"组中的"分栏"下拉列表的"更多分栏",打开"分栏"对话框,如图 5.24 所示。按相应操作设置的分栏效果如图 5.25 所示。

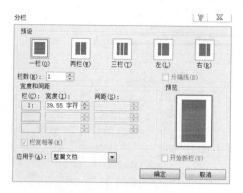

图 5.24　"分栏"对话框

图 5.25　分栏效果

2. 样式和模板

1) 样式的建立与使用

样式,就是定义并通过一个名称(样式名)保存的一系列格式,包括字体、段落、制表位和边距等格式编排信息,是已命名的字符和段落格式组合。

样式包括四种类型:字符样式、段落样式、表格样式和列表样式。字符样式包含了一套字符的格式,如字体、字号、文字效果等。段落样式除包含所有的字符样式,还包含一些段落格式,如段落缩进、行间距、对齐方式、边框和底纹等。表格样式可为表格的边框、阴影、对齐方式和字体提供一致的外观。列表样式可为列表应用相似的对齐方式、编号或项目符号字符以及字体。

使用样式可以使正在编辑的文档在格式上保持一致。Word 本身提供了标题、正文等多种样式。正文样式包括一些字体和段落的格式,如中文字体为"宋体",西文字体为"Time New Roman",字号为"五号",对齐方式为"两端对齐",行距为"单倍行距"等。用户可以编辑、新建、删除一个样式。

(1) 应用样式。

选择要定义的段落,单击"开始"→"样式"组中的某个样式,使段落应用选定的样式。

Word 中不仅可以查看样式列表及样式的应用效果、选择使用某个样式,还可以对已有样式的设置进行修改或建立新的样式,并可在段落预览、字符预览查看应用效果。

(2) 修改和定义样式。

选择要定义的段落，单击"开始"→"样式"下拉列表按钮中的"应用样式"打开"应用样式"对话框，单击"修改"按钮，打开"修改样式"对话框，如图 5.26 所示。在"名称"框中为新建的样式取名，可以定义新的样式。在"样式类型"框中选择类型(段落或字符)，单击"格式"按钮进行样式的格式设置，如字体为"黑体"、段落行间距为"单倍行距"，按"确定"按钮完成设置。

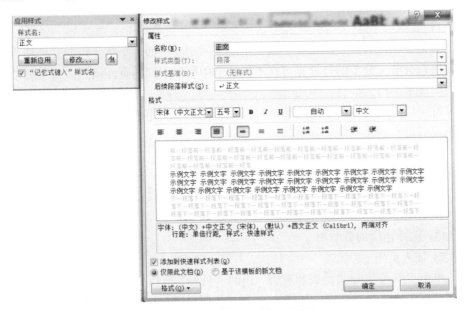

图 5.26　"修改样式"对话框

(3) 使用"格式刷"。

格式刷可用来复制字符格式或段落格式。复制字符格式时，选定含有该格式的一些字符，单击"开始"→"剪贴板"组中的"格式刷"按钮 ，再选定要应用此格式的文本即可。复制段落格式时，选定的内容必须包含段落标记符 ，其余操作与上面相同。若要多次应用相同的格式，可双击格式刷按钮，再应用到字符或段落中，最后单击格式刷按钮结束操作。

2) 创建模板

模板是一种带有特定格式的扩展名为"dotx"的文档，包括特定的字体格式、段落样式、页面设置、宏、自动图文集等格式。模板与样式很相似，样式针对段落格式设置，模板针对整篇文档的格式进行设置。模板是一种特殊类型的文件，分为共用模板和文档模板两种基本类型。共用模板文件为空白文档模板，用于创建普通空白文档；文档模板是除了普通空白文档之外的模板。

新建文档时，若不选其他模板，系统将默认以共用模板空白文档作为新文档的模板。Word 提供了许多类型的文档模板，如"会议议程""名片""日历"等。利用已有的模板能快速创建各种类型的文档，操作方法如下：

(1) 选择"文件"→"新建"，打开"新建文档"窗口。

(2) 在"新建文档"窗口的"可用模板"标题下双击相应的模板，便可进入文档编辑窗口编辑文档，编辑完毕将文档保存为文档模板。

3. 页眉、页脚设置

1) 节

节是文档设置版式的单位，默认情况下一个文档即一个节。可向文档插入分节符进行分节。分节的好处是可在不同的节中使用不同的页面格式。每个分节符包含了该节的格式信息，如页边距、页眉/页脚、分栏、对齐、脚注/尾注等。插入分节符可以把文档分为不同的节，可以在不同的节使用不同的版式。切换到大纲视图就可以看到文档中的分节符。

在文档中插入分节符的方法如下：

(1) 将光标置于需要分节的位置。

(2) 单击"页面布局"→"页面设置"组的"分隔符"下拉列表按钮，如图 5.27 所示。

(3) 选择相应的分节符。

2) 插入页码

单击"插入"→"页眉和页脚"组的"页码"下拉列表的"设置页码格式"，打开"页码格式"对话框，如图 5.28 所示，用户可自行定义页码格式。

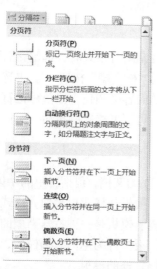

图 5.27　"分隔符"

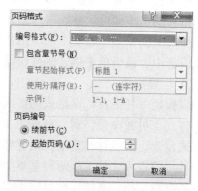

图 5.28　"页码格式"对话框

3) 插入页眉和页脚

页眉和页脚是文档中的注释性信息，如文章的章节标题、作者、日期时间、文件名或公司标识等。一般地，页眉位于页面顶部，页脚位于页面底部，但也可利用文本框技术在页面的任意位置设置页眉和页脚。

选择"插入"→"页眉和页脚"组"页眉"下拉列表的"编辑页眉"，Word将文档切换到页眉视图，并显示"页眉和页脚工具"栏，如图 5.29 所示。

单击"转至页眉"或"转至页脚"按钮可分别设置页眉和页脚格式。

图 5.29　"页眉和页脚工具"栏

若文档未被分节，则整篇文档将使用相同的页眉和页脚；若文档已被分成多个节，则可为每个节设置不同的页眉和页脚。单击工具栏上的按钮"上一节"和"下一节"可以切换到不同的节。若不同的节要使用相同的页眉和页脚格式，则只需选中工具栏中的"链接到前一条页眉"按钮。选中页眉或页脚区中的文字或图形，按 Delete 键可删除页眉或页脚。

例 5.5　将文档的页眉设置为："经济应用技术"，黑体，三号，右对齐；页脚为"页码"格式，居中对齐。

4) 设置奇偶页不同的页眉和页脚

很多文档的奇偶页的页眉和页脚是不相同的(图 5.30)，用户可使用命令来完成此类设置。

例 5.6　将文档的奇数页页眉设置为"中国经济论文"，黑体，三号，右对齐；奇数页页脚设置为"页码"格式，右对齐；偶数页页眉设置为"经济导读"，黑体，三号，左对齐；偶数页页脚设置为"页码"格式，左对齐。操作步骤如下：

选择"插入"→"页眉和页脚"组"页眉"下拉列表的"编辑页眉"，在"页眉和页脚工具"栏中勾选"奇偶页不同"复选框，输入并编辑奇数页页眉；单击"页眉和页脚工具"栏上的"转至页脚"按钮，转到编辑奇数页页脚；选择偶数页页眉，编辑偶数页页眉，完成后选择"页眉和页脚工具"栏上的"转至页脚"按钮，转到编辑偶数页页脚。

编辑完成后，单击"页眉和页脚工具"栏上的"关闭页眉和页脚"按钮退出页眉、页脚编辑状态。

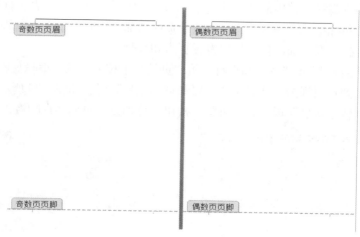

图 5.30　奇偶页不同的页眉和页脚

5.1.3　Word 2010 深入学习

1. 表格

1) 插入表格

插入表格的方法如下：

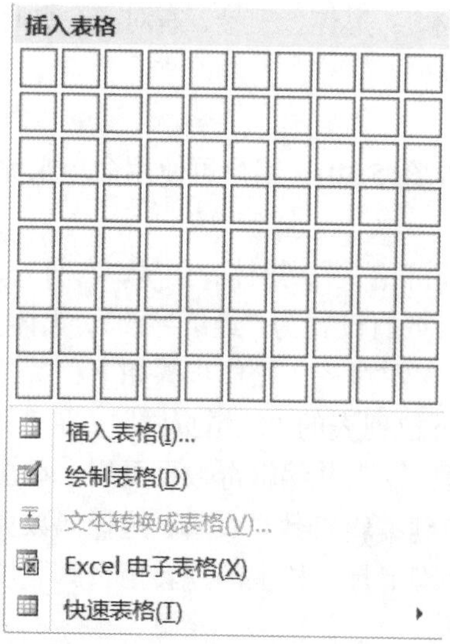

（1）选定插入点，单击"插入"→"表格"组中的"表格"按钮▦，弹出如图 5.31 所示界面。按住鼠标左键往下拖动至适当行数与列数，再释放鼠标，即可插入表格。

（2）选定插入点，单击"插入"→"表格"组中的"表格"下拉列表按钮中的"插入表格"，打开"插入表格"对话框。在"插入表格"对话框中设置表格的行数与列数，再单击"确定"按钮便可创建指定行数与列数的表格。

2) 表格编辑

建立好表格后，可使用"表格工具"栏进行表格编辑，如图 5.32 所示。也可选择表格中各对象的方法，单击鼠标右键，如图 5.33 所示，对表格进行编辑。

图 5.31　"插入表格"界面

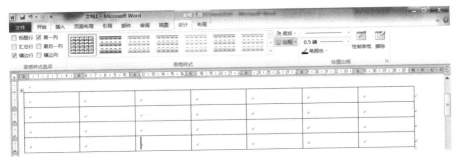

图 5.32 "表格工具"栏

3) 设置表格属性

(1) 表格中文本的格式化。

可选择格式菜单命令或格式工具栏完成字体、字号、字符颜色的设置，也可设置文本在单元格中水平对齐方式(左对齐、右对齐、居中对齐、分散对齐); 还可设置表格中文本的垂直对齐方式: 选定要对齐的文本，单击鼠标右键，如图 5.33 所示，单击"表格属性"打开"表格属性"对话框，在"单元格"选项卡下设置文本的垂直对齐方式。

(2) 表格的边框和底纹。

Word 2010 可以根据需要修改表格或某个单元格的边框，还可以给表格添加不同的底纹。通过使用"表格工具"→"设计"选项卡→"表格样式"组的"边框"下拉列表按钮中的"边框和底纹"命令打开"边框和底纹"对话框，在此对话框下进行相应设置。

(3) 表格自动套用格式。

除了利用上面的各种方法设置表格格式，Word还提供了 90 多种预定义的表格格式。将插入点置于表格中，选"表格工具"栏的"表格样式"组，在"表格样式"列表框中列出各种样式供选择。

图 5.33 表格编辑快捷工具栏

(4) 表格属性。

单击鼠标右键，选择"表格属性"命令打开"表格属性"对话框，如图 5.34所示。在"表格属性"对话框中可以很方便地指定表格的大多数特征: "表格"选项卡可以指定表格整体的三个主要特性; "行"选项卡可以指定一定范围中行的高度; "列"选项卡的外观与"行"选项卡非常类似，可以指定的是列的宽度; "单元格"选项卡指定单元格宽度，还可设定单元格内文本的对齐方式，即"靠上""居中""靠下"等。

图 5.34　"表格属性"对话框

2. 图文混排

1) 插入剪贴画

插入剪贴画时，只要输入一个字或词，Word 会自动从剪贴画库中找到相应的图片，使用起来十分方便。而且剪贴画库中还包含了色彩丰富的照片、声音和影片。

插入剪贴画操作步骤如下：

图 5.35　"剪贴画"任务窗格

(1) 将插入点移至要插入剪贴画处，单击"插入"→"插图"组中的"剪贴画"按钮，打开"剪贴画"任务窗格，如图 5.35 所示。

(2) 在"搜索文字"文本框中输入要插入的剪贴画类别"植物"，这时任务窗格中将列出已搜索到的剪贴画缩略图。

2) 插入图片

Word 中的图片可以来自文件，也可来自扫描仪或数码相机。将插入点定位于要插入图片处，单击"插入"→"插图"组的"图片"按钮，打开"插入图片"对话框，选择图片文件所在的位置。选择要插入的图片，单击"插入"按钮，图片将被插入到文档中。

3) 调整图片

鼠标单击图片，图片四周出现小方框(控制点)，可对图片进行调整。可以使用"图片工具"栏对图片进行编辑，如图 5.36 所示。

图 5.36　"图片工具"栏

(1) 缩放图片。

用鼠标左键按住图片控制点(图形四周出现有 8 个方向的句柄)，将鼠标指针指向某句柄时，鼠标指针变成双向箭头，拖动鼠标就可以改变图片大小。

(2) 裁剪图片。

选中图片，单击"图片工具"栏的"裁剪"按钮，拖动句柄，鼠标指针变成裁剪形状；按住鼠标左键，朝图片内部拖动，单击鼠标左键就能裁剪掉相应的部分。

(3) 其他调整。

选定图片，选择"图片工具"栏不同的按钮(颜色、图片边框、大小、位置、文字环绕等)可对图片的格式进行调整。"位置"和"文字环绕"按钮确定图文混排时文字环绕图片的几种情况：嵌入型、四周型、紧密型、浮于文字上方、衬于文字下方。

3. 插入形状

文档编辑过程中，有时需要绘制一些形状以满足实际需要。利用 Word 的绘图工具可以绘制一些常用的形状，如直线、矩形、椭圆、流程图、标注等。单击"插入"→"插图"组的"形状"下拉列表按钮，可打开"绘图工具"栏，如图 5.37 所示。

图 5.37　"绘图工具"栏

1) 绘制形状

用鼠标单击相应的绘图按钮，将鼠标指针移到要画形状的起始位置，按下鼠标左键并拖动到终止位置松开，可方便地画出各种直线、曲线、箭头、基本形状、流程图、星形、旗帜、标注等。

2) 调整形状

先选定形状，单击"绘图工具"→"格式"→"排列"组的"旋转"下拉列表按钮，选择所需的旋转或翻转方向；选定形状后，用鼠标左键拖动形状的控制点即可完成形状的缩放；右击选定形状，然后在弹出的快捷菜单中选择"置于顶层"或"置于底层"选项中的子选项进行相关设置。

3) 设置形状格式

选择"绘图工具"栏上的按钮，可进行形状格式设置。

4. 使用文本框

文本框也是 Word 的一种绘图对象，在文本框中可以方便地输入文字、图形等对象，并可将其放在页面上的任意位置。在对文本框进行编排时，在"页面视图"模式下才能见到效果。

1) 新建文本框

单击"插入"→"文本"组→"文本框"下拉列表中的"绘制文本框"，将鼠标指针移到要画文本框的起始位置，按下鼠标左键并拖动到终止位置松开。

2) 调整文本框

单击要调整的文本框，选择"绘图工具"栏上的按钮，可进行文本框格式设置：改变文本框的大小和位置，设置边框和底纹及文字环绕方式。选中文本框，按 Delete 键可把文本框连同内容一起删除。

3) 文本框的链接

Word 中可建立多个文本框，并将它们链接起来，前一个文本框有装不下的内容时，将出现在下一个文本框的顶部。

建立链接的方法：

(1) 单击"插入"→"文本"组→"文本框"下拉列表中的"绘制文本框"，首先在文档中建立两个文本框。

(2) 选定一个文本框。

(3) 选择"绘图工具"→"格式"→"文本"组的"创建链接"按钮。

(4) 将鼠标指针移到要链接的文本框(该文本框必须为空)，并单击鼠标左键完成文本框的链接。

4) 断开文本框之间的链接

选定要断开链接的文本框，然后选择"绘图工具"→"格式"→"文本"组的"断开链接"按钮断开文本框之间的链接。

5. 插入艺术字

艺术字是一种特殊的图形对象，在文档中使用艺术字可以美化文档。

单击 "插入" → "文本" 组中的 "艺术字"，在下拉列表中选择一种艺术字样式，在弹出的 "请在此放置您的文字" 中输入文字，文档中便插入了艺术字，且同时显示 "绘图工具" 栏，利用该工具栏可对艺术字进行编辑。

选择要修改的艺术字，单击 "绘图工具" → "格式" 选项卡，功能区将显示艺术字的各类操作按钮。在 "形状样式" 组中可以修改整个艺术字的样式，并可以设置艺术字形状的填充、轮廓及形状效果；在 "艺术字样式" 组可以对艺术字中的文字设置填充、轮廓及文字效果；在 "文本" 组可以对艺术字文字设置链接、文字方向、对齐方式等；在 "排列" 组可以修改艺术字的排列次序、环绕方式、旋转及组合；在 "大小" 组可以设置艺术字的宽度和高度。

6. 公式编辑器

Word 提供的公式编辑器可用于编写一些复杂的公式。单击 "插入" → "符号" 组 "公式" 下拉列表中的 "插入新公式"，可以打开 "公式工具" 栏，如图 5.38 所示。"公式工具" 栏分为两部分："符号" 工具栏可插入多个数学符号，"结构" 工具栏可插入符号和空插槽(用来输入文字及插入符号的占位符)。

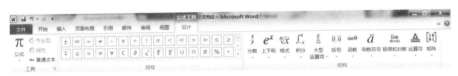

图 5.38　 "公式工具" 栏

公式编辑操作方式是 "先选模式后输入内容"，在要修改的位置单击鼠标左键可进行修改。在公式编辑框外任何地方单击鼠标，可退出公式编辑器。利用公式编辑器可输入如图 5.39 所示公式。

$$x_{1,2} = \frac{-b \pm \sqrt{b^2 - 4ac}}{2a}$$

图 5.39　公式示例

5.1.4　高级应用

1. 脚注和尾注

我们在阅读文章时，经常会看到文字上有数字标记，然后在这一页或文档的末尾有对它的详细解释，主要包括文本中相关内容的说明和引用的一些参考资料等，这就是脚注和尾注。脚注出现在文档中每一页的末尾，用作文章内容详细说明；尾注通常在整个文档的末尾，用来标识引用文献的来源。

不论是撰写一份科学研究报告，还是一份毕业论文，都会发现脚注和尾注是必不可少的。脚注和尾注用于为文档中的文本提供解释、批注以及相关的参考资料。可用脚注对文档内容进行注释说明，而用尾注说明引用的文献。

在 Word 中，脚注和尾注由两个互相链接的部分组成：注释引用标记和与其对应的注释文本。注释引用标记用于指明脚注和尾注已包含附加信息的数字、字符或字符组合。在注释中可以使用任意长度的文本，并像处理任意其他文本一样设置注释文本格式。

首先将光标移到文本中需要加脚注的位置，然后单击"引用"→"脚注"组的"插入脚注"按钮，输入相应的解释内容，脚注内容会出现在当前页的末尾。单击"引用"→"脚注"组右下方的启动器按钮，打开"脚注和尾注"对话框，如图 5.40 所示。

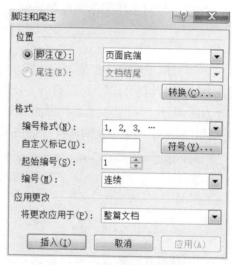

图 5.40　　"脚注和尾注"对话框

在文档中插入尾注的方法和插入脚注相同，只需单击"引用"→"脚注"组→"插入尾注"即可。

2. 题注

题注是可以添加到表格、图表、公式或其他项目上的编号标签，如"图表 1""表 1"。用户可为不同类型的项目设置不同的题注标签和编号格式，还可以创建新的题注标签，如使用照片。如果后来添加、删除或移动了题注，则 Word 还可以更新所有题注的编号。

1) 插入题注

(1) 将光标移到文本中需要添加题注的位置，单击 "引用"→"题注"组的"插入题注"按钮，打开相应的对话框，如图 5.41 所示。

(2) 在"题注"对话框中单击"自动插入题注"按钮，屏幕出现如图 5.42 所示的对话框。

(3) 在该对话框中先选择"插入时添加题注"的项目,如希望每当添加一个公式就会自动添加题注,则选择"Microsoft 公式 3.0"。

(4) 在"使用标签"下拉列表框中选择插入题注的项目,如选择"Equation"。

(5) 选择其他项目,单击"确定"按钮完成设置。

图 5.41 "题注"对话框   图 5.42 "自动插入题注"对话框

2) 修改题注

在插入新题注时,Word 会自动更新题注编号,但是如果删除或移动标题,需要手动更新题注:

(1) 选择要更新的题注。

(2) 单击鼠标右键,在打开的快捷菜单中单击"更新域"命令。

3. 大纲

使用大纲视图可以迅速了解文档的结构和内容梗概,清晰地显示文档的结构,文档标题和正文被分级显示出来。在"大纲"工具栏(图 5.43)上的"显示级别"下拉列表中可查看需要的标题级别,提供了"级别 1"至"级别 9"之间所有级别的视图。根据需要,可只显示需要的部分标题和文字,其余的文字可暂时隐藏起来,以突出文档的总体结构。在大纲视图下,用户可方便地编辑和组织文档,只显示标题用于压缩文档、提升或降低标题的级别、调整标题的位置等。

图 5.43 "大纲"工具栏

单击"视图"→"大纲视图"按钮切换到大纲视图(图5.44)。

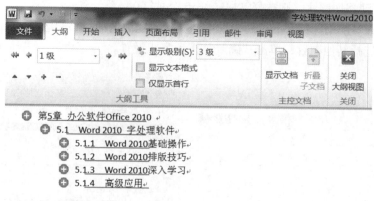

图 5.44　大纲视图

4. 目录和索引

当用户编辑比较长的文档时，在几十页的文档中查找特定的内容将变得非常困难，此时可以根据文档中使用的样式为该文档建立一个目录或索引，里面有该文档中的各级标题和相应的页码，这样可以方便其他用户查找。Word 为用户提供了自动生成目录和索引的功能，使用户可以方便地实现这一操作，这也是 Word "域"功能中的一种。

首先将光标置于文档的开头或结尾，然后单击"引用"→"目录"组"目录"下拉列表中的"插入目录"，在打开的对话框中选择"目录"选项卡，如图5.45所示。在选项卡中的"常规"选项组的"格式"框内选择目录的格式，此时预览框中将出现这种格式的目录预览效果：勾选"显示页码"和"页码右对齐"两个复选框可以在目录中显示页码。选择合适的选项后单击"确定"按钮生成如图5.46所示的目录。

图 5.45　"目录"选项卡

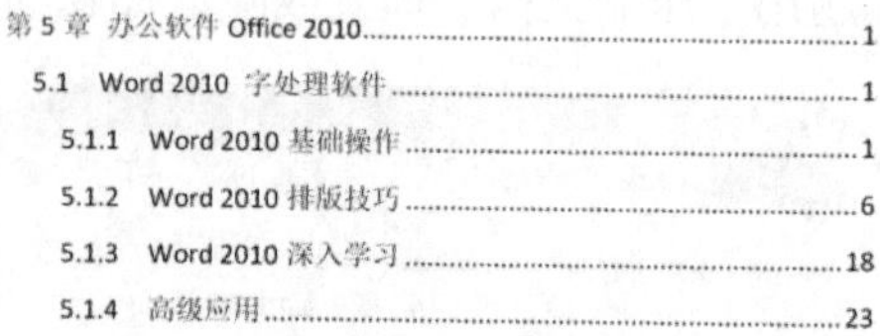

图 5.46　生成目录

5. 宏

Word 中的宏是指将一系列的 Word 命令和指令组合在一起，可以自动执行多个连续步骤的 Word 操作。创建并运行一个自定义宏，可使一系列复杂的、重复的操作变得非常简单，大大提高工作效率。

Word 内置了许多预定义的宏，实际上，Word 菜单中的每个命令都对应着一个宏，例如，"文件"中的"新建"命令便与一个名为 File New 的宏关联，用户可以根据实际需要录制(创建)并运行自定义的宏。

Word 提供两种方法创建宏：一是使用宏记录器，二是使用 Visual Basic 编辑器。第二种方法要求用户熟悉 Visual Basic for Application(VBA)编程语言。这里只介绍第一种方法，即用宏记录器来录制宏。

1) 宏的录制

下面以录制一个关于页面设置的宏为例，说明录制宏的操作步骤。

(1) 选择 "视图"→"宏"组→"宏"→"录制宏"，打开"录制宏"对话框，如图 5.47 所示。

(2) 在"宏名"文本框中输入"自定义页面"，在"说明"文本框中输入必要的文字说明。

(3) 在"将宏保存在"中选 "所有文档(Normal. dotm)"或当前编辑的文档。选择前者，该宏将对所有基于 Normal. dotm 模板的文档起作用，后者则只对当前文档起作用。

(4) 单击"确定"按钮，开始录制新宏，这时鼠标指针变成。

(5) 为宏指定菜单命令或快捷键。单击"文件"→"选项"打开"Word 选项"对话框，选择"快速访问工具栏"，将宏命令"Normal.NewMacros.自定义页面"添加至"自定义快速访问工具栏"下拉菜单中，如图 5.48 所示。如果在图 5.47 中单击"键盘"则可为宏指定快捷键。

(6) 依次执行要录制到宏中的各项操作。如先选"页面布局"→"页面设置"组右下角的启动器按钮，打开"页面设置"对话框，在"页边距"选项卡中进行各种设置，然后单击"确定"。再进入"页面设置"对话框，在"纸张"选项卡中进行各种设置，再单击"确定"。如果还要设置"版式"或"文档网格"，须再次重复上面类似操作，直至所有操作完成。

(7) 单击"视图"→"宏"组→"宏"下拉列表的"停止录制"，结束宏的录制。这时，查看"快速访问工具栏"，可以看到菜单中添加了"自定义页面"按钮。

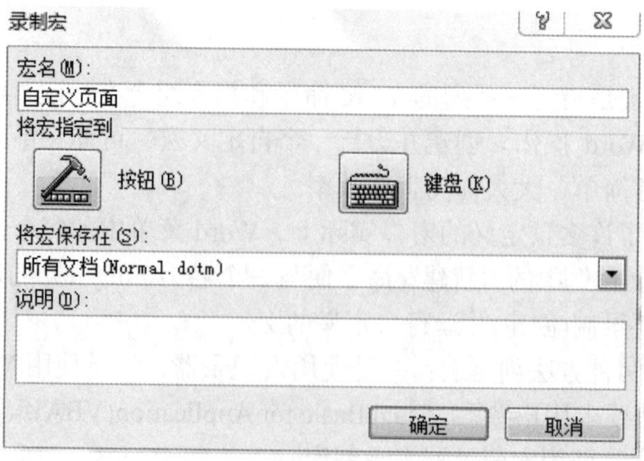

图 5.47　"录制宏"对话框

图 5.48　"Word 选项"对话框

2) 宏的运行

要运行上面录制的宏,单击"快速访问工具栏"的"自定义页面"按钮即可。

3) 宏的删除

要删除用户录制的宏,可选择 "视图"→"宏"组→"宏"→"查看宏",选中要删除的宏,单击"删除"按钮即可。

4) 启用或禁用宏

宏安全设置位于信任中心。在信任中心更改宏设置时,只针对当前正在使用的 Word 程序更改这些宏设置，而不会更改所有 Word 程序的宏设置。

(1) 单击"文件"→"选项"，出现"Word 选项"对话框。

(2) 在"Word 选项"对话框中单击"信任中心"，然后单击"信任中心设置"，在"宏设置"栏进行所需选项的设置。

(3) 宏设置介绍如下。

禁用所有宏，并且不通知：宏以及有关宏的安全警告都将被禁用。如果文件包含您信任的未签名的宏，则可以将这些文件置于受信任位置。运行受信任位置中的文件时，文件验证过程不会检查这些文件。

禁用所有宏，并发出通知：宏将被禁用，但如果存在宏，则会显示安全警告。可根据情况启用单个宏。

禁用无数字签署的所有宏：宏将被禁用，但如果存在宏，则会显示安全警告。但是如果受信任发布者对宏进行了数字签名，并且您已经信任该发布者，则可运行该宏。如果您尚未信任该发布者，则会通知您启用签署的宏并信任该发布者。

启用所有宏(不推荐；可能会运行有潜在危险的代码)：运行所有宏，此设置会使您的计算机容易受到潜在恶意代码的攻击。

信任对 VBA 工程对象模型的访问：禁止或允许自动化客户端对 VBA 对象模型进行编程访问。此安全选项用于编写代码以自动执行 Word 程序并操作 VBA 环境和对象模型。此设置因每个用户和应用程序而异，默认情况下拒绝访问，从而阻止未经授权的程序生成有害的自我复制代码。要使自动化客户端能够访问 VBA 对象模型，运行该代码的用户必须授予访问权限。若要允许访问，则选中该复选框。

6. 域

域相当于文档中可能发生变化的数据或应用的占位符。Word 会在用户使用命令时插入域，如"插入"→"页眉和页脚"组中的"页码"，用户也可根据需要单击"插入"→"文本"组→"文档部件"→"域"手工插入域。

在 Word 中，高级的复杂域功能很难手工控制，如"自动编号""邮件合并""题注""交叉引用""索引和目录"等。为了方便用户，9 大类共 74 种域大都以命令的方式提供。

单击"插入"→"文本"组→"文档部件"→"域"可以插入域，它适合一般用户使用，Word 提供的域都可以使用这种方法插入。用户只需将光标放置到准备插入域的位置，选择"插入"→"文本"组→"文档部件"→"域"，打开"域"对话框。

首先在"类别"下拉列表中选择希望插入的域的类别，如"编号""等式和公式"等。选中需要的域所在的类别以后，"域名"列表框会显示该类中的所有域的名称，选中欲插入的域名(如"AutoNum")，则"说明"框中就会显示"插入自动编号"，由此可以得知这个域的功能。对"AutoNum"域来说，只要在"格式"列表中选中需要的格式，单击"确定"按钮就可以把特定格式的自动编号插入页面，如图 5.49 所示。

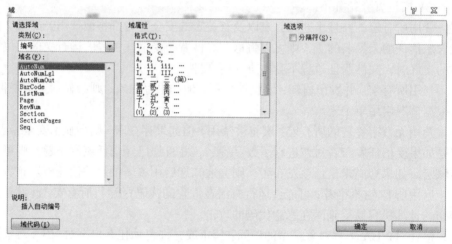

图 5.49　"域"对话框

也可以选中已经输入的域代码，单击鼠标右键，然后选择"更新域""编辑域"或"切换域代码"命令，对域进行操作。

7. 邮件合并

在日常工作中，常有大量的信函或报表文件需要处理，这些文件的大部分内容基本相同，只是其中的一些数据有所变化。例如，某部门举办一场学术报告会，需向其他部门或个人发出邀请函。邀请函的内容除了被邀请对象、报告地点不同，基本内容(如会议时间、主题等)都是相同的。为提高工作效率，减少重复工作，可以使用 Word 提供的"邮件合并"功能来对每一个被邀请者生成一份单独的邀请函。

合并过程中，要使用两个文档，一个是主文档，包括信函或报表文件中共有的内容；另一个是数据源，包含需要变化的数据，如姓名、部门名称、称谓等。合并时将主文档中的信息分别与数据源中的每条记录合并，形成合并文档。

有两种方法进行合并邮件：

(1) 使用"邮件"工具栏。选择"邮件"，打开邮件工具栏，如图 5.50 所示，利用该工具栏可进行邮件合并操作。

(2) 使用"邮件合并"任务窗格。

图 5.50　"邮件"工具栏

下面使用第二种方法，以上面的学术邀请函为例说明邮件合并过程。

例 5.7　邮件合并。

(1) 建立主文档并作为当前窗口打开，主文档的内容如下：

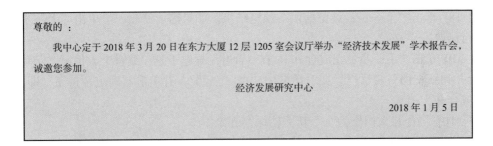

(2) 建立数据源文件。建立如下 Word 表格，保存在磁盘中，并关闭该数据源文件。

部门名称	姓名	称谓
科技公司	张远	高工
证券公司	李华安	总经理
咨询公司	王丽梅	经理
开发中心	伍开林	工程师

(3) 选择"邮件"→"开始邮件合并"组→"开始邮件合并"→"邮件合并分步向导"，打开"邮件合并"任务窗格。

(4) 在任务窗格的"选择文档类型"标题下选"信函"，单击任务窗格底部的"下一步：正在启动文档"。

(5) 在任务窗格顶部的"选择开始文档"标题下选"使用当前文档"。按提示单击"下一步：选取收件人"。若主文档不是当前文档，则选"从现有文档开始"，再打开主文档。

(6) 在"使用现有列表"标题下单击"浏览"，显示"选取数据源"窗口。在该窗口中选择上面保存的数据源文件并单击"打开"，出现"合并邮件收件人"对话框。单击"编辑"可以编辑数据源，单击"确定"可进入下一步。

(7) 按提示单击"下一步：撰写信函"。将插入点定位于主文档"尊敬的"之后，在"撰写信函"标题下选"其他项目"，出现"插入合并域"对话框。分别插入"部门名称""姓名""称谓"三个合并域至主文档中，如图 5.51 所示。

尊敬的《部门名称》《姓名》《称谓》：

　　我中心定于 2018 年 3 月 20 日在东方大厦 12 层 1205 室会议厅举办"经济技术发展"学术报告会，诚邀您参加。

经济发展研究中心

2018 年 1 月 5 日

图 5.51　　在主文档中插入合并域

(8) 单击"下一步：预览信函"预览结果。如果需要修改，可单击"上一步"进行修改。

(9) 单击"下一步：完成合并"。在"合并"标题下选"编辑个人信函"，弹出"合并到新文档"对话框。在对话框中选择"全部"，并单击"确定"按钮，即可生成合并文档。

(10) 将合并文档作为一个新文档保存起来。

5.2　PowerPoint 2010

PowerPoint 是 Microsoft Office 的重要组件之一，是功能强大的演示文稿制作软件，能够制作出图文并茂、色彩丰富、生动形象的演示文稿，在教学、会议、学术交流、商业等场合得到广泛应用。制作出的演示文稿可以在投影仪或计算机上进行演示，也可以打印出来进行印刷，应用领域非常广泛。

5.2.1　制作演示文稿

启动 PowerPoint，系统就会默认创建一个空演示文稿，文件扩展名为"pptx"。PowerPoint 主窗口的左侧是"大纲编辑窗口"，包括"幻灯片"和"大纲"两个标签，默认为"幻灯片"标签。此时只有一张幻灯片，通常为整个演示文稿的标题。

把光标定位在"幻灯片"标签上，按下 Enter 键或者单击鼠标右键在快捷菜单上选择"新建幻灯片"就可以在演示文稿中添加新的幻灯片。这时显示的是当前演示文稿内所有幻灯片的缩略图，每张幻灯片前的序号表示它在播放时的顺序，通过拖动滚动条可以显示其余幻灯片，有关幻灯片的操作在该区域进行。

单击要添加内容的幻灯片，就可以在右侧幻灯片的编辑区域插入多个对象。幻灯片就像一个舞台，而对象就像演员一样。PowerPoint 支持的对象种类非常多，包括文字、图片、剪贴画、自选图形、艺术字、组织结构图、影片、声音、图表、表格等，用户可以自行设计。

　　用户可以为每张幻灯片选择不同的版式。"幻灯片版式"是幻灯片内容在幻灯片上的布局方式，由各种占位符组成。占位符不仅确定位置，还事先定制好了某种格式。单击"开始"→"幻灯片"→"版式"下拉列表按钮或者单击鼠标右键在快捷菜单上选择"版式"，根据自己的需要选择一种幻灯片版式，单击相应的占位符即可输入内容，并以定制好的格式显示。

　　这时的演示文稿默认在"普通视图"下显示。单击主窗口右下角的视图方式切换按钮或者"视图"选项卡工具栏上的切换按钮可以在不同的视图之间进行切换。PowerPoint 常用的视图方式有 5 种："普通视图""幻灯片浏览""备注页""阅读视图""幻灯片放映"。

　　"普通视图"是主要的编辑视图，可用于撰写和设计演示文稿。在此视图中显示当前幻灯片时，可以添加各种对象；还可以在备注窗格输入要应用于当前幻灯片的备注。"幻灯片浏览"可以同时显示多张幻灯片，可以轻松添加、删除、复制和移动幻灯片。还可以使用"幻灯片浏览"工具栏中的按钮来设置幻灯片的放映时间，选择幻灯片的动画切换方式。"备注页"可以输入要应用于当前幻灯片的备注，可以将备注打印出来并在放映演示文稿时进行参考。还可以将打印好的备注分发给观众，或者将备注包括在发送给受众或发布在网页上的演示文稿中。"阅读视图"用于向用自己的计算机查看演示文稿的人员放映演示文稿，此时幻灯片只占据窗口位置。"幻灯片放映"可用于向受众放映演示文稿。幻灯片会占据整个计算机屏幕，用户可以看到图形、计时、电影、动画效果和切换效果在实际演示中的具体效果。

5.2.2　编辑幻灯片

　　一般制作演示文稿的过程是：首先按照顺序创建若干张幻灯片，然后在这些幻灯片上插入需要的对象，再对这些对象进行编辑、美化、动画效果设置、幻灯片切换方式设置等，最后查看播放效果。幻灯片在 PowerPoint 设计中处于核心地位，下面介绍有关幻灯片的各种操作。

　　1. 幻灯片的选择、插入、删除、移动和复制

　　这些操作既可以在"普通视图"左侧的"幻灯片"标签上进行，也可以在"幻灯片浏览"下进行。下面以"幻灯片浏览"视图为例，该视图可以同时显示多张幻灯片。

　　要选择单张幻灯片，可以单击需要选定的幻灯片缩略图。按住 Shift 键，单击第一张和最后一张，可以选择连续的多张幻灯片。按住 Ctrl 键，依次单击要选择的幻灯片，可以选择不连续的多张幻灯片。

先选择某张幻灯片，单击"开始"→"幻灯片"组的"新建幻灯片"下拉列表按钮或者单击鼠标右键在快捷菜单上选择"新建幻灯片"，该张幻灯片之后可以插入一张新幻灯片。

选择要删除的幻灯片(可以多选)，按键盘上的 Delete 键或者单击"开始"→"剪贴板"组的"剪切"按钮，被选幻灯片将被删除，其余幻灯片将顺序上移。

如果需要移动幻灯片的位置，调整幻灯片的顺序，可以选择要移动的幻灯片，按住鼠标左键将它拖动到新的位置；或者选择要移动的幻灯片，单击"开始"→"剪贴板"组的"剪切"按钮，把光标定位到新的位置，单击"粘贴"按钮完成。

如果需要复制幻灯片，可以选择要复制的幻灯片，按住 Ctrl 键将它拖动到新的位置；或者选择要复制的幻灯片，单击"开始"→"剪贴板"组的"复制"按钮，把光标定位到新的位置，单击"粘贴"按钮完成复制。

2. 文本的输入

如果幻灯片版式有标题及文本占位符，则可在幻灯片窗格中虚线框内单击，输入所需文本。如果幻灯片版式没有标题及文本占位符，则单击"插入"→"文本"组中的"文本框"先插入文本框，再输入所需文本。

3. 文本的编辑

删除、复制、移动时要先选定文本块再使用"开始"→"剪贴板"组的"剪切""复制""粘贴"命令完成。查找、替换时使用"开始"→"编辑"组的"查找""替换"命令完成。

4. 对象的插入与编辑

对象是幻灯片中的基本成分，幻灯片中的对象被分成文本对象(标题、项目列表、文字说明等)、可视化对象(图片、剪贴画、图表等)和多媒体对象(视频、声音剪辑等)三类，各种对象的操作方法基本相同。

1) 插入剪贴画

"剪贴画"是一种类似于卡通画的极好的图像素材，Office 软件中提供了许多剪贴画供用户使用。与普通图片相比，剪贴画具有占用空间小、色彩鲜艳、线条流畅等优势。

为了插入剪贴画等图片，最好选择包含"图片"对象的幻灯片版式，并对其进行适当编辑，以满足幻灯片版式要求。

单击幻灯片中需要插入图片的位置，选择"插入"→"图像"组"剪贴画"，在任务窗格中设置"结果类型"，在"搜索文字"中输入希望搜索的内容，单击"搜索"按钮，从众多的图片中选择一幅自己喜欢的图片，单击该图片，该图片将插入幻灯片中。调整图片大小及位置的操作方法与文本框类似。

2) 插入来自文件的图片

单击幻灯片中需要插入图片的位置, 选择 "插入" → "图像" 组 "图片", 打开 "插入图片" 窗口。打开图片文件所在文件夹, 选中图片文件的文件名, 单击 "插入" 按钮即可插入。

3) 插入表格

利用表格可使文字表述变得更加清晰和有条理, 让数据更加生动, 更有说服力和对比性。单击 "插入" → "表格" 组的 "表格" 下拉列表按钮, 选择表格所需要的行数和列数, 生成一张新的表格, 将相应的内容逐一添加到表格中; 也可打开其他软件制作完成的表格, 将表格内容复制后直接粘贴在添加表格的位置上, 得到所需要的表格。

4) 插入 SmartArt 图形

SmartArt 图形是信息和观点的视觉表现形式, 包括列表、流程图、层次结构图等。

(1) 启动 PowerPoint 并打开新的演示文稿。

(2) 单击 "插入" → "插图" 组的 SmartArt 按钮, 如图 5.52 所示。

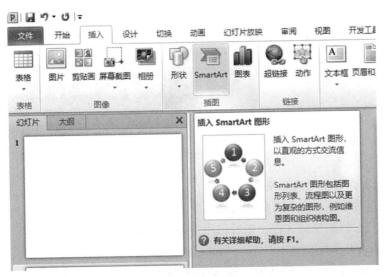

图 5.52　SmartArt 按钮

(3) 在 "选择 SmartArt 图形" 对话框中的 "循环" 项, 选择需要的 "循环" 类型, 再单击 "确定" 按钮完成操作, 如图 5.53 所示, SmartArt 图形将插入在幻灯片中, 并显示文本窗格。插入 SmartArt 时, 将会显示 "SmartArt 工具", 并且 "设计" 选项卡和 "格式" 选项卡将自动添加到功能区。

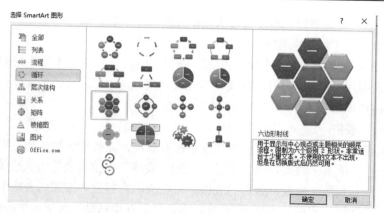

图 5.53　　"SmartArt"对话框

例 5.8　制作流程图。

输入流程图每一部分的内容,按 Enter 键结束,然后选择相应内容,单击"开始"→"段落"组→"转换为 SmartArt"下拉列表的"其他 SmartArt 图形",打开"选择 SmartArt 图形"对话框,再选择"连续块状流程",得到如图 5.54 所示的效果。

图 5.54　制作流程图

5) 插入音频和视频对象

在幻灯片中还可插入音频和视频对象,使演示文稿变得有声有色。PowerPoint 提供了一些音频和视频文件,也可选用自备的音频和视频文件。

(1) 插入 PowerPoint 提供的音频文件。

打开演示文稿,选择其中要插入音频的幻灯片,单击"插入"→"媒体"组→"音频"→"剪贴画音频",打开"剪贴画"任务窗格,选择一种声音文件并将其插入。

单击"插入"→"媒体"组→"音频"→"文件中的音频",则打开"插入音频"对话框,在对话框中选择已录制完成的声音文件,单击"插入"按钮,完成在幻灯片中插入声音文件的操作。

(2) 插入 PowerPoint 提供的视频文件。

单击"插入"→"媒体"组→"视频"→"剪贴画视频",则可完成插入系统影片操作。若单击"插入"→"媒体"组→"视频"→"文件中的视频"则完成插入已录制完成的影片操作。

6) 插入艺术字

艺术字是使用现成效果创建的文本对象,使用艺术字可给文字加上弧形或圆形等特殊形状,建立生动的文字效果。插入艺术字的方法与插入文件图片的方法基本相同,选择 "插入"→"文本"组→"艺术字"后,选择"艺术字"样式,编辑"艺术字"文字框文本内容,完成插入艺术字的操作。

7) 在幻灯片中绘制形状

在幻灯片中除了插入图形,有时还需要自己绘制一些直线、箭头、框图等图形,使制作的幻灯片更具有表现力。PowerPoint 提供了线条、矩形、基本形状、箭头总汇、流程图、星与旗帜、标注、动作按钮及其他一系列图形,在制作幻灯片时可根据需要选择绘制相应形状。选择"插入"→"插图"→"形状"后,选择"形状"样式在幻灯片中绘制形状。

8) 插入超链接

单击"插入"→"链接"组→"超链接",显示如图 5.55 所示"插入超链接"对话框,在"插入超链接"对话框中,选择链接到的地方,有"现有文件或网页""本文档中的位置""新建文档"和"电子邮件地址"四个选项供选择,在选择好链接到的位置后再根据需要完成其他设置。

图 5.55　"插入超链接"对话框

9) 使用动作设置

利用动作按钮,也可以创建同样效果的超链接。在超链接激活后,跳转到相应幻灯片,若希望返回到原超链接的起点。选择"插入"→"链接"组→"动作"

按钮，在打开的如图 5.56 所示的"动作设置"对话框中进行相关设置。"单击鼠标"选择卡设置的动作在单击鼠标时启动，"鼠标移过"选择卡设置的动作在移过鼠标时启动。

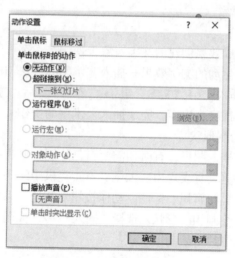

图 5.56　　"动作设置"对话框

10) 插入 Flash 动画

(1) 把需要插入的动画文件和演示文稿放在一个文件夹内。

(2) 单击"文件"→"选项"，打开"PowerPoint 选项"对话框。

(3) 在"PowerPoint 选项"对话框中选择"自定义功能区"项，在右面自定义功能区先选择"主选项卡"，勾选下面的"开发工具"选项，按"确定"按钮返回。

(4) 在"开发工具"下的"控件"组，单击"其他控件"，打开"其他控件"对话框。在"其他控件"对话框中选择"Shockwave Flash Object"对象，按"确定"按钮返回，此时鼠标变成十字形状，在需要插入 Flash 动画的位置拖出想要的控件大小。

(5) 在绘制好的控件上右击，选择"属性"，打开属性对话框，在 Movie 属性设置 Flash 文件的文件名(注意：文件名要包括后缀名)。

5.2.3　幻灯片的外观设置

为了统一演示文稿的外观，PowerPoint 采用了三种方法来设置幻灯片的外观：母版、配色方案和应用设计模板。

1. 应用母版

母版用于设置演示文稿中每张幻灯片的最初格式，这些格式包括标题及正文文字的位置、字体、字号、颜色，项目符号的样式、背景图案等。它们具有统一的背景和版式，可以使编辑制作更简单，更富有整体性。

根据幻灯片文字的性质，PowerPoint 母版可以分成幻灯片母版、讲义母版和备注母版三类。幻灯片母版是演示文稿中最基本的母版，存储了幻灯片中各个元素的属性特征。讲义母版用于控制讲义的打印格式，可将多张幻灯片制作在一张幻灯片中以便于打印，允许以每页 1 张、2 张、3 张、4 张、6 张或 9 张幻灯片为一页的方式进行打印。备注母版用于设置备注格式，让备注具有统一的外观，可按以上两种母版编辑方式进行修改。

设置母版时先打开演示文稿，选择"视图"→"母版视图"组的其中一个母版命令，进入母版视图界面编辑。应用母版可以使演示文稿的所有幻灯片都具有统一的外观。

2. 设置幻灯片背景

在 PowerPoint 中可进行幻灯片背景设置、幻灯片模板配色等操作，使幻灯片的色彩更加丰富，搭配更加协调。

在 PowerPoint 中可通过添加渐变、纹理、图案及图片等为幻灯片创建背景，根据不同需要使用不同的背景。操作方法是选择需要背景的幻灯片，选择"设计"→"背景"组→"背景样式"→"设置背景格式"。在弹出的"设置背景格式"对话框中可设置背景颜色，如图 5.57 所示。

图 5.57　"设置背景格式"对话框

3. 使用主题

主题是指 PowerPoint 中已设计好的一组可直接用于演示文稿的文字效果、背景图案和配色方案。可以快速为演示文稿选择统一的主题。选择"设计"→"主题"组中的某种主题后，整个演示文稿的幻灯片都将拥有该主题的格式。

5.2.4　在演示文稿中添加动画

PowerPoint 提供了动画，使幻灯片的制作更为简单灵活，演示更为生动活泼，产生更为理想的效果。用户可以为幻灯片上的文本、图片、表格、图表等设置动画效果，这样就可以突出重点、控制信息的流程、提高演示的趣味性。

为了增添幻灯片的视觉动感效果，首先在"普通视图"模式下选中对象，选择"动画"→"高级动画"组的"添加动画"下拉列表按钮，如图 5.58 所示。选择相应的动画选项，对象呈现动画效果。选择其他路径可以指定和绘制对象的运动轨迹。

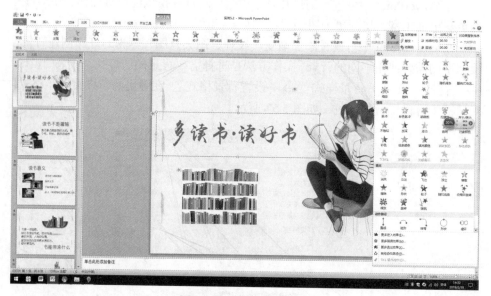

图 5.58　幻灯片动画窗口

5.2.5　设置幻灯片切换

在制作自动放映演示文稿时，最难掌握的就是幻灯片何时切换。切换是否恰到好处，取决于设计者对幻灯片放映时间的控制，即控制每张幻灯片在演示屏幕上滞留的时间，既不能太快，没有给观众留下深刻印象，也不能太慢，使观众感到厌烦。

如图 5.59 所示，在"切换"选项卡中可以设置每一张幻灯片切换的效果和时间间隔。选择需要设置时间的幻灯片，勾选"切换"→"计时"组→"换片方式"下的"设置自动换片时间"复选框，然后在数值框中输入希望幻灯片在屏幕上出现的秒数。如果要将此时间只应用于选定的幻灯片上，设置值即可；如果希望此时间应用于演示文稿的所有幻灯片，可以单击"全部应用"按钮。如果希望控制幻灯片的换页方式更加灵活，如希望单击鼠标或经过预定的时间都可以换页，且以较早发生的事件为准，这时就可以同时勾选"单击鼠标时"和"设置自动换片时间"复选框。

图 5.59　幻灯片"切换"选项卡

5.2.6　演示文稿的放映

创作完成后的演示文稿最终目的是展示给观众，直接在计算机上播放演示文稿，可以更好地发挥 PowerPoint 的优越性。在计算机上播放演示文稿时，能够利用计算机的多媒体特性，提高演示文稿的表现能力，易于激发观众的兴趣，充分调动观众的积极性。

演示文稿制作完毕后，在放映之前还需要根据放映环境设置放映的方式，当选择的放映方式为演讲者放映时，在放映过程中可以通过鼠标或键盘控制播放的时间和顺序。

1. 放映演示文稿

单击"幻灯片放映"(图 5.60)→"开始放映幻灯片"组中的"从头开始"或"从当前幻灯片开始"按钮放映幻灯片。也可用鼠标单击 PowerPoint 窗口界面右下角的"幻灯片放映"视图按钮放映幻灯片，以此放映幻灯片时，从当前选中的幻灯片位置开始放映。

图 5.60　"幻灯片放映"选项卡

2. 设置幻灯片的放映方式

放映幻灯片有多种方式，用户根据演示文稿的用途和放映环境，可设置不同的放映方式。单击"幻灯片放映"→"设置"组中的"设置幻灯片放映"，打开如

图 5.61 所示的对话框。

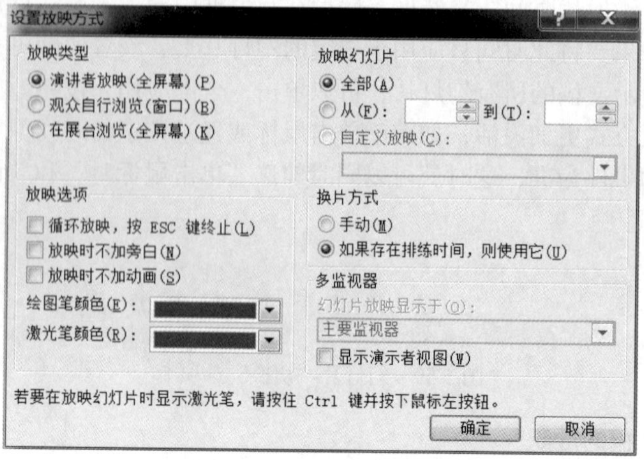

图 5.61　"设置放映方式"对话框

3. 排练计时设置

用户可以使用"排练计时"功能来设置幻灯片的放映时间。单击"幻灯片放映" → "设置"组的"排练计时",出现"录制"对话框,表示进入排练计时方式,演示文稿自动放映。此时可以开始试讲演示文稿,需要换片时,单击"录制"对话框"下一项"按钮,或单击鼠标左键。

演示完毕后,出现幻灯片放映时间和询问是否保留新的幻灯片排练时间的对话框,单击"是"按钮则接受放映时间;否则,单击"否"按钮不接受该时间,再重新排练一次。最后可以将满意的排练时间设置为自动放映时间。即在"设置放映方式"对话框(图 5.61)中勾选"如果存在排练时间,则使用它"复选框,PowerPoint 则采用排练时设置的时间来放映幻灯片。

例 5.9　创建演示文稿。

(1) 创建新演示文稿。

(2) 插入 5 张幻灯片。

(3) 单击"视图" → "母版视图"组 → "幻灯片母版",在任一张幻灯片上右击,选择"设置背景格式",在弹出的对话框中选择"填充" → "图片或纹理填充" → "文件",选择背景图片 1,单击"全部应用",然后关闭母版视图。

(4) 把所有幻灯片的版式都设置为"空白",综合运用插入艺术字、图片等方法,将素材文件夹的内容插入幻灯片,调整插入对象的位置和大小,如图 5.62 所示。

图 5.62 插入幻灯片内容

(5) 在演示文稿中添加动画。

(6) 插入背景音频文件，全程播放。

(7) 设置幻灯片切换。

(8) 播放幻灯片，保存演示文稿。

5.2.7 本节思考题

1. PowerPoint 中有几种视图方式，分别在什么时候使用？

2. 为每张幻灯片设置版式有什么好处？

3. 绘制出几种常用的 SmartArt 图形，说明它们的作用。

4. 如何为演示文稿设置统一的外观？

5. 如何在演示文稿中设置动画效果、切换方式及放映方式？

6. 请设计一份演示文稿，要求如下：

    (1) 自行确定演示文稿的主题，准备相应素材。

    (2) 标题页包含演示主题、制作人员和日期。

    (3) 幻灯片不少于 5 页，版式不少于 3 种。

    (4) 幻灯片内容至少包括 3 种以上的对象。

    (5) 动画效果要丰富，切换效果要多样。

    (6) 演示文稿播放的全程需要有背景音乐。

    (7) 制作完成的演示文稿以"班级+姓名"的格式保存。

5.3　Excel 2010

5.3.1　Excel 2010 概述

作为 Office 软件家族中的一个重要成员，Excel 具有数据记录与整理、数据计算、数据分析、图表制作、信息传递和共享等功能，可以帮助用户将繁杂的数据转化为信息，被广泛应用于办公领域的报表制作、数据统计、财务管理和投资决策分析等日常工作中。用户可以充分发挥 Excel 的强大功能，综合应用各种编辑操作、财务数据分析、函数和图表等高级工具，解决财务、销售、行政及业务人员在执行具体业务中遇到的问题。Excel 2010 的主要新增功能有：用户界面不再是 Excel 2003 及其更早版本中一贯使用的菜单和工具栏界面，而以功能区取而代之，让用户更便捷地使用 Excel 中越来越多的命令与功能，提高工作效率。超大的表格空间：Excel 2003 的一张工作表只能存储 65536 行 × 256 列数据，而 Excel 2010 的每张工作表拥有 1048576 行 × 16384 列。数据可视化：利用全新的条件格式和迷你图功能，在 Excel 2010 中创建可视化数据报告变得格外轻松；借助 Microsoft Excel Web App，用户可以在任何能连接互联网的计算机上访问、编辑和共享 Excel 文件，该计算机不必安装 Excel，用户也不必关心文件的存储。高效的数据分析：Excel 2010 改进了排序、筛选、数据透视表等多项数据分析功能，并首次在数据透视表中加入了"切换器"功能，该功能可以横跨多个透视表进行筛选，从而实现同时从不同视角观察数据分析结果的目标。

1. Excel 2010 基本知识

为了熟练掌握 Excel 2010 的各种操作，首先需要熟悉 Excel 2010 的工作环境。启动 Excel 2010 后的工作界面如图 5.63 所示。它的工作界面主要由标题栏、菜单栏、快速访问工具栏、功能区、编辑栏、工作簿窗口等部分组成。其中一些窗口元素的作用和 Word 中的类似，如标题栏、快速访问工具栏及菜单栏等，这里不再作详细介绍，只对工作簿、编辑栏等进行简单的介绍。

(1) 工作簿。工作簿是指用来存储并处理工作数据的文件，扩展名为 "xlsx"。它由若干张工作表组成，默认为 3 张，以 Sheet1～Sheet3 来表示，指向工作表标签处单击鼠标右键可重命名、增加或者删除工作表，最多为 255 个。当启动 Excel 2010 时，系统将自动创建一个名为工作簿 1 的窗口。Excel 2010 可同时打开若干个工作簿，在工作区重叠排列。

(2) 工作表。工作表是 Excel 窗口的主体，由若干行(行号 1～1048576)、若干列(列号 A，B，…，Y，Z，AA，AB，…，IV，共 16384 列)组成。

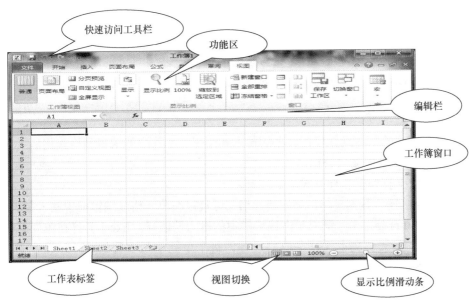

图 5.63 Excel 2010 的工作界面

(3) 单元格。工作表由单元格组成，行和列的交叉部分为单元格，单元格的内容可以是数字、字符、公式、日期、图形或声音文件等。每个单元格都有其固定地址，用列号和行号唯一标识，如 C3 表示第 3 列第 3 行的单元格。为了区分不同工作表的单元格，可在地址前加工作表名称，如 Sheet2!C3 表示 Sheet2 工作表的 C3 单元格。

(4) 活动单元格。当前正在使用的单元格，由黑框框住，如图 5.63 中的 A1 单元格。

(5) 编辑栏。用来显示活动单元格中的数据或使用的公式，在编辑栏中还可以对活动单元格中的数据进行各种编辑。编辑栏的左侧是名称框，用来定义单元格或单元格区域的名称。如在选定 A1 单元格后，单击名称框，输入"姓名"两字后按 Enter 键，A1 单元格的名称就变为"姓名"。如果单元格定义了名称，则在"名称框"中将会显示单元格的名称，否则显示活动单元格的地址名称；还可以在名称框中输入单元格或单元格区域的地址或名称查找单元格或单元格区域。

编辑栏的右侧是编辑区。当在单元格中键入内容时，除了在单元格中显示内容，还在编辑栏右侧的编辑区中显示。有时单元格的宽度不能显示单元格的全部内容，则通常在编辑栏的编辑区中编辑内容。

在编辑栏中还有以下 3 个按钮：取消按钮✖，单击该按钮取消输入的内容；输入按钮✔，单击该按钮确认输入的内容；插入函数按钮 ƒx：单击该按钮执行插入函数的操作。

(6) 快速访问工具栏。在菜单的最上方是快速访问工具栏，用户可以在这里添加常用的功能。操作方法是：单击旁边的三角形按钮→ "其他命令"，在弹出的界面中就可以设置快速访问工具栏的功能。

2. 工作表的基本操作

对工作表的基本操作包括数据的输入和编辑、工作表的编辑和格式化。

1) 在工作表中输入数据

输入数据有如下 3 种方式：

(1) 直接输入数据。单击某一单元格，可直接在单元格或编辑框中输入数据，结束时按 Enter 键、Tab 键或单击编辑栏中的输入按钮✔。Excel 允许在单元格中输入中文、英文、文本、数字或公式等，每个单元格最多容纳 32767 个字符；允许输入多种类型的数据，其中最基本的有文本型、数值型、日期和时间型三种数据。

① 输入文本。在 Excel 中，文本可以是中英文字符、数字、空格和非数字字符及它们的组合。对于数字形式的文本型数据，如学号、电话号码、身份证号码等，输入时需在输入的数字前加单引号(英文半角)，用于区分纯数值型数据。如在单元格中输入 "'01300001"，则以 01300001 显示。当输入的文字长度超出单元格宽度时，若右边单元格无内容，则扩展到右边列，否则将截断显示，系统默认文本对齐方式为左对齐。

② 输入数值。数值除了数字 0~9 组成的字符串，还包括+、-、E、e、$、/、%、()等特殊字符，输入数字时，系统默认数值对齐方式为右对齐。

在向所需的单元格输入数据时，选中该单元格直接输入。输入数据形式有以下几种：

输入正负数：输入正数时，前面的正号(+)被忽略；输入负数时，在数字前加一个负号(-)，或将数字写在括号内，如输入 "-15" 或(15)，最终在单元格中显示 "-15"。

输入分数：例如，输入 2/5，应先输入 0 及一个空格，再输入 2/5。如果只输入 2/5，系统会把 2/5 当作日期 2 月 5 日。

输入百分数：直接在数值后面加上 "%" 即可。

输入太长的数字：在单元格中自动以科学计数法显示。例如，输入 2300000000000，则以 2.3E+12 显示。在编辑栏中可以看到原始输入数据。

另外，在输入负数、分数、科学计数法等数据时，编辑栏中显示的结果与单元格中的显示结果有时会不一致，编辑栏显示的数据是原始数据。

③ 输入日期和时间。在输入日期和时间数据时，Excel 规定了严格的输入格

式，如果 Excel 能够识别出所输入的是日期和时间，则单元格的格式将由"常规"数字格式变为内部的日期或时间格式；若 Excel 不能识别出当前输入的日期或时间，则作为文本处理。

输入日期时，按系统的内置格式输入，如"yy/mm/dd"、"yyyy-mm-dd"或"yy-mm-dd"，系统将自动转换为"yyyy-mm-dd"的格式。如果省略年份，则以当前的年份作为默认值。按 Ctrl+；组合键可自动输入当天日期。

输入时间时，小时与分钟或秒之间用冒号分隔。若想表示上午或下午，则可在输入的时间后面加上"AM"或"PM"。如"5:22:20 PM"。也可以采用 24 小时制表示时间，即把下午的小时时间加 12，如"17:22:20"。按 Ctrl+Shift+；组合键可自动输入当前时间。

提示：日期和时间都可以进行加减运算。

(2) 快速输入数据。当要在工作表的某一列输入一些相同的数据时，可以使用 Excel 提供的快速输入法——记忆式输入和下拉列表输入。

① 记忆式输入。当输入的字符与同一列中已输入的内容相匹配时，系统将自动填写其他字符。这时按 Enter 键，表示接受提供的字符，而继续手工输入。

② 下拉列表输入。如果某些单元格区域中要输入的数据很有规律，如学历(小学、初中、高中、中专、大专、本科、硕士、博士)、职称(助教、讲师、副教授、教授)，当需要减少手工录入的工作量时，就可以设置下拉列表实现选择输入。先选中要添加列表的单元格或者单元格区域，如 A2:A10，选择"数据"→"数据工具"组→"数据有效性"下拉列表按钮→"数据有效性"命令，打开"数据有效性"对话框，在"设置"选项卡"有效性条件"的"允许"下拉列表框中选择"序列"，在"来源"文本框中输入"助教,讲师,副教授,教授"(注意：各选项之间必须用英文半角的逗号隔开)，然后按"确定"按钮，如图 5.64 所示。结果如图 5.65 所示。

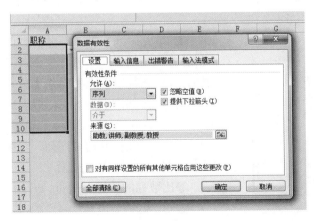
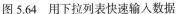

图 5.64　用下拉列表快速输入数据　　　　图 5.65　设置下拉列表结果

　　(3) 利用自动填充功能输入有规律的数据。在输入数据和公式的过程中，如果输入的数据具有某种规律，那么用户可以通过拖动当前单元格填充柄，或使用"开始"→"编辑"组中的"填充"命令以各种方式自动填充数据。

　　有规律的数据是指等差、等比、系统预定义的数据填充序列以及用户自定义的新序列，自动填充是根据初始值来计算填充项的。

　　当前活动单元格的右下角有一个黑色的小方块，称为填充柄。利用填充柄，可以完成数据的自动填充。在第一次拖动填充柄后，在其右下角会出现🔲·图标。单击此图标右边的黑色箭头，用户可以根据需要选择填充方式。

　　自动填充有以下方式：

　　① 填充相同的数据。相当于复制数据，选定一个单元格，填充柄向水平或垂直方向拖动，如图 5.66(a)和(b)所示。

	A	B	C
1	学号	姓名	专业
2	20080001	董平	计算机科学与应用
3	20080002	梁航	
4	20080003	查建亮	
5	20080004	杨清国	
6	20080005	张红梅	
7	20080006	周金光	
8	20080007	李星龙	
9	20080008	张凤英	
10	20080009	万朝	
11	20080010	史霞	

(a) 选取单元格

	A	B	C
1	学号	姓名	专业
2	20080001	董平	计算机科学与应用
3	20080002	梁航	计算机科学与应用
4	20080003	查建亮	计算机科学与应用
5	20080004	杨清国	计算机科学与应用
6	20080005	张红梅	计算机科学与应用
7	20080006	周金光	计算机科学与应用
8	20080007	李星龙	计算机科学与应用
9	20080008	张凤英	计算机科学与应用
10	20080009	万朝	计算机科学与应用
11	20080010	史霞	计算机科学与应用

(b) 向下拖曳填充柄

图 5.66　填充相同的数据

　　不仅可以向下拖动得到相同的一列数据，向右拖动填充也可以得到相同的一行数据。

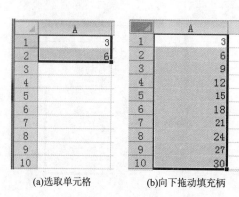

(a)选取单元格　　(b)向下拖动填充柄

图 5.67　填充等差数列

　　② 填充序列数据。等差数列的填充：先填写两个初始值并选中这两个单元格，再拖动填充柄向水平或垂直方向拖动，如图 5.67 所示；或者通过"开始"→"编辑"组→"填充"→"系列"，在打开的"序列"对话框进行有关序列选项的选择。

　　等比数列的填充：通过"开始"→"编辑"组→"填充"→"系列"，打开"序列"对话框，在"类型"栏中选择"等比序列",输入步长值,并确认,结果如图 5.68 所示。

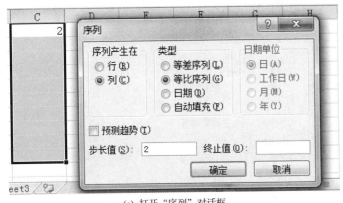

（a）打开"序列"对话框　　　　　　　　　　　　　　　（b）结果

图 5.68　填充等比数列

　　例 5.10　在 A 列中输入从 1 开始至 15 的自然数序列;在 B 列中输入起始值为 0、等差为 5 的等差数列;在 C 列中输入起始值为 2、终止值为 32768、比值为 2 的等比数列。填充结果如图 5.69 所示。

	A	B	C	D
1	自然数	等差数列	等比数列	
2	1	0	2	
3	2	5	4	
4	3	10	8	
5	4	15	16	
6	5	20	32	
7	6	25	64	
8	7	30	128	
9	8	35	256	
10	9	40	512	
11	10	45	1024	
12	11	50	2048	
13	12	55	4096	
14	13	60	8192	
15	14	65	16384	
16	15	70	32768	

图 5.69　填充自然数、等差数列、等比数列

　　数字与文本组合序列的填充:选择"开始"→"编辑"组→"填充"→"系列",打开"序列"对话框,在"类型"栏中选择"自动填充"选项,并确认,如

图 5.70 所示。或者选择单元格并输入数据，使用鼠标右键拖动填充柄，释放鼠标后，在弹出的快捷菜单(图 5.71)中选择"填充序列"，结果如图 5.72 所示。

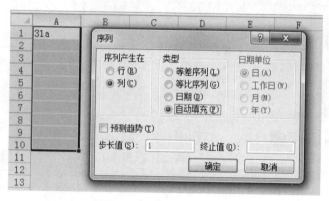

图 5.70　"序列"对话框

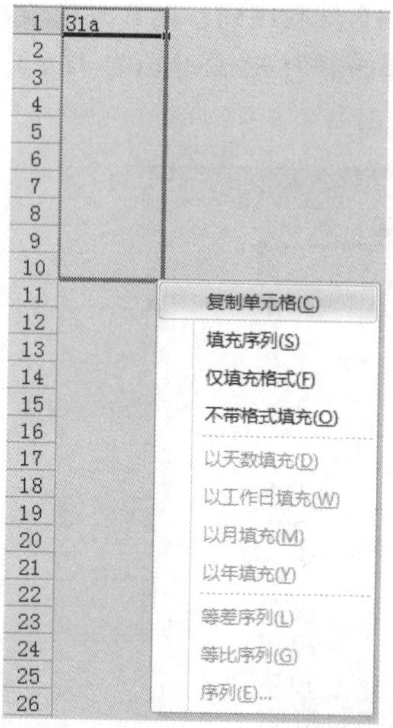

图 5.71　数字与文本组合序列的填充

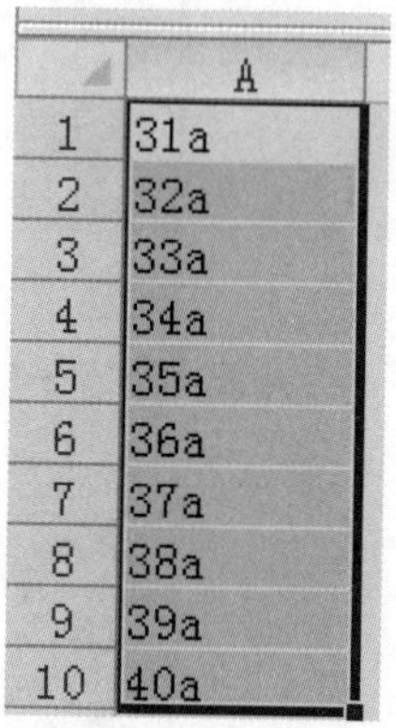

图 5.72　填充结果

例 5.11　自定义"信息学院""统计学院""财会学院""金融学院""商学院"的序列。

先选定一个有内容的单元格，然后通过执行"开始"→"编辑"组→"排序和筛选"→"自定义排序"命令，打开"排序"对话框，在次序选项卡下选择"自定义序列"，如图 5.73 所示，添加新序列或修改系统已提供的序列，如图 5.74 所示。单击"添加"按钮，将自定义的序列导入"自定义序列"列表中，完成后单击"确定"按钮。自定义序列的填充方法与默认序列的填充方法相同。在空白单元格内输入"信息学院"，拖动填充柄即可完成该序列的自动填充。

图 5.73 "排序"对话框

图 5.74 "自定义序列"对话框

注：输入数据前可利用"数据"→"数据工具"组中的"数据有效性"对有效数据进行设置，以防止在输入数据时非法数据的输入。

例 5.12 输入学生成绩时进行有效性检验，条件是有效的成绩为 0～100 的整数。

先选择需设置数据有效性的单元格或单元格区域，如 A1:A20 单元格区域，再单击"数据"→"数据工具"组→"数据有效性"下拉列表按钮→"数据有效性"打开"数据有效性"对话框，在"设置"选项卡"允许"下拉列表框中选择"整数"，如图 5.75 所示。还可以设置"输入信息"(图 5.76)和"出错警告"(图 5.77)。数据有效性设置结果如图 5.78 所示。

2) 单元格数据的编辑

对单元格数据的编辑操作包括移动、复制、修改和删除单元格数据，以及插入单元格、行或列操作。

(1) 插入或删除单元格、行或列。

如果需要在某一个单元格的周围插入一单元格或者在某行(列)的上、下、(左、

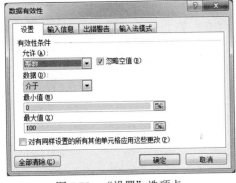

图 5.75 "设置"选项卡

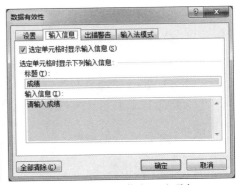

图 5.76 "输入信息"选项卡

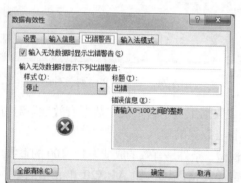

图 5.77　"出错警告"选项卡

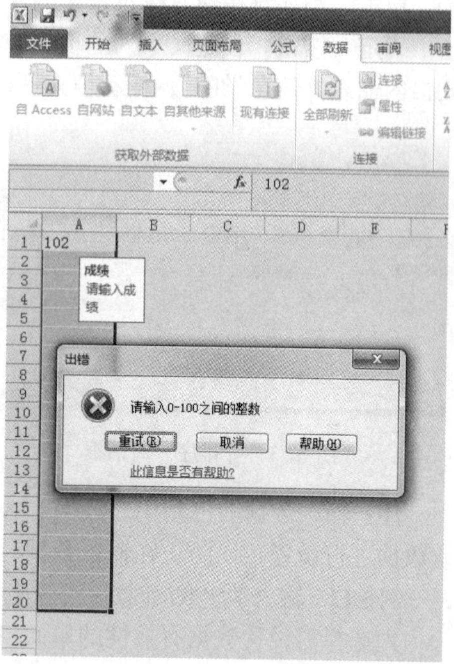

图 5.78　数据有效性设置结果

右)插入一行(列)，这时用户可以单击"开始"→"单元格"组→"插入"，选择相应命令进行操作，如图 5.79 所示。

　　默认状态下会在当前单元格的上方或左侧插入整行或整列单元格。

　　如果需要删除一单元格或者删除某行(列)，用户可以选择"开始"→"单元格"组→"删除"，选择相应的命令进行操作，如图 5.80 所示。

图 5.79　插入子菜单

图 5.80　删除子菜单

(2) 移动单元格数据。

移动单元格中的数据主要有两种方法：一种是通过剪切和粘贴命令的组合来

完成，另一种是通过鼠标拖动的方法来完成。

(3) 复制单元格数据。

复制单元格中的数据也有两种方法：一种是通过复制和粘贴命令的组合来完成，另一种是通过按住 Ctrl 键的同时拖动鼠标的方法来完成。

(4) 修改单元格数据。

对一个制作好的工作表，在以后的使用中经常会对其中的数据进行修改或添加等操作，此时，就需要修改单元格中的数据。

修改单元格数据有两种方法。在单元格中修改：双击要修改数据的单元格，将光标定位到该单元格中，修改所需数据即可。在编辑栏中修改：选择要修改数据的单元格，在编辑栏中将显示该单元格中的数据，单击编辑栏，定位光标修改所需数据后按 Enter 键即可。

(5) 清除单元格数据。

当工作表中的数据输入错误或不需要该数据时，可以将其清除。而清除单元格数据分为清除单元格数据格式、清除单元格数据内容和同时清除单元格格式及内容三种方式。清除单元格数据格式：选择要清除数据格式的单元格，执行“开始”→“编辑”组→“清除”→“清除格式”。清除格式后，将该单元格的格式设置为 Excel 2010 的默认格式，但保留数据。

清除单元格数据内容：选择要清除数据内容的单元格，执行“开始”→“编辑”组→“清除”→“清除内容”，清除所选单元格中的数据内容，但保留其格式。

清除单元格数据格式及内容：选择要清除数据格式及内容的单元格，执行“开始”→“清除”→“全部清除”命令，清除所选单元格中的数据格式及内容。

提示：如果要清除单元格中的内容，还可以在选择需清除的单元格后直接按 Delete 键或 Backspace 键。

5.3.2　公式和函数

用户在做数据分析工作时，常常要进行大量而又繁杂的运算。Excel 具有强大的数据处理功能，即公式和函数功能。用户通过在单元格中输入公式和函数，可以对表中数据进行汇总、平均、计数及其他更为复杂的运算，从而避免手工计算的烦琐和出错。用于运算的源数据修改后，相应公式和函数的计算结果也会自动更新，这是手工计算无法比拟的。

1. 使用公式

在 Excel 中，用户可以通过公式对工作表数值进行加、减、乘、除等运算。只要输入正确的计算公式后，就会立即在单元格中显示计算结果。

公式运用最多的是数学运算公式，此外还可以进行一些算术运算、文本连接运算和引用运算，这些运算是通过特定的运算符完成的，如算术运算符、文本连接符、比较运算符和引用运算符。无论是哪种运算，在输入公式时都必须以等号(=)开头。表 5.1 中列出了可运用的运算符。

表 5.1 运算符

运算符名称	符号表示形式及意义
算术运算符	+(加)、−(减)、*(乘)、/(除)、%(百分号)、^(乘方)
比较运算符	=(等于)、>(大于)、<(小于)、>=(大于等于)、<=(小于等于)、<>(不等于)
文本连接符	&(字符串连接)
引用运算符	:(区域运算符)、空格(交叉运算符)、,(联合运算符)
逻辑运算符	NOT(逻辑非)、AND(逻辑与)、OR(逻辑或)

Excel 根据公式中运算符的特定顺序从左到右计算，如果公式中同时用到多个运算符，则对于同一级的运算，按照从等号开始从左到右进行计算；对于不同级的运算，则按照运算符的优先级进行计算。几类运算符中，引用运算符优先级最高，算术运算符次之，第三是文本连接符，之后是比较运算符，最后是逻辑运算符。其中，引用运算符中从高到低的级别是区域运算符、交叉运算符、联合运算符；算术运算符中从高到低分三个级别：百分号和乘方、乘除、加减；比较运算符优先级相同。优先级相同时，按从左到右的顺序计算。

提示：若要更改求值的顺序，则可以将公式中要先计算的部分用括号括起来。

1) 输入公式和数值运算

在需输入公式的单元格中直接输入"="和内容，然后按 Enter 键或者单击编辑栏中的✔按钮；或者选择单元格，在编辑区中定位光标插入点并输入公式即可。

例 5.13 某高校学生课程成绩考核办法如下：每学期需要按百分制至少记录 5 次平时成绩，并计算出平时总评成绩，再按照平时总评成绩占 20%、期中成绩占 20%、期末成绩占 60%计算出总评成绩。试计算计算机 08-1 班学生计算机文化基础课程的总评成绩。

操作提示：选定 K3 单元格，输入公式及结果如图 5.81 所示。

2) 命名单元格和单元格区域

选择需命名的单元格或单元格区域，在编辑栏左侧的名称框中输入自定义的名称，按 Enter 键确认；选择需命名的单元格或单元格区域，单击"公式"→"定义的名称"组→"根据所选内容创建"打开"以选定区域创建名称"对话框，勾选要命名的项前面的复选框，并单击"确定"按钮确认；选择需命名的单元格或单元格区域，选择"公式"→"定义的名称"组→"定义名称"下拉列表按钮→"定义名称"，打开"新建名称"对话框，在"名称"文本框中输入自定义的名称。

	K3				f_x =H3*20%+I3*20%+J3*60%					
	A	B	C	D	E	F	G	H	I	J	K
1					计算机08-1班 计算机文化基础成绩						
2	学号	姓名	平时1	平时2	平时3	平时4	平时5	平时考评	期中	期末	总评
3	20080001	董平	86	81	79	92	83	84.2	89	86	86.2
4	20080002	梁航	65	73	80	84	85	77.4	84	87	84.5
5	20080003	查建亮	50	61	65	46	55	55.4	48	43	46.5
6	20080004	杨清国	76	81	85	87	84	82.6	87	76	79.5
7	20080005	张红梅	34	44	39	46	60	44.6	58	52	51.7
8	20080006	周金光	82	87	86	95	88	87.6	89	87	87.5
9	20080007	李星龙	91	88	89	93	90	90.2	92	93	92.2
10	20080008	张凤英	88	84	87	86	92	87.4	85	85	85.5
11	20080009	万朝	65	59	71	53	49	59.4	62	71	66.9
12	20080010	史霞	74	73	78	80	83	77.6	81	86	83.3

图 5.81 公式的应用

3) 相对引用

Excel 默认为相对引用，如 A1、B2、C6、F9 等。使用单元格的相对引用能确保公式在复制、移动后会根据移动的位置自动调节公式中引用单元格的地址。

相对引用有 3 种方法：将计算出结果的单元格中的公式复制到其他需计算的单元格中，方法与复制数据相同；将鼠标指针移动到通过公式计算出结果的单元格右下角的填充柄上，拖动鼠标左键实现快速复制公式；在填充柄上按住鼠标右键不放，拖动到目标位置后释放鼠标，然后在弹出的快捷菜单中执行"复制单元格"命令。

4) 绝对引用

绝对引用就是将单元格中的公式以数据的形式复制到其他单元格中，使公式不发生变化的引用方式。在公式的行号和列号前均加上"$"符号(如$A$1、$B$2)再进行复制或填充。当公式或函数在复制、移动时，绝对引用单元格地址将不会随着公式位置变化而变化。

5) 混合引用

混合引用就是相对引用和绝对引用的综合。在单元格地址的行号或列号前加上"$"符号，如$A1 或 B$2。

6) 引用其他工作表中的数据

(1) 引用同一工作簿中其他工作表中的数据。

输入格式为："工作表名!单元格(区域)的引用地址"。在工作表中选择需要输入公式的单元格，将光标定位到编辑栏的编辑区，输入运算符"="，单击要引用单元格所在工作表的工作表标签，然后在该工作表中单击要引用的单元格，或拖动鼠标选择要引用的单元格区域，按 Enter 键。

(2) 引用不同工作簿中工作表中的数据。

输入格式为："[工作簿名]工作表名!单元格(区域)的绝对引用地址"。打开引用单元格地址的工作簿，在当前工作簿中选择单元格，输入运算符"="，选择引用单元格所在工作簿，单击选择工作表，然后单击选择目标单元格或拖动鼠标选择目标单元格区域，按 Enter 键。

2. 使用函数

1) 常用函数

对于简单的运算可以用公式计算，但一些复杂的运算，如果由用户来设计公式计算将会很麻烦，有些甚至无法做到(如开平方根)。Excel 提供了许多内置函数，为用户对数据进行运算和分析带来极大方便。函数其实是一些预定义的公式，它们用一些称为参数的特定数值，按特定的顺序或结构进行计算。这些函数涵盖多方面，如数学与三角函数、日期和时间、财务、统计、数据库、文本、逻辑、信息等。

函数由 3 部分组成，即函数名称、括号和参数，其结构为以等号"="开始，其语法结构为"函数名称(参数 1, 参数 2, ……, 参数 N)"，其中参数可以是常量、单元格、区域、区域名、公式或其他函数。

函数的输入有两种方法：一是通过编辑栏的"插入函数"，在其对话框的提示下选择函数类型、函数名和参数；二是直接输入函数。

表 5.2 列出了常用的函数，函数返回值均为数值型，图 5.82 中 A1:B11 单元格区域表示的是原始数据，其他有底纹的单元格数据是应用函数的结果。

表 5.2　常用函数举例

函数形式	函数功能	举例
AVERAGE(参数列表)	求参数列表的平均值	=AVERAGE(B2:B11)
SUM(参数列表)	求参数列表数值和	=SUM(B2:B11)
SUMIF(参数列表, 条件)	求参数列表中满足条件的数值和	=SUMIF(B2:B11,">80")
MAX(参数列表)	求参数列表中最大的数值	= MAX(B2:B11)
MIN(参数列表)	求参数列表中最小的数值	=MIN(B2:B11)
RANK(数值, 参数列表)	数值在参数列表中的排序名次	=RANK(B2,$B$2:$B$11)
COUNT(参数列表)	统计参数列表中数值的个数	=COUNT(B2:B11)
COUNTIF(参数列表, 条件)	统计参数列表中满足条件的数值个数	=COUNTIF(B2:B11,">"&B11)

说明:

(1) 参数列表一般为单元格区域。

(2) COUNTIF 和 SUMIF 中的条件由一对英文双引号括起, 若要表示单元格值, 则要加&字符串连接符号, 如图 5.82 所示。

	B16	fx	=COUNTIF(B2:B11,">"&B14)

	A	B	C	D	E
1	姓名	期末	名词		
2	董平	86	4		
3	梁航	87	2		
4	查建亮	43	10		
5	杨清国	76	7		
6	张红梅	52	9		
7	周金光	87	2		
8	李星龙	93	1		
9	张凤英	85	6		
10	万朝	71	8		
11	史霞	86	4		
12	最高分	93			
13	最低分	43			
14	平均分	76.6			
15	人数	10			
16	高于平均分人数	6			
17	总分	766			
18	高于80分的总分	524			

图 5.82　COUNTIF 函数

面对 Excel 提供的大量函数, 本书不能一一详解。对于一些简单、常用的函数不难使用, 读者应该可以熟悉运用, 在此仅介绍有特殊作用或较复杂的函数的用法。

2) 逻辑函数

Excel 中的逻辑函数有 6 个, 其中最常用的是 IF 函数。

IF(logical_test,value_if_true,value_if_false)函数: 判断第一个参数(条件表达式)的值是否为真, 若为真则返回一个值(第二个参数结果的值), 若为假则返回另一个值(第三个参数结果的值)。在第二个或第三个参数位置, 都可嵌入 IF 函数(或其他函数), 用形成的复合函数来求解相关问题, 如例 5.14 所示。

例 5.14　在"学生"工作簿的"成绩单"工作表中, 计算每个学生 3 个考核科目(Word、Excel、PowerPoint)的平均成绩(结果保留一位小数), 并填写在"平均成绩"列。将"等级"列中计算并填写每位学生的考核成绩等级, 等级的计算规则如表 5.3 所示。

表 5.3　等级的计算规则

等级分类	计算规则
不合格	3 个考核科目中任一科目成绩低于 60 分
及格	60 分<平均成绩<70 分
良	70 分<平均成绩<85 分
优	平均成绩≥85 分

操作提示：选定 I3 单元格，输入公式和结果如图 5.83 所示。

I3	▼ ○ fx	=IF(COUNTIF(E3:G3,"<60")>0,"不合格",IF(H3<70,"及格",IF(H3<85,"良","优")))								
	A	B	C	D	E	F	G	H	I	J
1										
2	序号	学号	姓名	性别	Word	Excel	PowerPoint	平均成绩	等级	
3	1	201805000001	韩璐	女	88	87	81	85.3	优	
4	2	201805000002	王雪蓓	女	55	76	71	67.3	不合格	
5	3	201805000003	康译文	女	46	72	63	60.3	不合格	
6	4	201805000004	李崇智	女	92	68	82	80.7	良	
7	5	201805000005	章放	男	65	91	86	80.7	良	
8	6	201805000006	杨涵	女	51	81	74	68.7	不合格	
9	7	201805000007	李一龙	男	87	90	96	91.0	优	
10	8	201805000008	赵惠嘉	女	78	84	61	74.3	良	
11	9	201805000009	李佳欣	女	71	88	68	75.7	良	
12	10	201805000010	王佳一	女	85	64	78	75.7	良	
13	11	201805000011	胡嘉雪	女	60	81	79	73.3	良	
14	12	201805000012	李菁菁	女	89	75	92	85.3	优	
15	13	201805000013	王婧茹	女	79	75	66	73.3	良	
16	14	201805000014	宋玲	女	52	74		72.7	不合格	

图 5.83　例 5.14 计算结果

3) 财务函数

Excel 提供了丰富的财务函数，最典型的是 PMT 函数和 PV 函数等。

(1) 计算贷款本息偿还额函数 PMT(rate, nper, pv, [fv], [type])：计算在固定利率下，贷款的等额分期偿还额，即基于固定月利率 rate、贷款偿还的月份数 nper、贷款本金 pv，按等额分期付款方式，计算出贷款的每期付款额。fv 和 type 一般默认为零，fv 为未来值，或在最后一次付款后希望得到的现金余额，type 为数字 0 或 1，用以指定各期的付款时间是在期初还是期末。

B5	▼ fx	=PMT(B4/12,B3*12,B2)	
	A	B	C
1	住房公积金贷款		
2	贷款额	300000	
3	贷款期（年）	20	
4	年利率	4.59%	
5	每月偿还贷款	¥-1,912.55	
6			

图 5.84　例 5.15 计算结果

例 5.15　赵先生一家打算利用公积金贷款来买房，欲贷款 30 万元，20 年内偿还，按年利率 4.59%计算，那么赵先生按月等额还款，每月须向银行还款多少？

输入公式及结果如图 5.84 所示。

注意：使用该函数时单位要

统一，计算每月还款，则贷款期、年利率都要统一到月。

(2) IPMT(rate, per, nper, pv, [fv], [type])函数：基于固定利率 rate 及贷款的等额分期付款方式，返还给定期数 per 内对投资的利息偿还额。参数 per 用于计算其利息数额的期数，必须在 1～nper。

(3)PPMT(rate, per, nper, pv, [fv], [type])函数：基于固定利率 rate 及贷款的等额分期付款方式，返还给定期数 per 内对投资的本金偿还额。参数 per 用于计算其利息数额的期数，必须在 1～nper。

(4) 计算存款利息函数 PV(rate,nper,pmt,[fv],[type])：返回某项投资的一系列将来偿还额的当前总值(或一次性偿还额的现值)。

4) 日期和时间函数

在使用 Excel 制作工作表的过程中，会经常应用到日期和时间。除了要了解日期和时间的输入以及它们的格式，还需要掌握 Excel 提供的一些对日期和时间进行处理的函数。

(1) DATE(year,month,day)函数：返回日期时间代码中代表日期的数字。

参数说明：参数 year 可以为一到四位数字，month 代表每年中月份的数字。如果所输入的月份大于 12，将从指定年份下一年的一月份开始往上加算，例如，DATE(2008, 14, 2)返回代表 2009 年 2 月 2 日的代表日期的数字。day 代表在该月份中第几天的数字。如果 day 大于该月份的最大天数，将从指定月份下一月的第一天开始往上累加，例如，DATE(2008, 1, 35)返回代表 2008 年 2 月 4 日的代表日期的数字。

例 5.16　某电视拍摄制作组计划于 2018 年 1 月 1 日开拍电视剧《我的冬日恋歌》，现将时间表分别以年、月、日为单位填写在不同的单元格中，但当月份大于 12、日期大于 30 或 31 时，Excel 可以自动换算成年、月、日，现有一期电视剧制作的日期表，请计算此电视剧的具体完成时间。输入公式及结果如图 5.85 所示。

图 5.85　例 5.16 计算结果

(2) MONTH(serial_number)函数：返回月份值。

例 5.17 在某公司的员工花名册中找出 8 月份出生的人，结果如图 5.86 所示。

图 5.86 例 5.17 计算结果

(3) NOW()函数：返回当前日期和时间，如图 5.87 所示。

(4) TODAY()函数：返回当前日期，如图 5.88 所示。

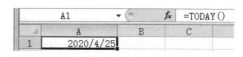

图 5.87 NOW()函数应用　　　　图 5.88 TODAY()函数应用

(5) YEAR(serial_number)函数：返回日期的年份值，为一个 1900～9999 的数值。

例 5.18 某公司员工名单如图 5.89 所示，内容包括员工的姓名、性别、生日、年龄，要求计算各员工的年龄，但是如果依次计算员工的年龄会非常烦琐，现用 Excel 函数自动计算员工的年龄。注意：把要计算年龄的所有单元格格式设置为"常规"，输入公式如图 5.90 所示。

图 5.89 员工名单　　　　图 5.90 例 5.18 计算结果

5) 数据库函数

(1) DCOUNT(database,field,criteria)函数：基于指定的条件范围计算符合条件的包含数字的单元格个数。

(2) DCOUNTA(database,field,criteria)函数：基于指定的条件范围计算符合条件

的非空单元格个数。

参数说明：database 指需要进行统计的数据库区域，即构成列表或数据库的单元格区域；field 为需要进行数量分析确定的条件区域，即指定函数所使用的数据列；criteria 是一组包含给定条件的单元格区域，即进行数据分析的前提条件。

例 5.19 某销售公司的人员工资如图 5.91 所示，为了统计每级工资员工的个数，假如月薪 5000 到 7000 为 A 级，7000 至 9000 为 B 级，9000 以上为 C 级，请统计该公司 A 级工资的员工共有多少人(输入公式及结果如图 5.91 所示)。

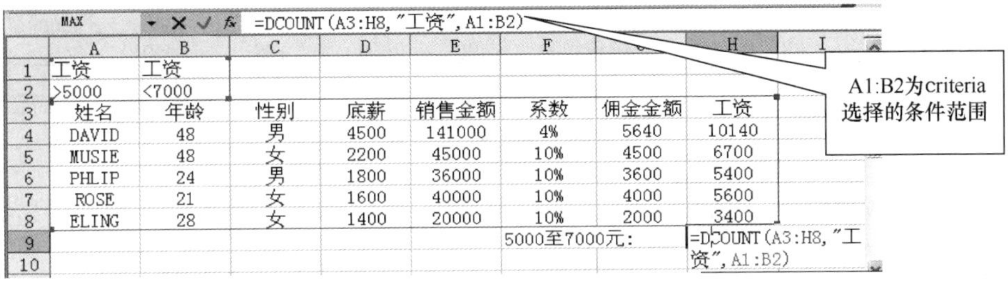

图 5.91　例 5.19 计算结果

(3) DSUM(database,field,criteria)函数：返回列表或数据库的列中满足指定条件的数字之和。

例 5.20 某销售公司销售人员的工资表如图 5.92 所示，为了清楚地了解销售人员的佣金分发情况，现对所有一线的销售代表佣金进行统计。

输入公式及结果如图 5.92 所示。

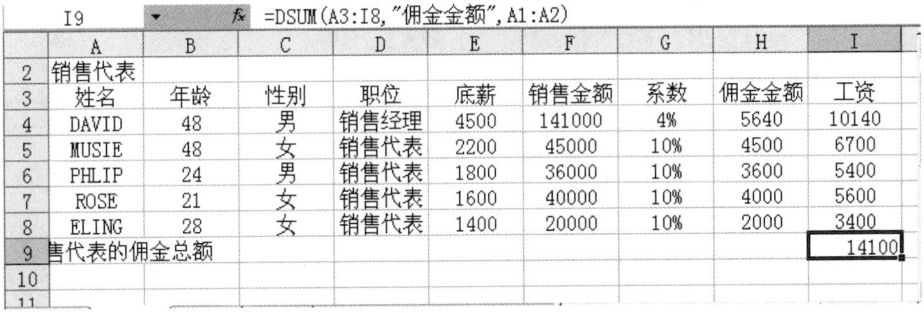

图 5.92　例 5.20 计算结果

(4) DMAX(database,field,criteria)函数：显示列表或数据库中指定范围内的最大值。

(5) DMIN(database,field,criteria)函数：显示列表或数据库中指定范围内的最小值。

例 5.21 某销售公司其销售人员的工资表如图 5.93 所示，计算所有销售人员的最高工资和最低工资。

输入公式及结果如图 5.93 所示。

MAX			▼ × ✓ fx	=DMAX(A3:I8,"工资",A1:A2)				
	A	B	C	D	E	F	G	H	I
1	工资								
2									
3	姓名	年龄	性别	职位	底薪	销售金额	系数	佣金金额	工资
4	DAVID	48	男	销售经理	4500	141000	4%	5640	10140
5	MUSIE	48	女	销售代表	2200	45000	10%	4500	6700
6	PHLIP	24	男	销售代表	1800	36000	10%	3600	5400
7	ROSE	21	女	销售代表	1600	40000	10%	4000	5600
8	ELING	28	女	销售代表	1400	20000	10%	2000	3400
9								最高工资	A1:A2)
10								最低工资	3400

图 5.93　例 5.21 计算结果

(6) DAVERAGE(database,field,criteria)函数：返回列表或数据库的列中满足指定条件的数字的平均值。

例 5.22　某销售公司销售人员的工资表如图 5.94 所示，计算所有一线销售代表的平均工资。

输入公式及结果如图 5.94 所示。

I9			▼	fx	=DAVERAGE(A3:I8, 9, A1:A2)				
	A	B	C	D	E	F	G	H	I
1	职位								
2	销售代表								
3	姓名	年龄	性别	职位	底薪	销售金额	系数	佣金金额	工资
4	DAVID	48	男	销售经理	4500	141000	4%	5640	10140
5	MUSIE	48	女	销售代表	2200	45000	10%	4500	6700
6	PHLIP	24	男	销售代表	1800	36000	10%	3600	5400
7	ROSE	21	女	销售代表	1600	40000	10%	4000	5600
8	ELING	28	女	销售代表	1400	20000	10%	2000	3400
9								销售代表的平均工资	5275

图 5.94　例 5.22 计算结果

6) 基本的查找函数

(1) 查找数据——LOOKUP 函数。

向量形式：LOOKUP(lookup_value,lookup_vector,result_vector)。

lookup_value：必需项，表示在第一个向量中查找的数值，可引用数字、文本或逻辑值等。

lookup_vector：必需项，表示第一个包含单行或单列的区域，可以是文本、数字或逻辑值。

result_vector：可选，表示第二个包含单行或单列的区域，它指定的区域大小必须与"lookup_vector"相同。

说明：可使用 LOOKUP 的这种形式在一行或一列中搜索值。lookup_vector 中的值必须以升序的顺序存放，否则 LOOKUP 可能无法提供正确的值。如果 LOOKUP 找不到"lookup_value"，则它与"lookup_vector"中小于或等于"lookup_value"的最大值匹配。

数组形式：LOOKUP(lookup_value, array)。

lookup_value：表示在数组中搜索的值，它可以是数字、文本、逻辑值、名称或值的引用。

array：表示与"lookup_value"进行比较的数组。

在数组形式中，如果找不到对应的值，则会返回数组中小于或等于"lookup_value"参数的最大值，而如果"lookup_value"小于第一行或第一列中的最小值，则函数将会返回"#N/A"。

函数功能：

LOOKUP 函数的向量形式是在单行区域或单列区域(向量)中查找数值，然后返回第二个单行区域或单列区域中相同位置的数值，当要查找的值列表较大或值可能会随时间改变时，可以使用该向量形式。

LOOKUP 函数的数组形式在数组的第一行或第一列中查找指定的值，并返回数组最后一行或最后一列内同一位置的值。

当要匹配的值位于数组的第一行或第一列时，应使用 LOOKUP 函数的数组形式。当要指定列或行的位置时，通常应使用 LOOKUP 函数的向量形式。LOOKUP 函数的数组形式还可以与其他工作簿程序兼容，其中的"lookup_vector"参数可以不区分大小写。

例 5.23　在"频率"工作表中分别查找频率为 5.77、5.75 和 0 的颜色。

查找频率为 5.77 的颜色：在 A 列中查找 5.77，然后返回 B 列中同一行内的值，结果为"绿色"，如图 5.95 所示。

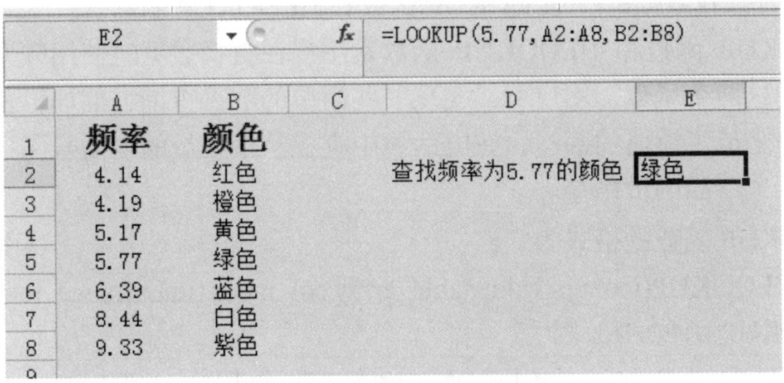

图 5.95　查找频率为 5.77 的颜色

查找频率为 5.75 的颜色: 在 A 列中查找 5.75,与最接近的较小值 5.17 匹配,然后返回 B 列中同一行内的值,结果为"黄色",如图 5.96 所示

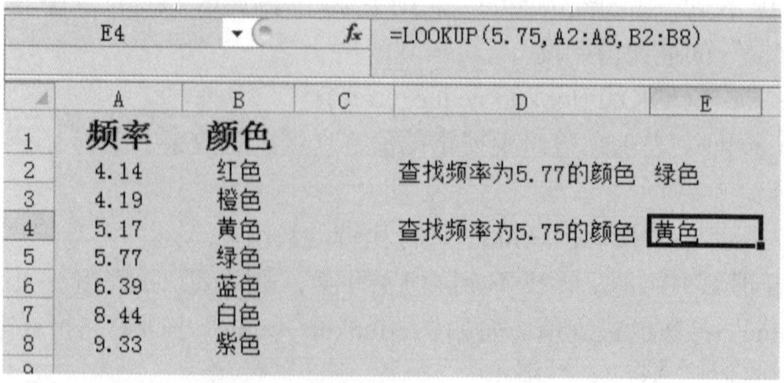

图 5.96　查找频率为 5.75 的颜色

查找频率为 0 的颜色: 在 A 列中查找 0,返回错误,因为 0 小于 A 列中最小值 4.14,结果如图 5.97 所示。

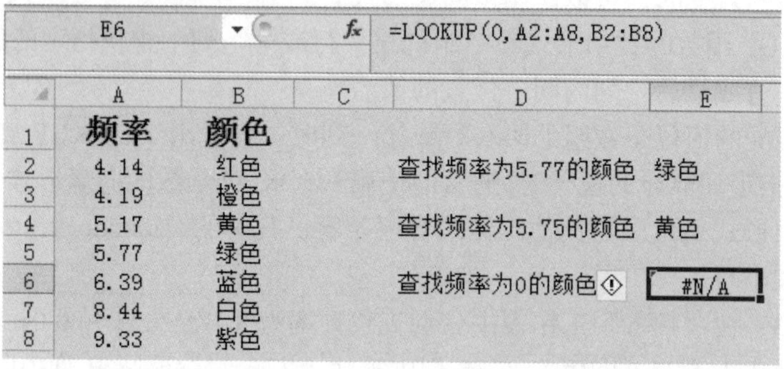

图 5.97　查找频率为 0 的颜色

(2) 垂直查找数据——VLOOKUP 函数和 HLOOKUP 函数。

VLOOKUP 函数和 HLOOKUP 函数是用户在查找数据时使用频率非常高的函数,利用这两个函数,用户可以实现一些简单的数据查询,例如,从员工信息表中查询一个员工所属的部门、在电话簿中查找某个人员的电话号码、从产品档案中查询某个产品的价格等。

VLOOKUP 函数的格式为

　　VLOOKUP(lookup_value,table_array,col_index_num,[range_lookup])

HLOOKUP 函数的格式为

　　HLOOKUP(lookup_value,table_array,row_index_num,[range_lookup])

VLOOKUP 函数和 HLOOKUP 函数的功能: VLOOKUP 函数和 HLOOKUP 函数的语法非常相似,功能基本相同。这两个函数主要用于搜索用户查找范围中

的首列(或首行)中满足条件的数据，并根据指定的列号(或行号)，返回对应的值。唯一的区别在于 VLOOKUP 函数针对列数据按行进行查询，而 HLOOKUP 函数针对行数据按列进行查询。

VLOOKUP 函数和 HLOOKUP 函数的相同参数说明如下：

lookup_value：在表格或区域的第一列中要搜索的值。

table_array：包含数据的单元格区域，即要查找的范围。

range_lookup：决定了函数的查找方式。若为 0 或 FALSE，则函数进行精确查找，同时支持无序查找；若为 1 或 TRUE，则使用模糊匹配方式进行查找。

VLOOKUP 函数和 HLOOKUP 函数的不同参数说明如下：

col_index_num：参数中返回搜寻值的列号。

row_index_num：参数中返回搜寻值的行号。

注意：函数的第三个参数不能理解为工作表实际的列号(或行号)，而应该是用户指定返回值在数据查找范围中的第几列(或第几行)。

例 5.24　使用 VLOOKUP 函数进行员工信息查询。

B3 单元格根据工号查找姓名公式"=VLOOKUP(B2,$D$1:$G$9,2)"，如图 5.98 所示。

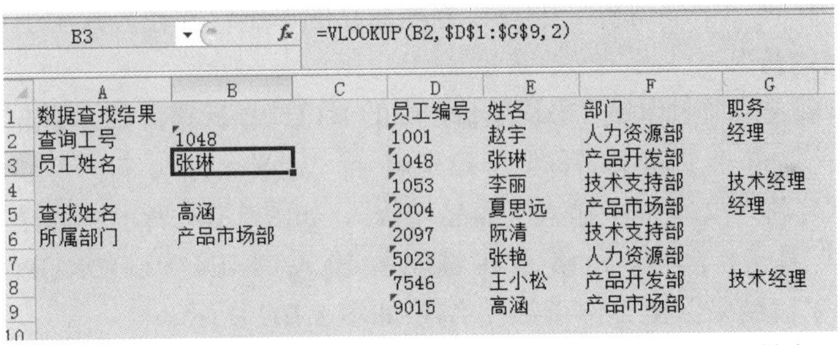

图 5.98　使用 VLOOKUP 函数查询工号为"1048"的员工的姓名

B6 单元格根据姓名查找部门公式"=VLOOKUP(B5,$D$1:$G$9,3)"，如图 5.99 所示。

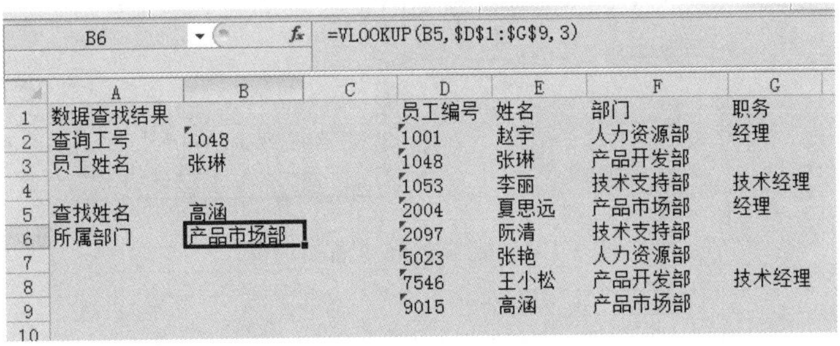

图 5.99　使用 VLOOKUP 函数查询姓名为"高涵"的员工所属部门

注意：该函数最容易忽略的问题在于：如果查找值与数据区域的关键字的格式不一致(如文本型数字和数值)，很可能会导致查询失败(或错误)。例如，B9 单元格格式虽然与 B3 单元格完全相同，但是由于 B8 单元格查询的工号为数值型，数据区域的员工编号为文本型，此查询结果返回错误，如图 5.100 所示。如果需要解决此类问题，需要把两者格式调整一致。

	A	B	C	D	E	F	G
	B9			fx	=VLOOKUP(B8,$D$1:$G$9,2)		
1	数据查找结果			员工编号	姓名	部门	职务
2	查询工号	1048		1001	赵宇	人力资源部	经理
3	员工姓名	张琳		1048	张琳	产品开发部	
4				1053	李丽	技术支持部	技术经理
5	查找姓名	高涵		2004	夏思远	产品市场部	经理
6	所属部门	产品市场部		2097	阮清	技术支持部	
7				5023	张艳	人力资源部	
8	查询工号	2004		7546	王小松	产品开发部	技术经理
9	员工姓名	#N/A		9015	高涵	产品市场部	
10							

图 5.100　查找值与数据区域的关键字格式不一致导致的结果错误

例 5.25　将工作表"平均单价"中的区域 B3:C7 定义为"商品均价"。运用公式计算工作表"销售情况表"中 F 列的销售额，要求在公式中通过 VLOOKUP 函数自动在工作表"平均单价"中查找相关商品的单价，并在公式中引用所定义的名称"商品均价"。

操作步骤：选择工作表"平均单价"中的 B3:C7 单元格区域，单击"公式"→"定义的名称"组→"定义名称"下拉列表→"定义名称"，打开"新建名称"对话框，在"名称"文本框中输入"商品均价"，如图 5.101 所示；选择工作表"销售情况表"中的 F4 单元格，在编辑栏输入"=E4*VLOOKUP(D4,商品均价,2,FALSE)"(结果保留 2 位小数)，结果如图 5.102 所示。

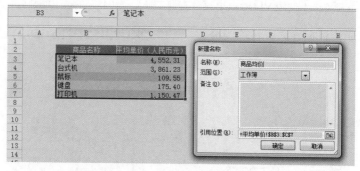

图 5.101　定义名称"商品均价"

	A	B	C	D	E	F
1				星火公司某品牌计算机设备全年销量统计表		
2						
3	序号	店铺	季度	商品名称	销售量	销售额
4	001	圆通数码城	1季度	笔记本	200	910,462.24
5	002	圆通数码城	2季度	笔记本	150	682,846.68
6	003	圆通数码城	3季度	笔记本	250	1,138,077.80
7	004	圆通数码城	4季度	笔记本	300	1,365,693.36
8	005	金太阳电子城	1季度	笔记本	230	1,047,031.58
9	006	金太阳电子城	2季度	笔记本	180	819,416.02
10	007	金太阳电子城	3季度	笔记本	290	1,320,170.25

F4 = E4*VLOOKUP(D4,商品均价,2,FALSE)

图 5.102　例 5.25 计算结果

7) 获得函数帮助

Excel 提供了大量有关函数的联机帮助，如果用户在使用时忘记了某个函数的用法或者想查看该函数的使用例子，可使用 Office 助手及时获得函数帮助。这里以 “LOOKUP” 函数为例，具体操作步骤如下：

在公式编辑栏中输入 “=”，从左侧的函数下拉列表中选择 LOOKUP 函数，系统将弹出 LOOKUP 的函数参数对话框，如图 5.103 所示。

图 5.103　函数参数及帮助

在函数参数对话框的左下角有一行用蓝色字体显示的提示信息 “有关该函数的帮助”。单击此信息，就会弹出有关该函数的帮助信息，其中给出了该函数的详细用法和示例。

查看完毕后，单击窗口右上角的关闭按钮即可。

5.3.3　工作表的格式化

为了使工作表外观更美观、表格更显条理化，需要为工作表的表格设置各种格式，包括调整表格的行高与列宽、合并单元格及拆分单元格、对齐数据项、设置边框和底纹的图案与颜色、格式化表格中的文本等。

1. 格式化的方法

工作表的格式化实质上是对单元格的数据进行格式化，可以通过以下四种方法实现。

(1) 使用"格式"工具栏，如图 5.104 所示。

图 5.104   "格式"工具栏

(2) 使用"开始"→"对齐方式"组右下角的启动器按钮，打开"设置单元格格式"对话框，如图 5.105 所示，它有 6 个选项卡，分别为"数字""对齐""字体""边框""填充"和"保护"。"对齐方式"组界面的格式化功能不全面，而"设置单元格格式"对话框能通过以上 6 个方面较全面地格式化单元格。

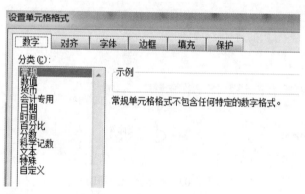

图 5.105   "设置单元格格式"对话框的"数字"选项卡

(3) 使用"开始"→"样式"组→"套用表格格式"命令，系统预先定义了若干种制表格式供用户使用，这样可以便于用户快捷、高效地设置出美观的表格。

(4) 使用"开始"→"样式"组→"条件格式"命令，根据用户设置的条件，可以动态地显示有关的数据和格式。

2. 格式化的典型设置

下面对工作表格式化的典型设置做一些介绍。

1) 列宽和行高的调整

如果要调整单元格的列宽和行高，可把鼠标移动到行与行或列与列之间的交界处，当鼠标变为十字形状时，拖动鼠标可调整行高或列宽，但这种方法只是粗略地进行调整。

如果精确地调整工作表的列宽或行高，首先选择需要设置的行或列，单击"开始"→"单元格"组→"格式"下拉列表按钮→"行高"，或"开始"→"单元格"组→"格式"下拉列表按钮→"列宽"，打开相应的设置对话框设置行高或列宽，如图 5.106 所示，在"行高"对话框中设置单元格的行高。

图 5.106 "行高"对话框

2) 设置数字格式

在 Excel 中，默认情况下，单元格中的数字格式是常规格式，它不包含任何特定的数字格式，即以整数、小数、科学计数的方式显示。此外，Excel 还提供了多种数字显示格式，如常规、数值、货币、会计专用、日期、时间、百分比、分数等 11 种格式。用户可以根据数字的不同类型设置它们的在单元格中的显示格式。

数字格式可以通过"开始"→"单元格"组→"格式"下拉列表中的命令进行设置，也可以通过"设置单元格格式"对话框的"数字"选项卡(图 5.105)设置，对于"数值"型数据和"货币"型数据，其负数的表示方法有多种，如图 5.107所示。

提示：在设置数字格式时，经常会出现单元格中的数字变成"#"号(图 5.108)，这是因为列宽不够，只需加大该列列宽即可。

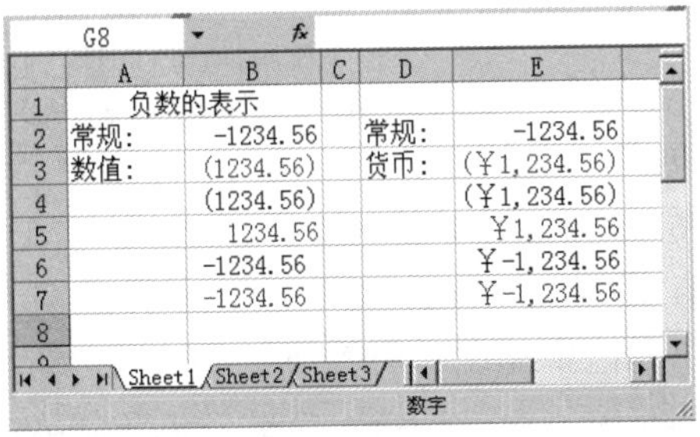

图 5.107 负数的表示

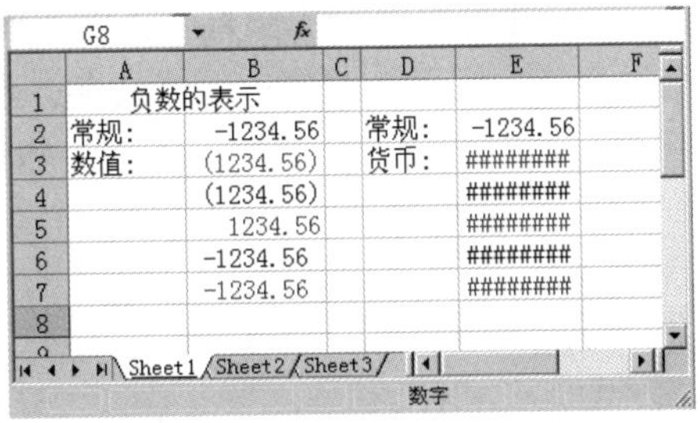

图 5.108 出现"#"的单元格

3) 设置"对齐"格式

默认情况下，Excel 根据用户输入的文本自动调节文本的对齐格式，如文字内容左对齐、数字内容右对齐。用户可利用"开始"→"单元格"组→"格式"下拉列表→"设置单元格格式"，打开"设置单元格格式"对话框中的"对齐"选项卡(图 5.109)设置自己需要的对齐格式。

图 5.109　"设置单元格格式"对话框的"对齐"选项卡

在"文本对齐方式"栏中有"水平对齐"和"垂直对齐"两种方式。

"水平对齐"：包括常规、靠左(缩进)、居中、靠右(缩进)、填充、两端对齐、跨列居中、分散对齐(缩进)。

"垂直对齐"：包括靠上、居中、靠下、两端对齐、分散对齐。

勾选"文本控制"区的复选框，可以解决单元格中文字较长被"截断"显示的情况。

"自动换行"：对输入的文本根据单元格列宽自动换行。

"缩小字体填充"：减小单元格中的字符大小，使数据的宽度与列宽相同。

"合并单元格"：将多个单元格合并为一个单元格，和"水平对齐"下拉列表框中的"居中"选项结合，一般用于标题的对齐显示。在"开始"→"对齐方式"组→"合并后居中"按钮直接提供了该功能。

"方向"栏用来改变单元格文本方向，如使文本竖排或旋转文本到任意角度，角度范围为-90°～90°。

文本对齐示例如图 5.110 所示。

4) 设置文本格式

单元格中的文本与其他文本一样，都可以对其字体、字号、字形、字体颜色及简单效果等属性进行设置，从而美化单元格的内容。文本格式可以通过"开始"→"对齐方式"组工具栏进行设置，也可以通过"设置单元格格式"对话框的"字体"选项卡进行设置，其设置方法与 Word 中设置文本格式的方法相同，在此不再赘述。

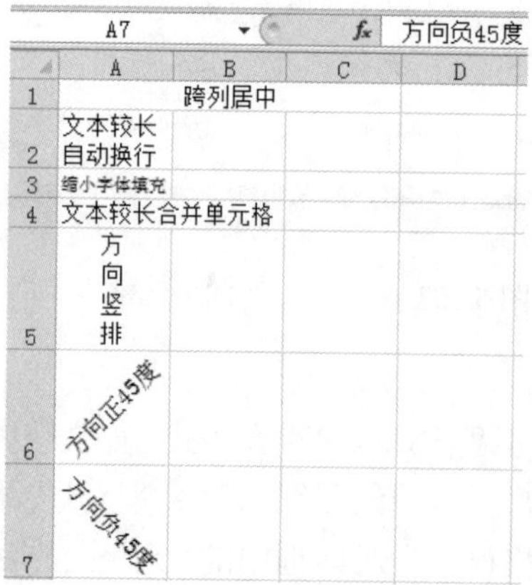

图 5.110　文本对齐示例

5) 设置条件格式

在 Excel 中，有时用户希望以不同格式醒目地表示符合不同条件或处于不同范围的数据，这时可以单击"开始"→"样式"组→"条件格式"下拉列表→"突出显示单元格规则"，分别选择大于、小于、介于等选项分别进行设置，如图 5.111 所示。

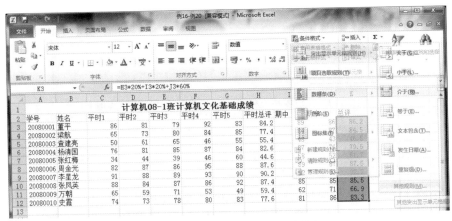

图 5.111 "条件格式"下拉列表按钮

例 5.26 在"计算机 08-1 班计算机文化基础成绩"表中，按照总评成绩 90 分以上显示为蓝色底纹、60 分以下显示为红色底纹、60～90 分显示为绿色底纹，为表格设置条件格式。

6) 设置单元格的边框和底纹

在设置单元格格式时，为了使工作表的表格形式更醒目，数据层次更明了，区域界限更分明，可以为单元格或单元格区域添加边框和底纹。

(1) 设置单元格边框。

Excel 默认情况下，表格的网格线为浅灰色的边框线，只用于帮助用户制作表格，在打印时是不显示的。

如果要给单元格或单元格区域添加简单的边框，可以单击"开始"→"字体"组→"边框"下拉列表按钮 进行添加。

使用边框按钮可以快速方便地为单元格添加边框，但是有很大的局限性。如果要为单元格添加比较复杂的边框，可以单击"开始"→"对齐方式"组右下角的启动器按钮，打开"设置单元格格式"对话框，打开"边框"选项卡，如图 5.112 所示，选择适当的线条样式和线条颜色进行添加。

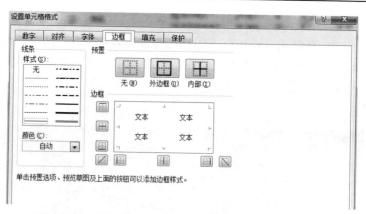

图 5.112　　"设置单元格格式"对话框的"边框"选项卡

(2) 设置单元格底纹。

在美化工作表时，为了使部分单元格中的数据重点显示，可以对单元格进行图案设置，单元格的图案包括颜色和底纹。

如果只对单元格做简单的底色设置，可以在选中单元格后单击"开始"→"字体"组中的"填充颜色"按钮 ![fill] 进行填充。此外，也可以应用"设置单元格格式"对话框中的"填充"选项卡(图 5.113)进行颜色和底纹的设置。

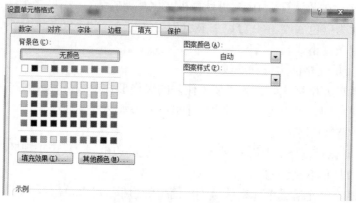

图 5.113　　"设置单元格格式"对话框的"填充"选项卡

例 5.27　为"计算机 08-1 班计算机文化基础成绩"表设置如下单元格格式。

标题格式：字体为黑体，字号为 20，在 A1～K1 单元格之间跨列居中。

表头格式：字体为楷体，字号为 12，底纹为浅黄色，字体颜色为深蓝色。

单元格对齐方式：表格中各单元格水平对齐方式为居中。

表格中的总评成绩低于 60 分的单元格底纹为红色 25%。

设置表格边框线为全表格：所有细内框线，粗外框线；表格第二行下框线为双底框线。

结果如图 5.114 所示。

	A	B	C	D	E	F	G	H	I	J	K
1	计算机08-1班计算机文化基础成绩										
2	学号	姓名	平时1	平时2	平时3	平时4	平时5	平时总评	期中	期末	总评
3	20080001	董平	86	81	79	92	83	84.2	89	86	86.2
4	20080002	梁航	65	73	80	84	85	77.4	84	87	84.5
5	20080003	查建亮	50	61	65	46	55	55.4	48	43	46.5
6	20080004	杨清国	76	81	85	87	84	82.6	87	76	79.5
7	20080005	张红梅	34	44	39	46	60	44.6	58	52	51.7
8	20080006	周金光	82	87	86	95	88	87.6	89	87	87.5
9	20080007	李星龙	91	88	89	93	90	90.2	92	93	92.2
10	20080008	张凤英	88	84	87	86	92	87.4	85	85	85.5
11	20080009	万朝	65	59	71	53	49	59.4	62	71	66.9
12	20080010	史霞	74	73	78	80	83	77.6	81	86	83.3

图 5.114 单元格格式设置结果

7) 自动套用格式

为了提高单元格格式化工作效率，Excel 提供了多种专业报表格式供用户选择，用户可以通过套用这些格式对工作表的格式进行设置，这样能够大大节省格式化工作表的时间。

5.3.4 数据图表化

在 Excel 中，用户不仅可以对数据表中的数据进行快速统计和计算，还可以将这些数据以各种统计图表的形式显示，从而更加形象、直观地反映数据的变化规律和发展趋势，为管理和决策所需的分析数据和制订计划提供重要的依据。图表中使用的数据会随着数据表中源数据的变化而发生变化，以保证数据的一致性。

Excel 提供的图表类型有十多种，有二维图表，也有三维图表，每一类又有若干种子图表类型供选择。

1. 创建图表

在 Excel 中创建图表有两种方式：一是在选定数据源后直接按 F11 键快速创建图表；二是通过图表向导创建图表。这里以"计算机 08-1 班计算机文化基础成绩"表为源数据，通过图表向导创建图表。

例 5.28 打开"计算机 08-1 班计算机文化基础成绩"工作表，利用表中的"姓名"和"总评"数据创建三维簇状柱形图。

操作提示，同时选定"姓名"和"总评"两列数据，然后选择"插入"→"图表"组→"柱形图"下拉列表→"三维簇状柱形图"。

2. 统计图表中的基本元素

1) 图表元素

图表中有如下 8 个基本元素。

(1) 标题：每张图表中可以有三种标题：图表标题、X 轴标题、Y 轴标题。

(2) 图例：对绘图区中各个元素的含义加以解释，图例可以放在图表中不同的位置：底部、左上角、靠上、靠右、靠左。

(3) 绘图区：用来显示图表的区域。

(4) 坐标轴：分为分类轴和数值轴两种。其中，分类轴又称 X 轴，用来表示时间单位等；数值轴又称 Y 轴，用来表示生产量、销售额或成绩等。

(5) 网格线：统计图表中有两种网格线，即主要网格线和次要网格线。网格线主要用于衬托图形元素，有助于数据的分析和比较。

(6) 数据表：与图表同时显示的数值。

(7) 数据标识：在图表中显示数值大小或数据的标识，用户可以根据实际情况决定是否添加。

(8) 图表区域：上述各元素所在的区域。

2) 显示图表元素

显示图表元素名有以下两种方法：

(1) 选定图表，单击"图表工具"→"布局"选项卡，将图表元素列出，如图 5.115 所示。

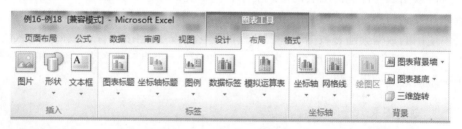

图 5.115　"图表工具"选项

(2) 鼠标指针停留在某个图表元素上时，"图表提示"功能将提示该图表元素。

3. 编辑图表

统计图表生成以后，如果对图表中的某些元素不满意，可以更改，即更改图表类型及对图表中各个对象进行编辑，包括对上述图表元素的更改。一般方法是通过激活相应图表元素的快捷菜单，选择对应的菜单项进行相应的编辑，基本方法如下：

(1) 移动图表元素位置。单击图表中需移动位置的元素所在的区域，该元素周围出现一个粗虚线框，将鼠标光标对准虚框拖动，可移动被选中元素位置。

(2) 改变图表元素大小。单击要改变大小的元素，用鼠标拖动该元素周围的尺寸柄，即可改变该元素的大小。文字元素的大小可以通过改变文字的字号来实现。

(3) 删除图表元素。单击要删除的图表元素，按 Delete 键即可。

(4) 改变图表元素的格式。鼠标双击或右键单击图表元素，选择菜单项，打开该元素格式对话框。对于不同的元素，格式对话框中所包含的选项卡也不相同，利用这些选项卡，修改图表元素的格式。

(5) 修改标题。鼠标双击图表中的某个标题，或右键单击图表标题，选择菜单项，打开"设置图表标题格式"对话框，可以对标题做相应修改。

重新编辑例 5.27 中生成的图表，编辑后的图表如图 5.116 所示。

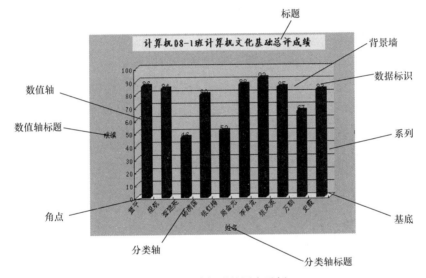

图 5.116 编辑后的图表示例

5.3.5 数据管理

Excel 不仅具有简单数据计算处理的功能，还为用户提供了极强的数据查询、排序、筛选及分类汇总等数据库管理功能。通过这些功能，用户可以方便地管理、分析数据，从而为企业单位的决策管理提供可靠依据。

1. 数据清单

数据清单，又称数据列表，是由工作表中单元格构成的矩形区域，即一张二维表，其特点是：

(1) 与数据库相对应，二维表中的列称为"字段"，行称为"记录"，第一行为表头，用以表示"字段名"。

(2) 表中不允许有空行或空列(空行或空列会影响 Excel 检测和选定数据列

表);每一列必须是同一属性和类型的数据,如字段名为"学号",则该列存放的必须全部是学号;每行的数据不能完全相同。

　　数据清单既可以像一般工作表一样直接进行建立和编辑,也可以通过快速访问工具栏中的"记录单"按钮(单击"文件"→"选项",打开"Excel 选项"对话框,在打开的窗口左侧选中"快速访问工具栏",在右侧"从下列位置选择命令"项中找到"不在功能区中的命令",在下面窗口中找到"记录单",单击"添加"按钮(图 5.117(a))在 Excel 左上角出现快捷图标(图 5.117(b))以记录为单位进行编辑,包括对记录做新建、删除、浏览等操作。

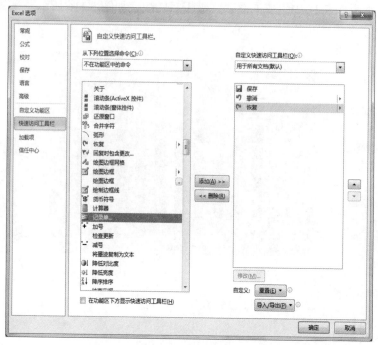

(a) 添加"记录单"

(b) "记录单"快捷键

图 5.117 "Excel 选项"对话框

2. 数据排序

　　在实际应用中,数据一般是按照输入的先后顺序排列的。但是,当要直接从工作表中查找所需信息时,很不方便。为了提高查找效率,需要重新整理数据,对此最有效的方法就是对数据进行排序。排序既可以升序排序,也可以降序排序,还可以进行自定义排序，Excel 可以根据一列或多列数据按升序或降序对数据清单进行排序。

1) 简单排序

根据单一字段对数据按升序或降序排列，就是简单排列。方法是将光标置于要排序的列(字段)中，单击"数据"→"排序和筛选"组中的 、 按钮来实现快速排序，也可以通过"数据"→"排序和筛选"组→"排序" 来实现。

2) 复杂排序

当参与排序的字段出现多个相同数据时，可使用最多三个字段进行三级复杂排序。这必须通过"数据"→"排序和筛选"组→"排序"命令，打开排序对话框来实现。

例 5.29 复制"销售情况表"到新的工作表，新的工作表重新命名为"排序"，在"排序"表中按"销售点"为第一关键字升序排序，"销售点"相同再按"季度"升序排序，如果"季度"相同，再按"销售量"降序排序。

右键单击"销售情况表"工作表标签，选择"移动或复制"，进行如图 5.118 所示设置。右键单击新的工作表标签，选择"重命名"，重新命名为 "排序"。选择"排序"表任一单元格，选择"数据"→"排序和筛选"组→"排序"，打开"排序"对话框，进行如图 5.119 所示设置。

图 5.118 复制工作表

图 5.119 "排序"对话框

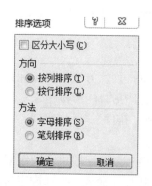

图 5.120　"排序选项"对话框

3) 自定义排序

用户也可以在"排序"对话框中单击"选项"按钮，打开"排序选项"对话框，如图 5.120 所示。在该对话框中，可以进行自定义排序次序：是否区分大小写；改变排序方向(按行或按列)；或设置对汉字按笔画排序、对英文按字母排序。

3. 数据筛选

管理数据时经常需要对数据进行筛选，筛选就是将数据清单中符合条件的数据快速地查找并显示出来，而不满足条件的数据将暂时隐藏起来，但并没有被删除，当筛选条件被删除后，隐藏的数据又会恢复显示出来。筛选是一种用于查找数据的快速方法。与排序功能不同的是，筛选不能对数据进行排序，它只是将不必要的数据暂时隐藏起来。

筛选有两种方式，即自动筛选和高级筛选。

1) 自动筛选

自动筛选是对单个字段进行筛选，对多个字段之间进行"逻辑与"的关系筛选。自动筛选操作简单，用户可以通过它快速地访问大量数据，并从中选出满足条件的记录显示出来。

自动筛选是通过单击"数据"→"排序和筛选"组→"筛选"按钮 ，进入筛选状态，在所需筛选字段名下拉列表框选择所要筛选的值；或通过"自定义"输入筛选的条件。

例 5.30　复制"销售情况表"到新的工作表，新的工作表重新命名为"自动筛选"，在"自动筛选"表中筛选出销售量大于等于 200 的"笔记本"。

右键单击"销售情况表"工作表标签，选择"移动或复制"命令，进行如图 5.121 所示设置。右键单击新的工作表标签，选择"重命名"，重新命名为 "自动筛选"。

选定"自动筛选"表的任一单元格，单击"数据"→"排序和筛选"组→"筛选"，进入筛选状态，单击"商品名称"字段右边"筛选"按钮，选择"笔记本"，再单击"销售量"字段右边"筛选"按钮，选择"数字筛选"/"大于或等于"，如图 5.121 所示设置，结果如图 5.122 所示。

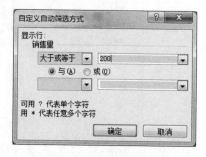

图 5.121　自动筛选设置

| C13 | | fx | 2季度 | | |

	A	B	C	D	E	F
1	星火公司某品牌计算机设备全年销量统计表					
3	序号	销售点	季度	商品名称	销售量	销售额
4	001	圆通数码城	1季度	笔记本	200	910,462.24
6	003	圆通数码城	3季度	笔记本	250	1,138,077.80
7	004	圆通数码城	4季度	笔记本	300	1,365,693.36
8	005	金太阳电子城	1季度	笔记本	230	1,047,031.58
10	007	金太阳电子城	3季度	笔记本	290	1,320,170.25
11	008	金太阳电子城	4季度	笔记本	350	1,593,308.92
14	011	121数码城	3季度	笔记本	220	1,001,508.46
15	012	121数码城	4季度	笔记本	280	1,274,647.14
16	013	科贸大厦	1季度	笔记本	210	955,985.35
18	015	科贸大厦	3季度	笔记本	260	1,183,600.91
19	016	科贸大厦	4季度	笔记本	320	1,456,739.58

图 5.122　自动筛选结果

如果要取消自动筛选功能，可再单击“数据”→“排序和筛选”组→“筛选”按钮，则所有数据恢复筛选前的显示结果。

2) 高级筛选

高级筛选与自动筛选的差别在于：自动筛选是以下拉列表的方式来过滤数据的，并将符合条件的数据显示在列表上；高级筛选则是必须给出用来作为筛选的条件，而不是利用“筛选”菜单项来筛选数据，要单击“数据”→“排序和筛选”组→“高级”打开“高级筛选”对话框进行设置。

当要进行筛选的数据列表中的字段比较少时，利用自动筛选比较简单，但是如果需要筛选的数据列表中的字段比较多，而且筛选的条件又比较复杂时，利用自动筛选就显得非常麻烦，需要利用高级筛选。利用高级筛选来查看数据首先要建立一个条件区域，然后才能进行数据的查询。这个条件区域并不是数据清单的一部分，而是用来确定筛选应该如何进行的，所以不能与数据列表连接在一起，而必须用一个空记录将它们隔开。

建立多行条件区域时，行与行之间的条件是“或”的关系，而行内不同条件之间则是“与”的关系。高级筛选重点是如何在条件区域进行设置，即怎样根据欲筛选目标选取列名，列名下的数据写在同一行，列名间是“与”的关系，写在不同行，则是“或”的关系。

(1) 指定条件的筛选。

例 5.31 在“销售情况表”中 筛选出：①“销售点”为“圆通数码城”，并且“销售量”在 500 以上的商品；②“1 季度”或“2 季度”的商品销售记录。

选定“销售情况表”任一单元格，选择“数据”→“排序和筛选”组→“高级”，参照如图 5.123 所示设置。在“销售情况表”中 I4:N14 单元格区域显示①的筛选结果。选定"销售情况表"任一单元格,"数据"→"排序和筛选"组→"高级",参照如图 5.124 所示设置。在"销售情况表"中 I21:N61 单元格区域显示②的筛选结果。

图 5.123　①的条件设置　　　　　　图 5.124　②的条件设置

(2) 自定义条件的筛选。

例 5.32　在"销售情况表"中筛选出"销售额"超过平均值的记录。

选定"销售情况表" I6 单元格,输入公式"=AVERAGE(F4:F83)",计算出销售额的平均值,再选定"销售情况表" J6 单元格,输入公式" =F4>$I$6"。在 I5:J6 单元格区域设置条件,如图 5.125 所示。选定"销售情况表"任一单元格,选择"数据"→"排序和筛选"组→"高级",参照如图 5.126 所示设置,在"销售情况表"中 I9:N48 单元格区域显示结果。

剪贴板		字体			对齐方式			数字	

J6　　fx　=F4>$I$6

	A	B	C	D	E	F	G	H	I	J	K
1	星火公司某品牌计算机设备全年销量统计表										
3	序号	销售点	季度	商品名称	销售量	销售额					
4	001	圆通数码城	1季度	笔记本	200	910,462.24					
5	002	圆通数码城	2季度	笔记本	150	682,846.68			销售额平均值	高于销售额平均值	
6	003	圆通数码城	3季度	笔记本	250	1,138,077.80			613,006.93	TRUE	
7	004	圆通数码城	4季度	笔记本	300	1,365,693.36					
8	005	金太阳电子城	1季度	笔记本	230	1,047,031.58					

图 5.125　自定义条件的设置

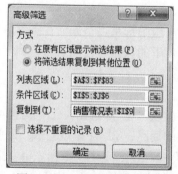

图 5.126　"高级筛选"设置

4. 分类汇总

分类汇总就是对数据清单按某字段进行分类，将字段值相同的连续记录作为一类，进行求和、求平均、计数、乘积等汇总运算，针对同一个分类字段，可进行多种方式的汇总。对数据分类汇总后，不但增加了数据表的可读性，而且提供了进一步分析数据的功能。

需要特别注意的是，在分类汇总前，必须对要分类的字段进行排序，否则分类汇总无意义。其次要弄清楚三要素：分类的字段、汇总的字段和汇总的方式。这些都需要在单击"数据"→"分级显示"组的"分类汇总"命令打开的"分类汇总"对话框中一一设置。

分类汇总又分为简单汇总和嵌套分类汇总。

1) 简单汇总

对数据清单的一个或多个字段仅做一种方式的汇总，称为简单汇总。

例 5.33　将"销售情况表"中的数据以"销售点"为分类字段，统计"销售额"的平均值。

选择"销售情况表"中的"销售点"一列任意一个单元格数据，单击"数据"→"排序和筛选"组→"升序"，然后单击"数据"→"分级显示"组→"分类汇总"，打开"分类汇总"对话框，按照图 5.127 所示进行设置，结果如图 5.128 所示。

2) 嵌套分类汇总

对同一分类字段，在原有分类汇总方式的基础上再新加汇总项、汇总方式，即嵌套分类汇总，也称为高级分类汇总。

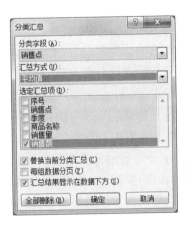

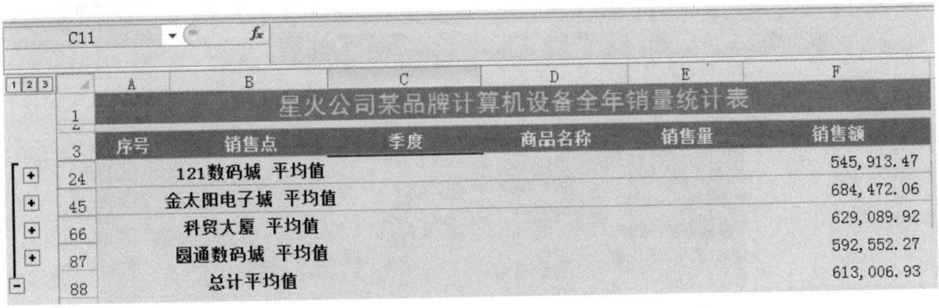

图 5.127　"分类汇总"设置

图 5.128　分类汇总结果

图 5.129　嵌套分类汇总设置

例 **5.34**　将"销售情况表"中的数据在原先简单分类汇总的基础上，以"销售点"为分类字段，再统计"销售量"的总数。

在例 5.33 简单汇总之后，选择任意一个单元格数据，单击"数据"→"分级显示"组→"分类汇总"，再次打开"分类汇总"对话框，按照如图 5.129 所示进行设置，结果如图 5.130 所示。

提示：在做嵌套分类汇总时，必须在"分类汇总"对话框中去掉"替换当前分类汇总"复选框的勾选标识，这样才能使新的汇总结果替换旧的汇总结果。另外，如果要取消分类汇总，可以在"分类汇总"对话框中单击"全部删除"按钮，就可以使工作表恢复到最初状态。

3) 分级显示分类汇总

对数据分类汇总后，Excel 会对分类字段以组的方式建立一个级别，可以对分类后的数据进行分级查看，也可以将某一组数据隐藏起来。

单击 Excel 编辑窗口左侧的 **-** 按钮，可隐藏与其右侧相对应的组数据；单击 **+** 按钮，则显示与其右侧相对应的组数据。单击 1 2 3 4 按钮，可按 1~4 级的显示方式查看汇总数据。

4) 分页显示分类汇总

有时需要将每一类数据分别显示在每一页中，使打印出的数据更加清晰直观。这时，可以设置分类汇总的分页显示方式。

	序号	销售点	季度	商品名称	销售量	销售额
		星火公司某品牌计算机设备全年销量统计表				
24		121数码城 汇总			9075	
25		121数码城 平均值				545,913.47
46		金太阳电子城 汇总			10149	
47		金太阳电子城 平均值				684,472.06
68		科贸大厦 汇总			9139	
69		科贸大厦 平均值				629,089.92
90		圆通数码城 汇总			9015	
91		圆通数码城 平均值				592,552.27
92		总计			37378	
93		总计平均值				613,006.93

图 5.130　嵌套分类汇总结果

操作方法是在"分类汇总"对话框中，勾选"每组数据分页"复选框，单击"确定"按钮，即可将每一类汇总数据分别显示到每一页中。

5. 数据透视表

数据透视表是用来从 Excel 数据列表、关系数据库文件或联机分析处理(OLAP)多维数据集中的特殊字段中总结信息的分析工具。它是一种交互式报表，可以快速分类汇总、比较大量的数据，并可以随时选择其中页、行和列中的不同元素，以达到快速查看源数据的不同统计结果，同时还可以随意显示和打印出感兴趣区域的明细数据。

数据透视表是一种对大量数据快速汇总和建立交叉列表的交互式动态表格，能帮助用户分析、组织数据，灵活地以多种不同方式展示数据的特征。数据透视表最大的特点就是具有非常强的交互性，在创建的数据透视表中，可以根据需要对数据进行任意的排序与筛选，还可根据需要显示区域中的明细数据。通过数据透视表，还可以生成数据透视图，可以非常直观地对数据透视表中的数据进行分析。

在 Excel 2010 中没有了透视表向导功能，这一改变虽然使操作直观，但功能减弱了些，例如，对同一字段的多种汇总方式不太好实现了，建立数据透视表同分类汇总相似，也要识表，要弄清分类的字段是什么，是按列还是按行分类，其次弄清楚汇总的字段是什么、汇总的方式是什么。

例 5.35　为"销售情况表"中的销售数据创建一个数据透视表，放在一个名为"数据透视分析"的新工作表中，要求针对各类商品比较各门店每个季度的销售额。其中：商品名称为报表筛选字段，店铺为行标签，季度为列标签，并对"销售额"求和。

操作提示：单击"插入"→"表格"组→"数据透视表"下拉列表→"数据透视表"，打开"创建数据透视表"对话框。

5.3.6　打印设置

1. 快速打印

快速打印是指不需要用户进行进一步确认即直接输出到打印机任务中。如果要快速打印电子表格，最简捷的方法是利用"快速打印"命令，这一命令位于"快速访问工具栏"中，但默认状态下没有显示出来。单击"快速访问工具栏"右侧的下拉箭头，在弹出的命令列表中单击"快速打印"命令项，即可将其添加为"快速访问工具栏"的按钮。

2. 页面设置

页面设置是打印操作中的重要步骤，方法是单击"文件"→"打印"→"页面设置",弹出"页面设置"对话框(图 5.131),其中有四个选项卡,下面分别介绍其设置方法。

(1) 页面。单击"页面设置"对话框中的"页面"选项卡,弹出如图 5.131 所示的"页面"选项卡。在对话框中,可以设置纸张方向、纸张缩放比例、纸张大小以及打印起始页码等。

(2) 页边距。单击"页面设置"对话框中的"页边距"选项卡,弹出如图 5.132 所示的对话框,可以设置工作表正文与纸张的上、下、左、右边距,以及页眉、页脚边距。

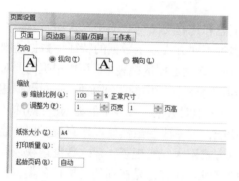

图 5.131　"页面设置"对话框的"页面"选项卡

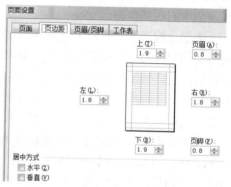

图 5.132　"页面设置"对话框的"页边距"选项卡

(3) 页眉/页脚。单击"页面设置"对话框中的"页眉/页脚"选项卡,弹出如图 5.133 所示的"页眉/页脚"选项卡。在该对话框中可以设置页眉或页脚的文本。既可以自行设置页眉/页脚内容,也可以单击"自定义页眉"按钮,弹出如图 5.134 所示的自定义"页眉"对话框,在这些对话框中可以根据需要定义页眉的样式。自定义页脚的方法与此类似。

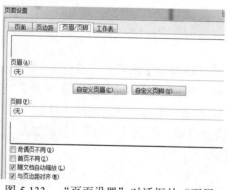

图 5.133　"页面设置"对话框的"页眉/页脚"选项卡

图 5.134　"页眉"对话框

（4）工作表。单击"页面设置"对话框中的"工作表"选项卡，显示出如图 5.135 所示内容。打印时，如果只打印工作表中的某个区域，可以在"打印区域"文本框中输入要打印的区域，或使用鼠标直接在工作表中选取；若打印的内容较长，要输入多页，并要求每一页都有相同的行标题与列标题，则在"打印标题"选项组的"顶端标题行""左端标题列"中指定各自的标题，或用鼠标直接在工作表中选取，也可以指定打印的顺序。

图 5.135　　"页面设置"对话框的"工作表"选项卡

3. 打印预览与输出

1）打印预览

"打印预览"可以在打印之前在屏幕上查看打印的效果。单击"视图"→"工作簿视图"组→"页面布局"可以对文档进行预览，如图 5.136 所示。

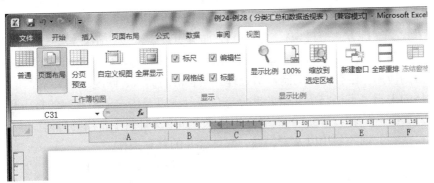

图 5.136　　"视图/页面布局"预览

2）打印输出设置

单击"文件"→"打印"命令，或者按 Ctrl+P 组合键，打开打印选项菜单，在此菜单中可以对打印方式进行更多的设置，如图 5.137 所示。

图 5.137　打印设置/预览

本 章 小 结

　　本章首先介绍了 Word 的启动与退出方法，在启动 Word 后，介绍了打开或创建一个文档、用户应该掌握的文档创建与保存等基本方法。接着介绍了用户应该掌握的 Word 基本文档编辑功能，如文本的输入、复制、移动、删除、查找、替换和特殊字符的插入等操作，以及基本的版面设计，如段落设置(如段落编号的设定、对齐方式、缩进方式等设定)、页面设置(如分页设定、页边距设定、设置页眉/页脚)等。在基本操作的基础上介绍了用户应该掌握的一些特殊的编辑，如图文混排、文本框的应用，还有表格的制作与处理，如表格的插入、修改、删除等基本操作，单元格的编辑，表格与单元格的拆分与合并等，以及用户还需掌握的打印和预览设置。本章还介绍了 Word 的高级应用技术，如论文排版中常用的脚注、尾注、题注、目录和大纲的使用以及宏、域、邮件合并的基本操作。

　　然后介绍了 PowerPoint 2010 制作幻灯片的基本知识和操作方法。

　　最后介绍了 Excel 2010 的相关概念(如工作簿、工作表、单元格等)和相关基本操作。公式和函数是 Excel 用于数据处理的一项强大的功能，本章介绍了部分常用函数的使用方法，读者可以依据函数运用的基本方法，在实际工作中进一步学习和运用 Excel 提供的众多函数。还介绍了单元格格式设置、图表制作、数据分析和管理(数据排序、筛选、分类汇总和数据透视图)、工作表设置打印等基本操作。

思 考 题

1. 如何在指定存储器的文件夹中新建 Word 文档?
2. 如何将选定的文本移动(复制)到指定位置?
3. 文档的格式分为哪几个层次?
4. 举例说明文本框的实际运用。
5. 如何对毕业论文进行排版?
6. 如何设置页面、页眉、页脚和页边距?
7. 什么是工作簿? 什么是工作表? 两者有何区别?
8. 什么是活动单元格? 什么是活动工作表? 如何选定它们?
9. 如何取选工作表中的整行、整列、一个或多个连续或不连续的单元格区域?
10. 如何设定工作表数据的对齐方式和标题居中?
11. 如何给表格设置边框?
12. Excel 中,清除和删除有什么区别?
13. 数据筛选有哪几种方法? 每种方法如何实现?

第 6 章　程序设计基本方法

6.1　程序设计语言

程序设计语言是一组用来定义计算机程序的语法规则，它是一种被标准化的交流技巧，用来向计算机发出指令。程序设计语言能够让程序员准确地定义计算机所需要使用的数据，并精确地定义在不同情况下应当采取的行动。

6.1.1　程序设计语言的分类

从发展历程来看，程序设计语言可以分为以下几类。

1. 机器语言

机器语言由二进制 0、1 代码指令构成，不同的 CPU 具有不同的指令系统。机器语言程序难编写、难修改、难维护，需要用户直接对存储空间进行分配，编程效率极低。这种语言已经逐渐被淘汰。

2. 汇编语言

汇编语言是机器指令的符号化，与机器指令存在直接的对应关系，所以汇编语言同样存在难学难用、容易出错、维护困难等缺点。但是汇编语言也有自己的优点：可直接访问系统接口，汇编语言程序翻译成机器语言程序效率高。从软件工程角度来看，只有在高级语言不能满足设计要求，或不具备支持某种特定功能的技术性能(如特殊的输入输出)时，才使用汇编语言。

3. 高级语言

高级语言是面向用户的、基本上独立于计算机种类和结构的语言，其最大的优点是：形式上接近于算术语言和自然语言，概念上接近于人们通常使用的概念。高级语言的一个命令可以代替几条、几十条甚至几百条汇编语言的指令。因此，高级语言易学易用，通用性强，应用广泛。高级语言种类繁多，可以从应用特点和对客观系统的描述两个方面对其进行进一步分类。

从应用角度来看，高级语言可以分为基础语言(如 Basic 语言)、结构化语言(如 C 语言)和专用语言(如 LISP 语言)。从描述客观系统来看，程序设计语言可以分为以"数据结构+算法"程序设计范式构成的面向过程的语言和以"对象+消息"程序设计范式构成的面向对象的语言。

4. 非过程化语言

非过程化语言，编码时只需说明"做什么"，不需描述算法细节。数据库查询和应用程序生成器是非过程化语言的两个典型应用。

应该说真正的第四代程序设计语言还没有出现,第四代程序设计语言大多是指基于某种语言环境上具有非过程化语言特征的软件工具产品，如 System Z、PowerBuilder、FOCUS 等。非过程化语言是面向应用，为最终用户设计的一类程序设计语言，它具有缩短应用开发过程、降低维护代价、最大限度地减少调试过程中出现的问题以及对用户友好等优点。

6.1.2　编译和解释

高级程序设计语言的出现使得计算机程序设计语言不再过度地依赖于某种特定的机器或环境。这是因为高级程序语言在不同的平台上会被编译成不同的机器语言，而不是直接被机器执行。按照计算机执行方式的不同，高级语言可以分为两类：静态语言和脚本语言。静态语言采用编译执行，脚本语言采用解释执行。

编译是将源程序翻译成可执行的目标代码，翻译与执行是分开的；而解释是对源程序的翻译与执行一次性完成，不生成可存储的目标代码。二者最大的区别是：对解释执行而言，程序运行时的控制权在解释器而不在用户程序；对编译执行而言，运行时的控制权在用户程序。

编译器是把源程序的每一条语句都编译成机器语言，并保存成二进制文件，这样运行时计算机可以直接以机器语言来运行此程序，速度很快；解释器则是只在执行程序时，才一条一条地解释成机器语言给计算机来执行，所以运行速度不如编译后的程序运行得快。程序的编译执行过程和解释执行过程分别如图 6.1 和图 6.2 所示。

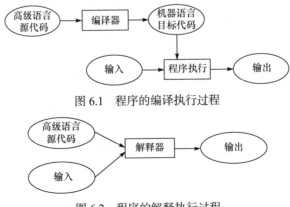

图 6.1　程序的编译执行过程

图 6.2　程序的解释执行过程

6.2　Python 语言概述

Python 语言是一种面向对象的解释型计算机程序设计语言，由 Guido 于 1989 年圣诞节期间发明。Python 是纯粹的自由软件，源代码和解释器 CPython 遵循 GPL 协议。Python 语法简洁清晰，特色之一是强制用空白符(white space)作为语句缩进。

6.2.1　Python 语言的发展

Python 名字的来源：1989 年圣诞节期间，在阿姆斯特丹，Guido 为了打发圣诞节的无趣，决心开发一个新的脚本解释程序，作为 ABC 语言的一种继承。之所以选中 Python(大蟒蛇的意思)作为该编程语言的名字，是因为他是一个名为 Monty Python 的喜剧团体的爱好者。

1990 年 Python 的第一个版本发布，2000 年年底 Python2.0 版本发布，解决了之前版本中的诸多问题，开启了 Python 广泛应用的新时代。Python3.0 版本于 2008 年年底发布，解决和修正了以前版本的内在设计缺陷。但是 Python3.0 版本不能向后兼容 Python2.0，所以 2010 年 7 月又发布了 Python2.7，作为 Python2.x 版本的最后一版。发布 Python2.7 的目的在于通过提供一些测量两者之间兼容性的措施，使 Python2.x 的用户更容易将功能移植到 Python3.0 上。虽然 Python2.7 和 Python3.0 有许多类似的功能，但它们在代码语法和处理方面有一些相当大的差异。

目前，绝大部分 Python 函数库和 Python 程序员都采用 Python3.0 版本系列语法和解释器，本章将介绍和使用 Python3.5.3 版本。

6.2.2　Python 语言的特点

Python 语言是一种既十分精彩又强大的语言，它合理地结合了高性能与使得编写程序简单有趣的特色，得到了广泛的应用，它的一些重要特点如下。

简单：Python 是一门简单而文字简约的语言，它可让你专注于解决问题的办法而不是语言本身。

易学：Python 很容易上手，因为它的语法极其简单。

速度快：Python 的底层是用 C 语言编写的，很多标准库和第三方库也都是用 C 语言编写的，运行速度非常快。

免费、开源：Python 是 FLOSS(自由/开放源代码软件)之一。使用者可以自由地发布这个软件的复制版、阅读它的源代码、对它做改动、把它的一部分用于新的自由软件中。

可移植性：由于它的开源本质，Python 已经被移植到许多平台上。

解释性：可以直接从源代码运行，在计算机内部，Python 解释器把源代码转换为字节码的中间形式，再把它翻译成计算机使用的机器语言。

面向对象：Python 既支持面向过程的编程，也支持面向对象的编程。

可扩展性：如果想让一段关键代码运行得更快或者希望某些算法不公开，可以部分程序用 C 或 C++编写，然后在 Python 程序中使用它们。

可嵌入性：可以把 Python 嵌入 C/C++程序，从而提供脚本功能。

丰富的库：Python 标准库很庞大，它可以帮助人们处理各种工作，包括正则表达式、文档生成、单元测试、线程、数据库、网页浏览器、CGI(公共网关接口)、FTP(文件传输协议)、电子邮件、XML(可扩展标记语言)、XML-RPC(XML 远程方法调用)、HTML(超文本标记语言)、WAV(波形文件)、密码系统、GUI(图形用户界面)、Tk(GUI 开发工具包)和其他与系统有关的操作。除了标准库，还有许多其他高质量的库，如 wxPython、Twisted 和 Python 图像库等。

6.3　Python 语言开发环境配置

6.3.1　Python 语言解释器的安装

Python 语言是一门解释器语言，代码要运行，必须通过解释器执行。Python 语言解释器可以在 Python 语言官方网站下载，网址为 https://www.python.org/downloads。

在网站的下载页面(图 6.3)找到需要下载的版本，这里选择 Python 3.5.3 版本。

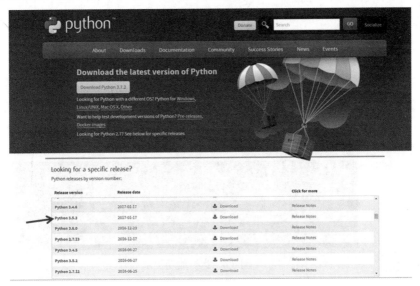

图 6.3　Python 语言解释器下载页面

下载完成后，打开下载文件所在的目录，双击下载的安装文件，进入如图 6.4 所示的引导过程，依次按照提示完成安装过程。

图 6.4　Python 语言解释器安装界面

安装完成，按 Win + R 组合键，输入"cmd"(图 6.5)，按"确定"按钮。

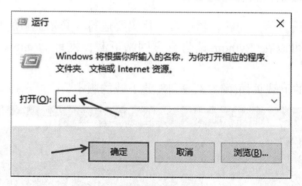

图 6.5　"运行"对话框

输入 python，再按 Enter 键，如果显示如图 6.6 所示窗口，说明安装成功了。

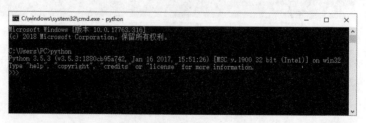

图 6.6　运行成功提示

这时 Python 安装包已经在系统中安装了一批与 Python 开发和运行相关的程

序，其中最重要的两个就是 Python 命令行和 Python 集成开发环境(integrated development environment，IDLE)。

找到新安装的 Python3.5.3，运行 IDLE，可以进入如图 6.7 所示的集成开发环境。

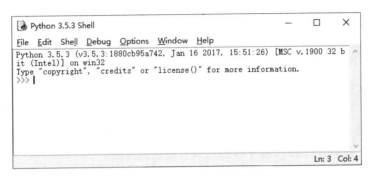

图 6.7　Python3.5.3 集成开发环境

6.3.2　PyCharm 开发环境的安装

也可以选择安装另外一种更加高效、智能的 Python 集成开发环境，即 PyCharm，它具有智能代码补全、实时错误检查和快速修复功能，可以轻松进行项目导航，它利用 PEP8 检查、测试辅助、智能重构和大量检查等功能控制代码质量。

进入 https://www.jetbrains.com/pycharm/download/#section=windows 下载页面(图 6.8)，下载 PyCharm 安装程序。

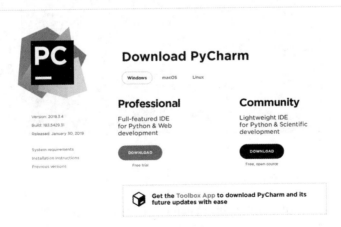

图 6.8　PyCharm 下载页面

下载完成后，打开下载文件所在的目录，双击下载的安装文件，进入如图 6.9 所示的引导过程，依次按照提示完成安装过程。

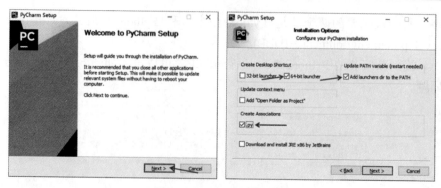

图 6.9　PyCharm 安装界面

安装完成后双击运行图标，选择"do not import setting"，第一次运行进入激活界面，可以选择授权服务器激活或者激活码激活。

激活后进入如图 6.10 所示界面，单击 Create New Project，进入 PyCharm 集成开发环境。

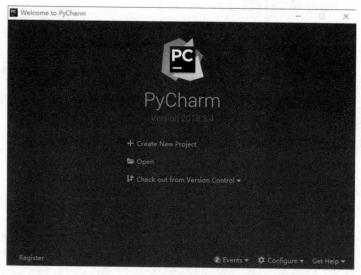

图 6.10　PyCharm 集成开发环境

6.3.3　Python 第三方库

Python 有一套很有用的标准库(standard library)。标准库会随着 Python 解释器一起安装在计算机中，它是 Python 的一个组成部分。这些标准库是 Python 为程序员准备好的"利器"，可以让编程事半功倍。同时"Python 社区"提供了大量的第三方模块，使用方式与标准库类似。它们的功能无所不包，覆盖科学计算、Web开发、数据库接口、图形系统多个领域，并且大多成熟而稳定。下面介绍两个常用的库。

1. Python pip 的安装与使用

pip 是 Python 包管理工具，该工具提供了对 Python 包的查找、下载、安装、卸载等功能。如果在 python.org 下载最新版本的安装包，则已经自带了该工具，可以通过在命令行(控制台)中输入以下命令来判断是否已经安装：

pip-version

如果还未安装，则可以使用以下方法来安装：

(1) \$ curl https://bootstrap.pypa.io/get-pip.py-o get-pip.py(下载安装脚本)。

(2) \$ sudo python3 get-pip.py(运行安装脚本)。

部分 Linux 发行版可直接用包管理器安装 pip，如 Debian 和 Ubuntu：

sudo apt-get install python-pip

pip 常用命令如下。

(1) 显示版本和路径：pip-version。

(2) 获取帮助：pip-help。

(3) 升级 pip：sudo easy_install-upgrade pip。

(4) 安装包：pip install SomePackage==1.0.4，SomePackage 为具体的包名称。

(5) 升级包：pip install-upgrade SomePackage。

(6) 卸载包：pip uninstall SomePackage。

(7) 搜索包：pip search SomePackage。

(8) 显示安装包信息：pip show。

(9) 查看指定包的详细信息：pip show-f SomePackage。

(10) 列出已安装的包：pip list。

(11) 查看可升级的包：pip list-o。

2. PyInstaller 库的安装与使用

PyInstaller 库是一个十分有用的第三方库，它能够在 Windows、Linux、Mac OS X 等操作系统下将 Python 源文件打包，通过对源文件打包，Python 程序可以在没有安装 Python 的环境中运行，也可以作为一个独立文件方便地传递和管理。

PyInstaller 库需要在命令行(控制台)下用 pip 工具安装，如图 6.11 所示。

如需升级 PyInstaller 库，可以使用以下命令：

pip install--upgrade pyinstaller

使用 PyInstaller 库十分简单，先在命令行中找到要打包的 py 文件目录。输入如下命令，就会生成可执行文件等。

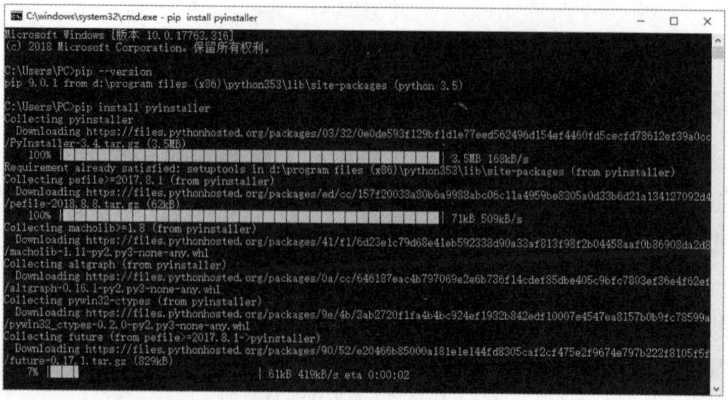

图 6.11　PyInstaller 库安装界面

pyinstaller -F <文件名.py>

控制参数如表 6.1 所示。

表 6.1　控制参数

参数	描述
-h	查看帮助
-D--onedir	默认值,生成 dist 文件夹
-F--onedir	在 dist 文件夹中只生成独立打包的文件
--clean	清理打包过程中的临时文件
-i <图标名.ico>	指定打包时使用的图标文件

这时会生成三个文件夹,分别是 dist、_pycache_和 bulid。我们需要的文件在 dist 中,_pycache_和 bulid 都可以安全地删除,或者使用命令"pyinstaller --clean" 将执行过程中产生的文件删除。

6.4　程序的基本编写方法

6.4.1　程序编写的 IPO 方法及步骤

每个程序都有统一的运算模式,即输入数据、处理数据和输出数据,这种程序的基本编写方法称为 IPO 方法,其中 I 代表输入(input),即程序的输入;P 代表处理(process),即程序的主要逻辑;O 代表输出(output),即程序的输出。

输入是一个程序的开始,包括文件输入、网络输入、用户手工输入、随机数据输入、程序内部参数输入等。输出是程序显示运算结果的方式,包括屏幕输出、文件输出、网络输出、操作系统输出、内部变量输出等。处理是程序对输入数据进行运算产生输出结果的过程。处理的方法又称算法，是程序最重要的部分。既没有输入又没有输出的程序称为死循环。

IPO 不仅是程序编写的基本方法，也是描述计算问题的方式，如计算长方形的面积，其 IPO 描述如下。

输入：长方形的长 a 和宽 b。

处理：计算长方形面积 s=a*b。

输出：长方形面积 s。

编写程序的目的是"使用计算机解决问题"，一般可以分为以下步骤。

分析问题：主要分析问题的计算部分。

确定问题：将计算部分划分为确定的 IPO 三个部分。

设计算法：完成计算部分的核心处理方法。

编写程序：实现整个程序。

调试测试：使程序在各种情况下都能够正确运行。

升级维护：使程序长期正确运行，适应需求的微小变化。

6.4.2　编写自己的 Python 程序

例 6.1　编写并运行第一个"Hello，World！"程序。

对于大多数程序语言，第一个入门编程代码便是"Hello, World!"，使用 Python 输出"Hello，World！"的代码为 print("Hello, World!")。

找到并运行 Python3.5.3 的 IDLE，进入如图 6.12 所示的集成开发环境。在">>>"提示符后输入代码 print("Hello, World!")，然后回车，就可以得到运行结果。

图 6.12　Python 集成开发环境

运行 Python 程序有两种方式，即交互式和文件式。交互式即 Python 解释器即时响应用户输入的每条代码，给出输出结果。前面的"Hello，World！"程序就是交互式运行的。文件式则需要将 Python 代码写在一个或多个文件中，通常可以按照 Python 的语法格式编写代码，并保存成".py"格式的文件，然后由 Python 解释器批量执行文件中的代码。

例 6.2 长方形面积的计算。

在 IDLE 中选择 File→New File，在打开的窗口中输入以下代码：

```
a=4
b=7
s=a*b
print("s=",s)
```

选择 File→Save，把这个文件保存为 "6.2.py"，选择 Run→Run Module，得到如图 6.13 所示的运行结果。

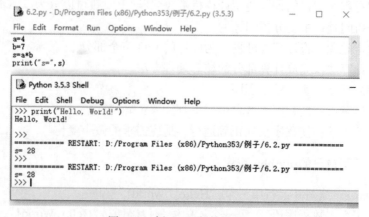

图 6.13　例 6.2 运行结果

例 6.3 绘制一个五角星。

在 IDLE 中选择 File→New File，在打开的窗口中输入以下代码：

```
import turtle
import time

turtle.pensize(4)
turtle.pencolor("yellow")  #画笔黄色
turtle.fillcolor("red")  #内部填充红色

#绘制五角星#
turtle.begin_fill()
for _ in range(5):  #重复执行 5 次
    turtle.forward(200)  #向前移动 200 步
    turtle.right(144)   #向右移动 144 度，注意这里的参数一定不能变
turtle.end_fill() #结束填充红色
```

```
time.sleep(1)
```
　　选择 File→Save，把这个文件保存为"6.3.py"，选择 Run→Run Module，得到如图 6.14 所示的运行结果。

图 6.14　例 6.3 运行结果

思　考　题

1. 程序的编译和解释执行方法有什么不同？
2. 掌握 Python 语言开发环境配置方法。
3. 怎样使用 pip 工具安装指定的包。
4. 怎样使用 PyInstaller 库生成可执行文件。
5. 编写一个 Python 程序输出当前计算机的系统日期和时间。
6. 编写一个 Python 程序，把输入的三个整数 x、y、z 由小到大输出(可以把最小的数放到 x 上，先将 x 与 y 进行比较，如果 x>y 则将 x 与 y 的值进行交换，再用 x 与 z 进行比较，如果 x>z 则将 x 与 z 的值进行交换，这样能使 x 最小)。

第7章　Python 程序基本语法元素

内容提要：程序设计是给出解决特定问题的程序的过程，是软件构造活动中的重要组成部分。本章以 Python 程序设计语言为工具，介绍 Python 程序设计的基本方法，包括分析、设计、编码、测试、调试、排错等不同阶段；以及 Python 程序的结构及基本语法元素的含义，并学习使用 Python 绘图工具进行简单图形的绘制。

7.1　Python 程序基础

7.1.1　第一个 Python 程序

本节通过一个程序实例，介绍程序设计的基本方法。已知一个长方形的长和宽，求长方形的周长和面积。

(1) 分析问题：分析哪些问题属于计算问题，可以用计算的方法来解决。一个长方形，如果知道了它的长和宽，就可以用 2 倍长和 2 倍宽的和求得其周长；用长和宽的乘积求得其面积。

(2) 确定输入、处理、输出：输入就是长方形长和宽的数值，处理就是计算长方形周长和面积的过程，输出就是显示长方形的周长和面积的值。

(3) 设计算法：算法是指对解题方案准确而完整的描述，是一系列解决问题的清晰指令，用系统的方法描述解决问题的策略机制。也就是说，它根据一定规范的输入，在有限时间内获得所要求的输出。对于本例，解决问题的算法是首先通过键盘输入的方法获得长方形的长和宽，然后用 2 倍长+2 倍宽的公式求解长方形的周长，用长乘以宽的公式求解长方形的面积，最后输出显示周长和面积的值。

(4) 编写程序：根据 IPO 描述和算法设计，编写 Python 程序如下：

```
#求长方形的周长和面积
Length=eval(input("请输入长方形的长："))
Width=eval(input("请输入长方形的宽："))
Perimeter=2*Length+2*Width
Area=Length*Width
print("长={},宽={},周长={},面积={}".format(Length,Width,
Perimeter,Area))
```

(5) 调试与测试程序：将以上程序保存为"a1.py"，使用 IDLE 运行该程序，结果如图 7.1 所示。

```
请输入长方形的长：20
请输入长方形的宽：15
长=20,宽=15,周长=70,面积=300
```

图 7.1 求长方形周长和面积运行结果

综上，程序设计的基本方法是通过分析问题，确定所需的输入、处理和输出，然后设计合理的算法，编写程序，调试与测试程序，最后得到结果。程序设计的过程体现了计算思维的本质——抽象和自动化：分析问题、找到问题的可计算部分；设计算法把问题的可计算部分抽象出来，用数学的方式求解；程序运行和结果输出完成了问题的自动求解。

7.1.2 实例1：计算商品折后价格

本节和 7.2 节以计算商品的折后价格为例，介绍 Python 程序的结构及基本语法元素的含义。

例 7.1 有一个商店进行节日促销活动，商品价格在 300 元以下的商品折扣为 10%，商品价格在 300 元至 800 元的商品折扣为 20%，商品价格在 800 元以上的商品折扣为 30%，要求输入商品原价，计算商品的折后价并输出结果。可以多次输入，按"#"结束，程序如下：

```python
# 求商品的折后价格
char=input("请输入商品的原价：")
while char!="#":
    item_price=float(char)
    if item_price<300:
        discount=item_price*0.1
    elif item_price>=300 and item_price<=800:
        discount=item_price*0.2
    else:
        discount=item_price*0.3
    final_price=item_price-discount
    print("此商品的原价为：{} 现价为：{}".format(item_price,\
    final_price))
    char=input("请输入商品的原价：")
```

程序运行结果如图 7.2 所示。

```
请输入商品的原价：200
此商品的原价为：200.0 现价为：180.0
请输入商品的原价：500
此商品的原价为：500.0 现价为：400.0
请输入商品的原价：1000
此商品的原价为：1000.0 现价为：700.0
请输入商品的原价：#
>>>
```

图 7.2 例 7.1 运行结果

7.2 Python 程序基本语法元素

本节以计算商品的折后价格为例，介绍 Python 程序的结构及语法元素的基本含义，以使大家对 Python 程序有一个基本的理解，各语法元素的深入介绍将在第 8～11 章呈现。

7.2.1 Python 程序基本语法元素分析

1. 缩进和对齐

程序代码通过缩进和对齐表示代码间的逻辑关系。缩进指代码开头的空格，表示代码间的所属关系(一次缩进一般为 4 个空格)。处于同一逻辑关系或层次级别相同的代码具有相同的缩进，即对齐。缩进和对齐增强了代码的可读性，使代码层次分明，逻辑关系清晰。如例 7.1 中第 4～13 行代码从属于第 3 行代码，它们构成代码的第一层缩进结构；第 5～10 行代码是 if-elif-else 的判断结构，第 6、8、10 行代码具有相同的级别，它们构成代码的第二层缩进结构。

```python
# 求商品的折后价格
char=input("请输入商品的原价：")
while char!="#":
    item_price=float(char)
    if item_price<300:
        discount=item_price*0.1
    elif item_price>=300 and item_price<=800:
        discount=item_price*0.2
    else:
        discount=item_price*0.3
    final_price=item_price-discount
    print("此商品的原价为：{} 现价为：{}".format(item_price,\
    final_price))
```

```
char=input("请输入商品的原价: ")
```

2. 注释

注释是对代码进行解释或说明的文字信息，它能够增强程序的可读性。注释不会被编译和执行。注释分为单行注释和多行注释，单行注释以#开头，多行注释以'''(3 个单引号)开头和结尾。如例 7.1 中的第 1 行就是一个单行注释。

3. 变量与命名

变量指其值会发生变化的量。为了方便地使用变量，需要给变量命名，变量的名字称为变量名。Python 中变量命名规则与其他大多数高级语言一样，变量名可以字母开头，以字母开头，是指大写或小写字母，其他字符可以是数字、字母、下划线，如 abc、ab_1、Abc_2_1 等。Python 变量名是大小写敏感的，也就是说变量 "cAsE" 与 "CaSe" 是两个不同的变量。一般情况下，程序员可以为程序中的变量命名为任何合法的名字，但是这些名字不能与 Python 保留字相同。例 7.1 中的 char、item_price、discount、final_price 就是变量名。

4. 保留字

保留字指被编程语言内部定义并使用的标识符，使用者不能再将这些字作为变量名或过程名使用。每一种程序设计语言都有保留字，Python3.x 的保留字可以使用 keyword 库中的 kwlist 命令进行显示，结果如图 7.3 所示。

```
>>> import keyword
>>> keyword.kwlist
['False', 'None', 'True', 'and', 'as', 'assert', 'break', 'class', '
continue', 'def', 'del', 'elif', 'else', 'except', 'finally', 'for',
'from', 'global', 'if', 'import', 'in', 'is', 'lambda', 'nonlocal',
'not', 'or', 'pass', 'raise', 'return', 'try', 'while', 'with', 'yie
ld']
>>>
```

图 7.3　保留字结果

5. 运算符与表达式

在一个运算式中，参与运算的符号称为运算符，参与运算的数值称为操作数，这个运算式称为表达式，例如，10＋20，+就是运算符，10 和 20 就是操作数，10＋20 是表达式。Python 语言支持很多类型的运算符，如算术运算符、比较(关系)运算符、赋值运算符、逻辑运算符等。关于算术运算符、比较(关系)运算符、逻辑运算符的详细内容，参见第 9 章相关部分。

在例 7.1 中，第 6、8、10 行代码里面含有乘法算术运算符：

```
discount=item_price*0.1
discount=item_price*0.2
discount=item_price*0.3
```
例 7.1 中:
```
while char!="#":        #第 3 行代码
if item_price<300:      #第 5 行代码
elif item_price>=300 and item_price<=800:    #第 7 行代码
```
第 3 行代码中的比较(关系)运算符 "!=" 含义是判断输入的字符是否为 "#" 号。第 5、7 行代码中的比较(关系)运算符 "<" ">=" "<=" 用于判断商品价格的范围,以此进行折扣计算。

例 7.1 中第 7 行代码用到了逻辑运算符:
```
elif item_price>=300 and item_price<=800:    #第 7 行代码
```
运算符 "and" 使得商品的原价必须同时满足两个条件,即大于等于 300 且小于等于 800,此时条件才成立。

6. 赋值

Python 是动态类型语言,也就是说不需要预先声明变量的类型。变量的类型和值在赋值那一刻被初始化。变量赋值通过赋值号 "=" 来执行,它的作用是将 "=" 右边的值分配给 "=" 左边的变量。

例如:
```
>>> counter=0
>>> miles=2000.0
>>> name='Jane'
>>> count =count + 1
>>> kilometers = 1.256 * miles
```

上面是五个变量赋值的例子。第 1 个是整数赋值,第 2 个是小数赋值,第 3 个是字符串赋值,第 4 个是使 count 的值增加 1,第 5 个是小数乘法赋值。

Python 也支持增量赋值,就是将运算符和赋值号合并在一起,如:
```
>>> m=m+1
>>> n=n*10
```
将上面的例子改成增量赋值方式:
```
>>> m+=1
>>> n*=10
```
Python 赋值运算的简单描述和示例如表 7.1 所示。

表 7.1　赋值运算的简单描述和示例

运算符	简单描述	示例
=	将右侧操作数的值分配给左侧变量	c=5 表示将 5 分配给 c
+=	将右侧操作数相加到左侧变量，并将结果分配给左侧变量	c+=3 等价于 c=c+3
−=	从左侧变量中减去右侧操作数，并将结果分配给左侧变量	c−=3 等价于 c=c−3
*=	将右侧操作数与左侧变量相乘，并将结果分配给左侧变量	c*=5 等价于 c=c*5
/=	将左侧变量除以右侧操作数，并将结果分配给左侧变量	c/=2 等价于 c=c/2
%=	将左侧变量除以右侧操作数，求余数，并将结果分配给左侧变量	c%=5 等价于 c=c%5
**=	执行指数(幂)计算，并将值分配给左侧变量	c**=3 等价于 c=c**3
//=	运算符执行地板除运算，并将结果分配给左侧变量	c//=6 等价于 c=c//6

例 7.1 代码中的第 2、4、6、8、10、11、13 行中的 "=" 均为赋值符号：

```
char=input("请输入商品的原价：")        #第 2 行代码
item_price=float(char)        #第 4 行代码
discount=item_price*0.1    #第 6 行代码
discount=item_price*0.2    #第 8 行代码
discount=item_price*0.3    #第 10 行代码
final_price=item_price-discount      #第 11 行代码
char=input("请输入商品的原价：")      #第 13 行代码
```

7. 输入与输出

1) 输入(input)

input 用于获得用户输入的值，但需要注意的是，无论用户输入什么内容，input 的返回值始终是字符型。书写格式为：<变量>= input(<提示信息>)

例如：

```
>>>input("请输入一个数字：")
>>>请输入一个数字：25.56
'25.56'
>>> input("请输入一串字符：")
>>>请输入一串字符：abcde
'abcde'
```

由此可见，不论用户输入的是字符还是数字，最终都变成一串字符(两边由单引号定界)。

在例 7.1 中：

```
char=input("请输入商品的原价：")      #第 2 行代码
char=input("请输入商品的原价：")       #第 13 行代码
```

代码第 2、13 行使用 input 来获得用户输入的商品原价，并把商品原价赋值给 char 变量。

2) 输出(print)

print 用于输出信息或变量的值，一般用法为 print(<提示信息>)，当输出变量时，可以采用格式化输出方式，使用 format 规定输出的格式，format 的详细介绍见第 8 章。

例如：

```
>>>a,b,c=1,2,3
>>>print("a={}/b={}/c={}".format(a,b,c))
>>>a=1/b=2/c=3
>>>
```

在例 7.1 中，第 12 行代码使用 print 输出商品的原价和折后价。其中大括号 {}代表"槽"，是变量 item_price 和 final_price 填入的位置，双引号中其他部分是提示信息。

例如：

```
print("此商品的原价为：{} 现价为：{}".format(item_price,\
final_price))      #第 12 行代码
```

8. 分支语句

分支语句用于根据条件的判断结果决定程序的执行路径，它一般分为单条件分支、双条件分支、多条件分支，分支语句的详细介绍参见第 8 章相关内容。

(1) 单条件分支：当条件成立时，执行语句块。

例如：

```
if age >= 18:
        print("You are an adult.")
```

(2) if-else 条件分支：当条件成立时，执行第一个语句块，否则执行第二个语句块。

例如：

```
if age >= 18:
    print('You are an adult.')
```

```
else:
    print('You are a teenager.')
```

(3) if-elif-else 条件分支: 当第一个条件成立时, 执行第一个语句块; 当第一
个条件不成立时, 再判断第二个条件, 若此条件成立, 则执行第二个语句块; 当
前两个条件都不成立时, 则执行第三个语句块。

例如:

```
if age >= 18:
    print('You are an adult.')
elif age >= 13:
    print('You are a teenager.')
else:
    print('You are a child.')
```

在例 7.1 中, 代码第 5~10 行用到了 if-elif-else 条件分支语句:

```
if item_price<300:      #第 5 行代码
        discount=item_price*0.1      #第 6 行代码
elif item_price>=300 and item_price<=800:      #第 7 行代码
        discount=item_price*0.2      #第 8 行代码
else:      #第 9 行代码
        discount=item_price*0.3      #第 10 行代码
```

如果商品原价低于 300 元, 则执行第 6 行代码, 折扣为 10%; 如果商品原价
在 300 元至 800 元之间, 则执行第 8 行代码, 折扣为 20%; 如果商品原价高于 800
元, 则执行第 10 行代码, 折扣为 30%。

9. while 循环语句

循环语句的作用是根据条件的判断结果来决定一段程序是否需要重复执行,
若循环条件成立, 则一直重复执行某段代码, 直到循环条件不成立或循环终止时
结束循环。循环语句有多种类型, 现在只介绍在例 7.1 中出现的 while 循环类型,
关于循环更详细的介绍参见第 8 章。

while 循环的格式为:

while <条件>

    <语句块>

说明: 当条件为真时, 执行语句块。判断条件可以是任何表达式, 任何非零
或非空的值均为真。当条件为假时, 循环结束。

例如：

```
count = 0
while count<=10:
    print( "The count is:{}".format(count) )
    count+=1
print ("Good bye!")
```

执行结果如图 7.4 所示。

```
The count is:0
The count is:1
The count is:2
The count is:3
The count is:4
The count is:5
The count is:6
The count is:7
The count is:8
The count is:9
The count is:10
Good bye!
>>>
```

图 7.4　运行结果(while 循环)

例 7.1 中的 while 循环：

```
while char!="#":      #第 3 行代码
    item_price=float(char)     #第 4 行代码
    if item_price<300:     #第 5 行代码
        discount=item_price*0.1     #第 6 行代码
    elif item_price>=300 and item_price<=800:  #第 7 行代码
        discount=item_price*0.2     #第 8 行代码
    else:      #第 9 行代码
        discount=item_price*0.3     #第 10 行代码
    final_price=item_price-discount     #第 11 行代码
    print("此商品的原价为：{} 现价为：{}".format(item_price,\
    final_price))   #第 12 行代码
    char=input("请输入商品的原价：")     #第 13 行代码
```

以上第 3 行代码为循环条件，当输入的字符不是"#"号时执行第 4~13 行代码，反复执行多次，直到输入"#"号循环结束。

10. 函数

函数是具有特定功能、可重复使用的代码段。函数能增强程序的模块化和代码的重复利用率。其实，我们之前已经接触了几个 Python 函数，如 input、print，它们是 Python 的内建函数。但也可以自己创建函数，这一类函数称为用户自定义函数。本节仅介绍例 7.1 中出现的函数。关于函数更详细的介绍见第 11 章。

例 7.1 中，float 函数用于将整数和字符串转换成小数(浮点数)。

例如：

```
>>>float(2)
2.0
>>> float(-103)
-103.0
>>> float(123)
123.0
>>> float("123")    #"123"为字符串
123.0
```

例 7.1 中第 4 行代码中使用了 float 函数：

```
item_price=float(char)     #第 4 行代码
```

由于 input 函数获得一个字符型的数据，而字符型不能参与算术运算，所以要使用 float 函数将字符型数据转换为数字型数据。

7.2.2　实例 2：绘制颜色随机的彩色蟒蛇

Python 的英文意思是"蟒蛇"，现在将要使用绘图库中的函数绘制一条漂亮的"蟒蛇"，它的颜色随机产生。

例 7.2　绘制颜色随机的彩色蟒蛇，图 7.5 为程序运行结果，代码如下：

```
#绘制颜色随机的彩色蟒蛇
import random
import turtle
turtle.setup(650, 350, 200, 200)
turtle.penup()
turtle.fd(-250)
turtle.pendown()
turtle.pensize(25)
turtle.seth(-40)
```

```
i=1
while i<=4:
        turtle.pencolor(random.random(),random.random(),\
        random.random())
        turtle.circle(40, 80)
        turtle.circle(-40, 80)
        i+=1
turtle.circle(40, 80/2)
turtle.fd(40)
turtle.circle(16, 180)
turtle.fd(40 * 2/3)
turtle.done()
```

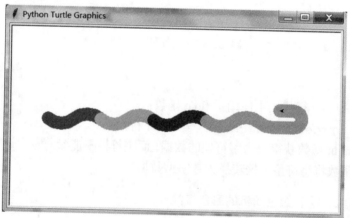

图 7.5　颜色随机的彩色蟒蛇

在例 7.2 中使用了图形绘制库 turtle 和随机库 random，它们是 Python 的标准库，其中涉及的绘图函数实用而有趣，7.3 节对 turtle 的部分函数进行详细介绍。

7.3　turtle 库的基本命令

turtle 库是 Python 语言中一个很流行的绘制图像的函数库，想象一个小海龟，在一个横坐标为 x、纵坐标为 y 的坐标系原点，从(0,0)位置开始，根据一组函数指令的控制，在这个平面坐标系中移动，它爬行的路径上就绘制出了图形。

7.3.1　引用库的方法

对于 Python 中的库，如果想要使用其中的函数，必须先引用库。引用库的方法有两种：

(1) import <库名>。此后即可调用库中的所有函数，格式为

<库名>.<函数名>(<函数参数>)

例如：
```
>>>import turtle    #引用 turtle 库
>>> turtle.setup(650,350,200,200)   #使用 turtle 库 setup 函数
```

(2) from <库名> import <函数名 1,函数名 2,函数名 3,…… >或 from <库名> import * (*表示所有函数)。

调用库中函数的格式为<函数名>(<函数参数>) (此时函数名前面不用添加库名)。

例如：

#引用 turtle 库，准备使用库中的 setup 函数
```
>>> from turtle import setup
>>>setup(650, 350, 200, 200)   #使用 turtle 库中的 setup 函数
```
#引用 turtle 库，准备使用库中的所有函数
```
>>> from turtle import *
>>> penup()        #使用 turtle 库中的 penup 函数
```

例 7.2 中的第 2、3 行代码的作用是引用 random 库和 turtle 库：
```
import random     #第 2 行代码
import turtle     #第 3 行代码
```

7.3.2　设置绘图区的大小和位置

绘图区就是用来绘图的区域，使用 setup 函数即可完成对绘图区的设置。

setup 函数的基本语法格式如下：

setup(width,height,startx,starty)

说明：width 表示绘图区的宽度，height 表示绘图区的高度，宽度和高度为整数时，表示像素值，当宽度和高度为小数时，表示占据计算机屏幕的比例。startx 表示绘图区左上角的横坐标，starty 表示绘图区左上角的纵坐标，若 startx 和 starty 为空，则绘图区位于屏幕中心。需要注意的是屏幕的原点(0,0)位于屏幕左上角。

例如：

```
>>> import turtle
>>> turtle.setup(1000,800,100,100)
```
程序运行结果如图 7.6 所示。

图 7.6　设置绘图区的大小和位置

```
>>> turtle.setup(1000,800)
```
程序运行结果如图 7.7 所示。

图 7.7　设置绘图区的大小、位置居屏幕中心

图 7.7 的白色区域就是绘图区。

例 7.2 中的第 4 行代码的作用是设置绘图区的大小为 650 像素×350 像素，绘图区左上角坐标为(200,200)，代码如下：

```
turtle.setup(650, 350, 200, 200)        #第 4 行代码
```

7.3.3　绘图坐标

使用 turtle 库中的函数进行绘图时，可以看到画笔在绘图区移动的状态，就

好像一只小海龟在画布上爬行。为了精确地控制小海龟的动作与方向，需要了解绘图区的坐标。绘图区的坐标原点在绘图区的中心位置(0,0)，小海龟头的初始方向朝着正东，头的方向是海龟前进的方向，即绘制线条的方向。绘图区的坐标体系如图 7.8 所示。

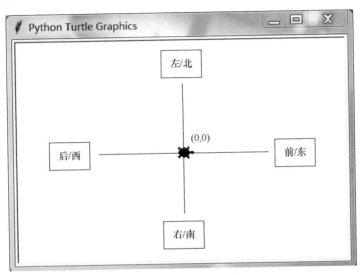

图 7.8　绘图区的坐标体系

为了更好地使用画笔，需要用到一些画笔控制函数，其中包括画笔形状的设置，画笔的起落，前进与后退，画笔大小、方向、颜色的设置等。

7.3.4　画笔控制

1. turtle.shape 函数

功能：设置画笔形状。参数可以为 turtle、arrow、square、triangle、classic。例如：

```
>>> turtle.shape('turtle')
```
可以把画笔设置为海龟的形状。

2. turtle.penup/turtle.pendown 函数

功能：抬起画笔/落下画笔。当画笔抬起后，移动画笔不会产生绘制痕迹；放下画笔以后，画笔的移动才可以产生绘图线条。例如：

```
>>> turtle.penup()
```

```
>>> turtle.pendown()
```

例 7.2 中的第 5、7 行代码使用了 turtle.penup、turtle.pendown 函数：

```
turtle.penup()        #第 5 行代码
turtle.pendown()      #第 7 行代码
```

3. turtle.fd 函数

功能：让海龟以当前的方向前进/后退一段距离，参数是前进/后退的像素值，可正可负，正数表示前进，负数表示后退。

例如：

```
>>> turtle.fd(100)            #以当前的方向前进 100 像素
>>> turtle.fd(-50)            #以当前的方向后退 50 像素
```

例 7.2 中的第 6 行代码使用了 turtle.fd 函数，使画笔后退 250 像素：

```
turtle.fd(-250)       #第 6 行代码
```

4. turtle.pensize 函数

功能：设置画笔的大小，参数是一个数值，无参数时返回当前画笔的大小。
例如：

```
>>> turtle.pensize(20)
>>> turtle.pensize()
20
```

例 7.2 中的第 8 行代码使用了 turtle.pensize 函数，设置画笔大小为 25 像素。

```
turtle.pensize(25)        #第 8 行代码
```

5. turtle.seth 函数

功能：改变画笔的方向，即改变海龟头的朝向，参数是一个角度，正数表示以逆时针方向旋转，负数表示以顺时针方向旋转。turtle 绘图的角度坐标体系如图 7.9 所示。

例如：

```
>>> turtle.seth(45)
```

运行结果如图 7.10 所示。

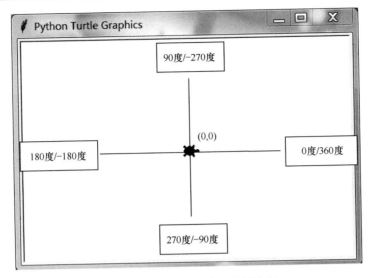

图 7.9　turtle 绘图的角度坐标体系

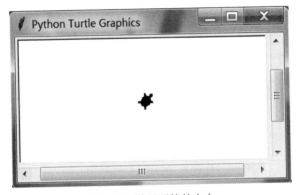

图 7.10　设置画笔的方向

例 7.2 中的第 9 行代码使用 turtle.seth 函数，使海龟的头以逆时针方向旋转 40 度。

```
turtle.seth(-40)     #第 9 行代码
```

6. turtle.circle 函数

格式：turtle.circle(radius,extent=None)。

功能：绘制弧形。参数 radius 表示半径，当半径为正数时，逆时针方向画弧，当半径为负数时，顺时针方向画弧。extent 表示角度，不给角度或角度为 None 时绘制整圆。

假设一开始海龟的头朝正东(0 度)，执行以下代码：

```
>>> turtle.circle(60,90)
```

运行结果如图 7.11 所示。

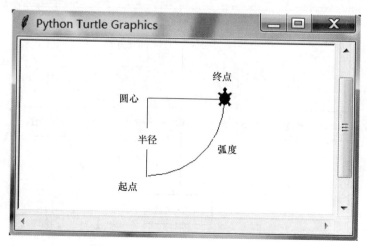

图 7.11　程序运行结果 1(circle 函数)

假设一开始海龟的头朝正东(0 度)，执行以下代码：

```
>>> turtle.circle(-60,90)
```

运行结果如图 7.12 所示。

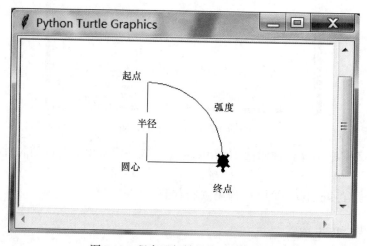

图 7.12　程序运行结果 2(circle 函数)

例 7.2 中的第 13、14、16、18 行代码使用 turtle.circle 函数，其中第 13、14 行代码绘制蟒蛇的身体，第 16、18 行代码绘制蟒蛇的脖颈和头部。

```
turtle.circle(40, 80)        #第 13 行代码
turtle.circle(-40, 80)       #第 14 行代码
turtle.circle(40, 80/2)      #第 16 行代码
```

```
turtle.circle(16, 180)          #第18行代码
```

7. turtle.pencolor 函数

功能：设置画笔的颜色，参数可以是颜色的英文名称字符串，如"red""green"
"white""black""grey""purple""gold"等，也可以是 R、G、B(红、绿、蓝)颜
色分量的值(值的范围大于等于 0 且小于等于 1)。

例如：

```
>>> turtle.pencolor("purple")  #设置画笔颜色为紫色
#画笔颜色由红、绿、蓝颜色分量按照 0.7、1.0、0.5 的比例混合而成
>>> turtle.pencolor(0.7,1.0,0.5)
```

8. random.random 函数

功能：random 函数是随机库 random 中的函数，它随机生成的一个小数，小
数的范围是大于等于 0 且小于 1。需要注意的是，在使用 random 函数前需要先使
用 import 命令引用随机库 random。有关随机库的详细介绍见第 9 章。

例如：

```
>>> import  random         #引用随机库 random
>>> random.random()        #产生大于等于 0 且小于 1 的随机数
0.6826979607509246
>>> random.random()
0.8818924881262229
```

由以上例子可以看出，通常情况下(没有指定随机种子)，random 函数每次产
生的随机数不同。

在例 7.2 中，第 12 行代码中使用了三次随机函数 random，产生三个随机数，
并且用它们作为 pencolor 函数的三个颜色分量值，从而生成随机颜色，为绘制彩
色蟒蛇做准备。

例如：

```
turtle.pencolor(random.random(),random.random(),random\
.random())    #第 12 行代码
```

以下给出常用的画笔函数，包括画笔运动函数、画笔控制函数以及全局控制
函数。

(1) 画笔运动函数如表 7.2 所示。

表 7.2　画笔运动函数

函数	说明
turtle.forward(distance)	以当前画笔方向前进 distance 像素
turtle.backward(distance)	以当前画笔方向后退 distance 像素
turtle.right(degree)	顺时针旋转 degree 度
turtle.left(degree)	逆时针旋转 degree 度
turtle.pendown()	放下画笔
turtle.goto(x,y)	将画笔移动到坐标为(x,y)的位置
turtle.penup()	抬起画笔
turtle.speed(speed)	设置画笔绘制的速度(大于等于 0 且小于等于 10 的整数)
turtle.circle(radius,extent)	画圆，半径 radius 为正(负)，则逆时针(顺时针)画弧，弧度为 extent

(2) 画笔控制函数如表 7.3 所示。

表 7.3　画笔控制函数

函数	说明
turtle.shape(shapename)	设置画笔形状
turtle.pensize(size)	设置画笔大小
turtle.pencolor(colorname)	设置画笔颜色
turtle.fillcolor(colorname)	设置图形的填充颜色
turtle.color(colorname1,colorname2)	同时设置画笔色 colorname1，填充色 colorname2
turtle.filling()	返回当前是否为填充状态
turtle.begin_fill()	准备开始填充图形
turtle.end_fill()	填充完成
turtle.hideturtle()	隐藏画笔
turtle.showturtle()	显示画笔

(3) 全局控制函数如表 7.4 所示。

表 7.4　全局控制函数

函数	说明
turtle.clear()	清空绘图窗口，但不改变画笔的位置和状态
turtle.reset()	清空绘图窗口，重置画笔的状态为初始状态
turtle.undo()	撤销上一个画笔动作
turtle.isvisible()	返回当前画笔是否可见
turtle.pos()	返回当前画笔的坐标
stamp()	复制当前图形
turtle.write(s[,font=("font-name", font_size,"font_type")])	写文本，s 为文本内容，font 是字体的参数，里面分别为字体的名称、大小和类型。font 为可选项，font 的参数也为可选项

本 章 小 结

本章以实例引入的方法介绍了利用计算机进行问题求解以及程序设计的基本方法。通过例 7.1(求商品的折后价格)说明 Python 语言的基本语法元素，包括缩进和对齐、注释、变量与命名、保留字、运算符与表达式、赋值、基本输入输出、分支语句、while 循环语句以及函数的简单应用。通过例 7.2(绘制颜色随机的彩色蟒蛇)说明了 Python 标准库的引用方法，以及 Python 绘图的基本命令和方法。

思 考 题

1. Python 采用什么方式表示程序的格式框架？为什么？
2. 保留字是什么？保留字在使用时要注意什么？请写出 Python 的几个常用保留字。
3. Python 变量的命名规则是什么？
4. 程序设计的基本步骤是什么？
5. 请简单介绍 turtle 库的功能。

第8章 程序的控制结构

内容提要：本章主要介绍 Python 程序三大控制结构，分别是顺序结构、分支结构(选择结构)及循环结构。任何一个项目或者算法都可以使用这三种控制结构来设计完成。这三种控制结构也是结构化程序设计的核心，与之相对的是面向对象程序设计。C 语言就是结构化程序设计语言，而 C++、Java 或者 Python 等都是面向对象的程序设计语言。

调试 Python 程序时，经常会报出一些异常。一方面可能是写程序时由于疏忽或者考虑不全造成了错误，这时就需要根据异常分析程序结构，改正错误；另一方面，有些异常是不可避免的，但可以对异常进行捕获处理，防止程序终止。

8.1 程序的基本结构

结构化程序分为三种基本结构：顺序结构、分支结构(选择结构)、循环结构。采用结构化程序设计方法，程序结构清晰，易于阅读、测试、排错和修改。每个模块执行单一功能，模块间联系较少，使程序编写比过去更简单，程序更可靠，而且增加了可维护性，每个模块可以独立编制、测试。

可以用程序流程图表示程序中的操作顺序，指明实际操作的处理符号，包括根据逻辑条件确定要执行的路径的符号，指明控制流的流线符号，便于读、写的程序流程图的特殊符号等。常见的流程图符号如图 8.1 所示。

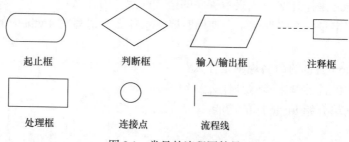

图 8.1 常见的流程图符号

起止框：表示算法的开始和结束。完整的流程图的首末两端必须是起止框。

判断框：判断框一般有一个入口和两个或多个出口，是唯一具有两个或两个以上出口的符号。

输入/输出框：表示数据的输入或结果的输出。

注释框：提示用户一部分框图的作用以及对某些框图的操作结果进行说明。

处理框：表示赋值或计算。

连接点：表示与流程图其他部分相连接。

流程线：箭头称为"流程线"，用来连接各图框，表示执行顺序。

1. 顺序结构

顺序结构(图 8.2)：从上向下，依次执行。顺序结构的程序设计是最简单的，只要按照解决问题的顺序写出相应的语句即可。

例如，计算圆的面积，其程序的语句顺序就是输入圆的半径 r，计算 s= 3.14159*r*r，输出圆的面积 s。不过大多数情况下顺序结构都是作为程序的一部分，与其他结构一起构成一个复杂的程序，例如，分支结构中的复合语句、循环结构中的循环体等。

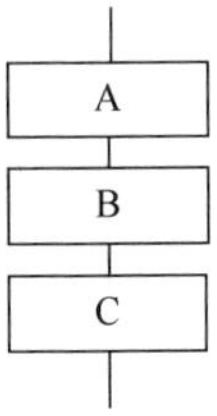

图 8.2　顺序结构的流程图

2. 分支结构

分支结构(图 8.3)顾名思义，当程序到了一定的处理过程时，遇到了很多分支，无法按直线走下去，程序的处理步骤出现了分支，它需要根据某一特定的条件选择其中的一个分支执行，分支结构有单分支、二分支和多分支三种形式。

3. 循环结构

循环结构(图 8.4)通常用来表示反复执行一个程序或某些操作的过程，直到某条件为假(或为真)时才可终止循环。在循环结构中最主要的是：什么时候可以执行循环？出现哪些操作需要循环执行？

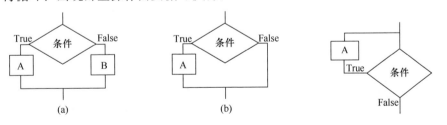

图 8.3　分支结构的流程图　　　　　图 8.4　循环结构的流程图

8.2　程序的分支结构

在分支结构中，if 语句用来检验一个条件，如果条件为真，则运行一语句块(称为 if-块)，否则处理另外一语句块(称为 else-块)，如果有多个分支选择，则再根据分支条件，选择对应的语句块处理(称为 elif-块)。else 从句和 elif 子句是可选的。分支结构由三部分组成：关键字本身、用于判断结果真假的条件表达式以及当表达式为真或非零时执行的代码块。

首先来学习 Python 中条件的真假：在 Python 中，任何非零、非空对象都是真，除真和 None 以外其他的都是假。注意：

(1) 任何非零和非空对象都为真，解释为 True。

(2) 数字 0、空对象和特殊对象 None 均为假，解释为 False。

(3) 比较和相等测试会应用到数据结构中。

(4) 返回值为 True 或 False。

条件判断常用关系运算符和逻辑运算符来表示，Python 中的比较运算符如表 8.1 所示，Python 中的逻辑运算符如表 8.2 所示。

表 8.1　Python 中的比较运算符

操作符	描述
x == y	x 等于 y
x != y	x 不等于 y
x > y	x 大于 y
x < y	x 小于 y
x >= y	x 大于等于 y
x <= y	x 小于等于 y
x is y	x 和 y 是同一个对象
x is not y	x 和 y 不是同一个对象
x in y	x 是 y 的成员
x not in y	x 不是 y 的成员

表 8.2　Python 中的逻辑运算符

运算符	逻辑表达式	描述
and	x and y	布尔"与"：若 x 为 False，则返回 False，否则返回 y 的计算值
or	x or y	布尔"或"：若 x 是 True，则返回 True，否则返回 y 的计算值
not	not x	布尔"非"：若 x 为 True，则返回 False；若 x 为 False，则返回 True

8.2.1　单分支结构

单分支结构的 if 语句语法格式如下：

if　<条件>:

　　　<语句块 1>

　　if 语句根据给出的条件，决定下一步怎么做？如果条件为真，就执行语句块 1 中的代码，为假就不执行语句块 1 中的代码。无论条件为真或者为假，控制都会转到 if 语句后的下一条语句。

　　例 8.1　猜数(单分支示例)：

```
Number=8
guess = eval(input("请输入要猜的数："))
if guess == Number:
    print("猜对了")
```

在这个程序中，用户输入要猜测的数，然后检验这个数是否是要猜测的那个数。把变量 Number 设置为我们想要的任何整数，在这个例子中是 8；然后使用 eval(input())语句取得用户猜测的数字。

8.2.2　二分支结构

　　二分支结构增加了 else 语句，根据判断条件结果而选择不同向前路径的运行方式。在例 8.1 猜数(单分支示例)中，用户输入要猜测的数，如果等于我们要猜测的那个数(Number=8)，使得 if 语句的条件为真，则程序执行语句块 1 中的代码，输出"猜对了"。如果用户输入猜测的数不等于我们要猜测的那个数，则可以用 else 语句增加另外的选择。

　　二分支结构的 if-else 语句语法格式如下：

　　if　<条件>:

　　　　<语句块 1>

　　else：

　　　　<语句块 2>

　　例 8.2　猜数(二分支示例)：

```
Number=8
guess = eval(input("请输入要猜的数："))
if guess == Number:
    print("恭喜你，猜对了")
else ：
    print("遗憾，猜错了")
```

二分支结构的紧凑形式适用于简单表达式的二分支结构。二分支结构紧凑形式的 if-else 语句语法格式如下：

　　<表达式 1>　if　<条件>　else　<表达式 2>

　　例 8.3　猜数(二分支紧凑形式示例)：

```
Number=8
guess = eval(input("请输入要猜的数："))
print("猜对了") if guess==Number else print("猜错了")
```

8.2.3　多分支结构

二分支结构的 if-else 语句只有两种选择，如果有多个条件需要多种选择，可以使用 elif 语句。elif 语句(是 else if 的缩写)检查多个表达式是否为真，并在为真时执行特定代码块中的代码。和 else 一样，elif 声明是可选的，不同的是，if 语句后最多只能有一个 else 语句，但可以有任意数量的 elif 语句。

多分支结构的 if-elif-else 语句语法格式如下：

if　<条件 1>:
　　　<语句块 1>
elif　<条件 2>:
　　　<语句块 2>
……
elif　<条件 N–1>:
　　　<语句块 N–1>
else:
　　　<语句块 N>

例 8.4　猜数(多分支示例)：

```
Number=8
guess = eval(input("请输入要猜的数："))
if guess == Number:
    print("恭喜你，猜对了！")
elif guess> Number:
    print("遗憾，太大了！")
else:
    print("遗憾，太小了！")
```

多分支结构用来处理对不同分数分级的问题。

例 8.5　分数分级(多分支示例)：

```
score = eval(input("请输入要判断等级的分数："))
if 0<=score <60:grade = "E"
elif score <70:grade = "D"
elif score <80: grade = "C"
elif score <90: grade = "B"
```

```
elif score <=100: grade = "A"
print("输入成绩属于级别{}".format(grade))
```

8.3　程序的循环结构

怎样才能重复多次呢？Python 使用循环语句来实现重复执行。循环语句在某种条件下循环执行某段代码块，并在符合条件的情况下跳出该段循环，其目的是重复地处理相同的任务，Python 循环语句主要有 for 语句和 while 语句。

8.3.1　for 语句

for 语句主要用于遍历全部元素，如逐个输出字符串中的字符，逐个输出列表中的元素、元组中的元素、集合中的元素(注意赋值时各元素的顺序)、字典中的键、文件中的字符等。

1. for 语句基础语法

1) for 语句语法格式一

for 迭代变量 in 遍历序列：

　　　　执行语句……

(1) 执行过程：依次将"遍历序列"的每一个值传递给"迭代变量"，每传递一个值时执行一次内部语句，直至"遍历序列"的最后一个元素，for 语句退出。

(2) 遍历序列可以是字符串(str)、列表(list)、元组(tuple)等。

例 8.6　遍历字符串：

```
str1="this is lisa"
for c in str1:
        print(c)
```

例 8.7　遍历列表：

```
list1 = ['python','hello,world','study']
for b in list1:
        print(b)
```

for 语句和 range()函数一起使用，可以操作一个整数序列的对象。

2) for 语句语法格式二

for 迭代变量 in range (i, j [,k])：

　　　　执行语句……

参数说明：

i 为初始值(默认为 0);

j 为终止值(默认为 1);

k 为步进值, 即每次重复操作时比上一次操作所增长的数值。

执行过程如下:

(1) 将 i 值传递给"迭代变量", 然后执行一次内部语句;

(2) 在 i 的基础上加 k 再次传递给"迭代变量", 如果"迭代变量"的值小于 j 的值, 则再次执行内部语句, 否则退出 for 循环。

例 8.8　输出九九乘法表:

```
for i in range(1,10):
    for j in range(1,i+1):
        print("{}*{}={:2}".format(j,i,j*i),end="   ")
    print()
```

例 8.9　输出 100 以前的偶数:

```
for i in range(0,101,2):
    print(i,end="  ")
```

2. else 语句

在循环条件正常结束后如果要执行某段代码块, 则可以用 else 语句来操作。循环正常结束后, 就会触发 else 语句。

例 8.10　for-in-else 实例:

```
for i in range(10):
    print(i)
else:
    print("循环正常结束")
```

for-else 语句总结如下:

如果依次做完了所有的事情(for 正常结束), 就去做其他事情(执行 else), 若做到一半就停下来不做了(中途遇到 break), 就不去做其他事情了(不执行 else)。

8.3.2　while 语句

只要在条件为真的情况下, while 语句允许重复执行一个语句块。若条件成立(True), 则重复执行相同的操作, 否则跳出循环。

1) while 语句语法格式

while　　循环条件:

　　　循环操作

执行过程：判断表达式，若为真(True)，则执行循环操作语句；若为假(False)，则退出 while 语句。循环条件最终的返回值必须是 False 或 True。

例 8.11　求 1–2+3–4+5–···+99 的和：

```
count = 1
sum = 0
while count < 100:
        temp = count % 2
        if temp == 0:
            sum = sum - count
        else:
            sum = sum + count
        count = count + 1
print(sum)
```

2)　循环中使用 else 语句的语法格式

while　循环条件：

　　　　循环操作

else:

　　　　执行操作

例 8.12　while- else 实例：

```
x = 3
while ( x > 0 ):
    x -= 1
    print ("Hello World" )
else:
    print ("done" )
```

8.3.3　特殊的流程控制语句

循环除了在条件不满足的时候结束，还可以选择在某些条件下结束循环，结束循环共有两个命令，即 break、continue。break 语句用来终止循环语句，程序控制跳出循环，执行循环外的下一条语句；continue 语句用来结束本次循环，紧接着执行下一次循环。

1. break 语句

break 语句用来终止循环语句，执行循环外下一条代码。如果从 for 或 while

循环中终止，任何对应的循环 else 块将不执行。

例 8.13　break 语句实例：

```
for letter in 'while':
        if letter == 'i':
            break
        print('当前字母为:',letter)
```

2. continue 语句

continue 语句用来告诉 Python 跳过当前循环块中的剩余语句，然后继续进行下一轮循环。

例 8.14　continue 语句实例：

```
for letter in 'while':
        if letter == 'i':            # 字母为 i 时跳过输出
            continue
        print('当前字母:',letter)
```

用 break 关键字终止当前循环就不会执行当前的 else 语句，而使用 continue 关键字快速进入下一轮循环，或者没有使用其他关键字，循环正常结束后，就会触发 else 语句。只有循环完所有次数，才会执行 else 中的语句。break 可以阻止 else 语句块的执行。

8.4　程序的异常处理

考虑一个简单的 print 语句：

```
num = eval(input("请输入一个整数:"))
print(num**2)
```

当用户没有输入整数时，如输入 "abc"，会产生异常，这种情况如何处理呢？

```
Traceback (most recent call last):
File "<pyshell#3>", line 1, in <module>
num = eval(input("请输入一个整数:"))
File "<string>", line 1, in <module>
NameError: name 'abc' is not defined.
```

我们可以观察到有一个 NameError 被引发，并且检测到的错误位置也被打印了出来。这是这个错误的错误处理器所做的工作。

什么是异常？异常是 Python 对象，表示一个错误。当 Python 脚本发生异常时，需要捕获处理它，否则程序会终止执行。在程序运行过程中，总会遇到各种各样的错误，有的错误是程序编写有问题造成的。如何处理异常，使程序正常运行呢？

可以使用 try…except 语句来处理异常。把所有可能引发错误的语句放在 try-语句块中，然后在 except-语句块中处理所有的错误和异常。except-语句块可以专门处理单一的错误或异常，或者一组包括在圆括号内的错误或异常。如果没有给出错误或异常的名称，它会处理所有的错误和异常。对于每个 try-语句块，至少都有一个相关联的 except-语句块。如果某个错误或异常没有被处理，默认的 Python 处理器就会被调用。它会终止程序的运行，并且打印一个消息，我们已经看到了这样的处理。还可以让 try…except 关联上一个 else 从句。当没有异常发生时，else 从句将被执行。

系统定义的异常如下。

BaseException：所有异常的基类，父类。

Exception：常规错误的基类。

StandardError：所有的内建标准异常的基类，标准化错误。

ImportError：导入模块错误。

ArithmeticError：所有数值计算错误的基类。

FloatingPointError：浮点计算错误。

AssertionError：断言语句失败。

AttributeError：对象没有这个属性。

Warning：警告的基类警告类。

也可以自定义异常。

8.4.1　异常处理的基本使用

异常处理语句语法格式一：

```
try :
    <语句块 1>
except <异常类型> :
    <语句块 2>
```

例 8.15　异常处理示例：

```
try:
    num = eval(input("请输入一个数: "))
    print(num**2)
```

```
except:
    print("输入不是一个数值")
```

8.4.2　异常处理的高级使用

异常处理基本语句语法格式二：

try：
    <语句块 1>
except：
    <语句块 2>
else：
    <语句块 3>
finally：
    <语句块 4>

finally 对应的语句块 4 一定执行，else 对应的语句块 3 在不发生异常时执行。

例 8.16　异常处理的高级使用示例：

```
flag = False
while (flag == False):
    try:
        num =int(input("请输入一个整数："))
        print(num**2)
    except:
        print("输入错误！请重新输入一个整数！")
    else:
        flag = True
    finally :
        print("输入一个数!")
```

8.5　datetime 库的使用

datetime 模块是 date 模块和 time 模块的合集，datetime 有两个常量，即 MAXYEAR 和 MINYEAR，分别是 9999 和 1。

datetime 模块定义了 5 个类，如表 8.3 所示。

表 8.3 datetime 模块

类	描述
datetime.date()	日期,由年、月、日组成
datetime.datetime()	包括日期和时间
datetime.time()	时间,由时、分、秒及微秒组成
datetime.timedelta()	时间间隔
datetime.tzinfo()	时区的相关信息

导入 datetime 模块的语句可以是下面之中的任一种:

```
from datetime import date
from datetime import datetime
from datetime import time
from datetime import timedelta
from datetime import tzinfo
from datetime import *        #不知道用哪个模块 全部导入就可以
```

8.5.1 datetime.date 类

datetime.date 类的介绍见表 8.4。

表 8.4 datetime.date 类

方法	描述	示例
date.max	对象所能表示的最大日期	datetime.date(9999, 12, 31)
date.min	对象所能表示的最小日期	datetime.date(1, 1, 1)
date.strftime()	根据 datetime 自定义时间格式	>>>date.strftime(datetime.now(), '%Y-%m-%d %H:%M:%S') '2016-11-12 07:24:15'
date.today()	返回当前系统日期	>>> date.today() datetime.date(2016, 11, 12)
date.isoformat()	返回 ISO 8601 格式时间(yyyy-mm-dd)	>>> date.isoformat(date.today()) '2016-11-12'
date.fromtimestamp()	根据时间戳返回日期	>>> date.fromtimestamp(time.time()) datetime.date(2016, 11, 12)
date.weekday()	根据日期返回星期几,周一是 0,以此类推	>>> date.weekday(date.today()) 5
date.isoweekday()	根据日期返回星期几,周一是 1,以此类推	>>> date.isoweekday(date.today()) 6
date.isocalendar()	根据日期返回日历(年, 第几周, 星期几)	>>> date.isocalendar(date.today()) (2016, 45, 6)

8.5.2　datetime.datetime 类

datetime.datetime 类介绍见表 8.5。

表 8.5　datetime.datetime 类

方法	描述	示例
datetime.now()/datetime.today()	获取当前系统时间	>>> datetime.now() datetime.datetime(2016, 11, 12, 7, 39, 35, 106385)
datetime.isoformat()	返回 ISO 8601 格式时间	>>> datetime.isoformat(datetime.now()) '2016-11-12T07:42:14.250440'
datetime.date()	返回时间日期对象，年月日	>>> datetime.date(datetime.now()) datetime.date(2016, 11, 12)
datetime.time()	返回时间对象，时分秒	>>> datetime.time(datetime.now()) datetime.time(7, 46, 2, 594397)
datetime.utcnow()	UTC 时间比中国时间早 8 个小时	>>> datetime.utcnow() datetime.datetime(2016, 11, 12, 15, 47, 53, 514210)

8.5.3　datetime.time 类

datetime.time 类介绍见表 8.6。

表 8.6　datetime.time 类

方法	描述	示例
time.max	所能表示的最大时间	>>> time.max datetime.time(23, 59, 59, 999999)
time.min	所能表示的最小时间	>>> time.min datetime.time(0, 0)
time.resolution	时间最小单位，1 微秒	>>> time.resolution datetime.timedelta(0, 0, 1)

8.5.4　datetime.timedelta 类

timedelta 对象表示两个不同时间之间的差值。如果使用 time 模块对时间进行算术运行，只能将字符串格式的时间和 struct_time 格式的时间对象先转换为时间戳格式，然后对该时间戳加上或减去 n 秒，最后再转换回 struct_time 格式或字符串格式，这显然很不方便。而 datetime 模块提供的 timedelta 类可以让我们很方便地对 datetime.date、datetime.time 和 datetime.datetime 对象做算术运算，且两个时间之间的差值单位也更加容易控制。

这个差值的单位可以是天、秒、微秒、毫秒、分钟、小时、周。

timedelta 类包含如下属性：

(1) days，代表天数(-999999999, 999999999)。

(2) microseconds，代表微秒数(0, 999999)。

(3) seconds，代表秒数(0, 86399)。

(4) total_seconds，代表时间差中包含的总秒数。

8.5.5　datetime.tzinfo 类

在现实环境中，存在多个时区。用户之间很有可能存在于不同的时区，并且许多国家都拥有自己的一套夏令时系统。所以如果网站面向的是多个时区用户，只以当前时间为标准开发，便会在时间计算上产生错误。为解决此类问题，在代码和数据库中统一使用 UTC 时间。Python 的 datatime.datetime 对象有一个 tzinfo 属性，该属性是 datetime.tzinfo 子类的一个实例，被用来存储时区信息，下面举例说明。

例 8.17　datetime 模块实例：

```
>>>from datetime import date
>>>from datetime import datetime
>>>from datetime import time
>>>from datetime import timedelta
>>>from datetime import tzinfo
>>> now =datetime.now()           #获取当前日期时间
>>> today = date.today()          #获取当前日期时间
>>> now.date()                    #获取当前日期
>>> now.time()                    #获取当前时间
>>>time1 =datetime(2018, 10, 20)
>>>time2 = datetime(2017, 11, 2)
>>> (time1-time2).days            #计算天数差值
>>> mlast_day = date(today.year, today.month, 1) - \
    timedelta(1)    #获取上个月第一天的日期
>>> mfirst_day = date(mlast_day.year, mlast_day.month, \
    1)   #获取上个月最后一天的日期
>>>datetime(2019,2,25,16,8,26)         #自己定义时间格式
>>>datetime.strptime('2019-02-25 16:08:26', '%Y-%m-%d %H: \
    %M:%S')   #自己定义时间格式
    #将 datetime 转化成 timestamp 格式
>>> datetime(2019,2,25,16,8,26).timestamp()
    #将 timestamp 转化成 datetime 格式
>>>datetime.fromtimestamp(1487750726.0)
```

```
    #将 datetime 转化成 str 格式
>>>datetime(2019,2,25,16,8,26).strftime('%Y-%m-%d %H:%M:%S')
    #利用 timedelta 进行时间相加
 >>>datetime.strptime('2019-02-25 16:08:26', '%Y-%m-%d\
%H:%M:%S')+timedelta(hours=10,days=2)
    >>>datetime.strptime('2019-02-25 16:08:26','%Y-%m-%d %H:\
%M:%S') - timedelta(hours=1)   #利用 timedelta 进行时间相减
```

本 章 小 结

采用结构化程序设计方法，程序结构清晰，易于阅读、测试、排错和修改。本章主要介绍了 Python 语言程序的三种控制结构：顺序结构、分支结构、循环结构。顺序结构就是按照写的代码顺序执行，也就是一条一条语句顺序执行。分支结构是程序代码根据判断条件选择执行特定的代码。若条件为真，则程序执行一部分代码，否则执行另一部分代码。循环结构是指在满足一定的条件下，重复执行某段代码的一种编码结构。Python 的循环结构中，常见的循环结构是 for 循环和 while 循环。同时介绍了在程序运行过程中如何使用 try…except 语句来处理异常。最后介绍了 datetime 库的使用。

思 考 题

1. 标准程序流程图的符号及使用约定是什么？
2. 如果希望得到下个月的今天，该怎么做呢？
3. Python 程序分支结构有哪几种类型？
4. for 循环语句和 while 循环语句有什么异同？
5. 关于 try…except，哪些类型的异常是可以捕获的？

第9章 基本数据类型

内容提要：本章介绍两种基本数据类型，即数值数据类型和字符串数据类型。其中数值数据类型包括整型、浮点型和复数型，并介绍数据类型的转换、数据类型的运算、运算符优先级、字符串基本操作、字符串类型的格式化等，在 Python 中数据的运算是通过运算符来完成的。

9.1 数值数据类型

9.1.1 整型

整型(int)：整型通常称为整数类型，可以是正整数、负整数和零，无小数点，在 Python 中，整型没有取值大小的限制，但是会受计算机内存大小的限制。

(1) 在 Python 中，整型有下列 4 种表示方法：

十进制整数，如 1、2、3、96、1000 等。

二进制整数，以 0B 开头，0B 称为引导符，B 可以是大写或小写，如 0B110、0b101、0B111 等。

八进制整数，以 0O 开头，0O 称为引导符，O 可以是大写或小写，如 0O17、0O123、0O567 等。

十六进制整数，以 0X 开头，0X 称为引导符，X 可以是大写或小写，如 0X1459、0X12AB、0XCDEF 等。

(2) type 函数用来判断对应的数字类型，例如：

```
>>> type(16)
<class 'int'>
>>> type(0B110)
<class 'int'>
>>> type(0o17)
<class 'int'>
>>> type(0x12AB)
<class 'int'>
```

通过以上输出结果可知，输入的数字都是整数类型。

9.1.2　浮点型

浮点型(float)数据由整数部分与小数部分组成，Python 中将带小数点的数字都称为浮点数，浮点数也可以使用科学计数法表示。

1. 浮点数的表示方法

浮点数如 12.0、25.046、150.25、1.5E3、3.2e–2 等，其中，科学计数法中的 E 和 e 表示以 10 为基数的幂的符号，如 1.5E3 的数学表达式为 1.5×10^3。

2. 通过 type(数字)来判断对应的数字类型

例如：

```
>>> type(12.0)
<class 'float'>
>>> type(130.25)
<class 'float'>
>>> type(1.5E3)
<class 'float'>
>>> type(3.2e-2)
<class 'float'>
```

通过以上输出结果可知，输入的数字都是浮点型数据。

9.1.3　复数型

复数(complex)由实数(real)部分和虚数(imag)部分构成，可以用 a+bj 或 complex(a,b)表示，复数的实部为 a，虚部为 b。

1. 复数的表示方法

2+3j 中的 2 为实部，3 为虚部；6.1+7.5j 中的 6.1 为实部，7.5 为虚部。

2. 通过 type(数字)来判断对应的数字类型

例如：

```
>>> type(2+3j)
<class 'complex'>
>>> type(6.1+7.5j)
<class 'complex'>
```

3. 获取复数实数和虚数的方法

复数的实部可以通过"复数.real"取出，而复数的虚部可以通过"复数.imag"取出，例如：

```
>>> x=2+3j
>>> x.real
2.0
>>> x.imag
3.0
```

9.1.4　数据类型的转换

通过 Python 可能实现对数据内置的类型进行转换，只需要将数据类型作为函数名即可。数据类型的转换方法如下：

int(x)将 x 转换为一个整数。

float(x)将 x 转换为一个浮点数。

complex(x)将 x 转换为一个复数，实数部分为 x，虚数部分为 0。

complex(x, y)将 x 和 y 转换为一个复数，实数部分为 x，虚数部分为 y，x 和 y 是数字。

例如，x=3.6，y=5：

```
>>> x=3.6
>>> int(x)
3
>>> y=5
>>> float(y)
5.0
>>> complex(y)
(5+0j)
>>> complex(x,y)
(3.6+5j)
```

9.2　数据类型的运算

9.2.1　运算符

运算符是一些特殊符号的集合，如加(+)、减(−)、乘(*)、除(/)、整除(//)、取余(%)等都是运算符。操作对象是由运算符连接起来的对象。加、减、乘、除四种运算符是我们从小学就开始接触的，不过乘除的写法不一样，这个要记住。

1. 算术运算符

算术运算符见表 9.1。

表 9.1　算术运算符

运算符	含义
+	加法
−	减法
*	乘法
/	除法
%	模运算符或求余运算符，返回余数
//	整除，其结果是商的小数点后的数舍去
**	指数，执行对操作数幂的计算

根据表 9.1 所示的算术运算符，完成如下运算：

```
>>> 25+12
37
>>> 37*2
74
>>> 74/3
24.666666666666668
>>> 74%3
2
>>> 74//3
24
>>> 3**2
9
```

2. 关系运算符

关系运算符见表 9.2。

表 9.2　关系运算符

运算符	含义
==	检查两个操作数的值是否相等，若相等则结果为 True
!=	检查两个操作数的值是否不相等，若不相等则结果为 True

运算符	含义
>	检查左操作数的值是否大于右操作数的值，若是则结果为 True
<	检查左操作数的值是否小于右操作数的值，若是则结果为 True
>=	检查左操作数的值是否大于或等于右操作数的值，若是则结果为 True
<=	检查左操作数的值是否小于或等于右操作数的值，若是则结果为 True

根据表 9.2 所示的关系运算符，完成如下运算：

```
>>> a=6
>>> b=9
>>> a==b
False
>>> a!=b
True
>>> a>b
False
>>> a<b
True
>>> a>=b
False
>>> a<=b
True
```

3. 逻辑运算符

逻辑运算符见表 9.3。

表 9.3　逻辑运算符

运算符	描述
and	逻辑与运算符，如果两个操作数都是真(非零)，那么结果为真
or	逻辑或运算符，如果有两个操作数至少一个为真(非零)，那么结果为真
not	逻辑非运算符，用于反转操作数的逻辑状态，如果操作数为真，那么将返回 False，否则返回 True

True and True 结果是 True，True and False 结果是 False。

True or True 结果是 True，True or False 结果是 True。

not True 结果是 False，not False 结果是 True。

根据表 9.3 所示的逻辑运算符，完成如下运算：

```
>>> a=False
>>> b=True
>>> a and a
False
>>> a and b
False
>>> b and b
True
>>> a or a
False
>>> a or b
True
>>> b or b
True
>>> not a
True
>>> not b
False
```

9.2.2 运算符优先级

优先级是指当某些运算符同时出现时优先执行哪些运算符，而这个优先程度就是运算符的优先级。关于运算符的优先级规律，只需要记住如下优先级排序规则即可。当一个表达式中出现多个操作符时，求值的顺序依赖于优先级规则。

1. Python 遵守运算符优先级规则

Python 的运算符优先级规则遵守数学操作符的传统规则，如表 9.4 所示。

表 9.4 运算符优先级规则

优先级	运算符	描述
1	**	幂
2	~	翻转
3	/、%、//、*	除、取模、整除、乘

续表

优先级	运算符	描述
4	+、−	加法、减法
5	>>、<<	左、右按位转移
6	&	按位与
7	^、|	按位异或、按位或
8	<=、<、>、>=	比较(即关系)运算符
9	==、!=、<>	比较(即关系)运算符
10	=、%=、/=、//=、−=、+=、*=、**=	赋值运算符
11	is、is not	标识运算符
12	in、not in	成员运算符
13	not、and、or	逻辑运算符

在 Python 语言里，优先级高的运算符先做运算。幂运算符的优先级最高，乘除运算符的优先级高于加减。

在 Python 里加减运算符和乘除运算符都采用从左到右的结合顺序，幂运算符则采用从右到左的结合顺序。

2. 运算符优先级实例

(1) 括号拥有最高优先级，可以强制表达式按照需要的顺序求值，括号中的表达式会优先执行，也可以利用括号使得表达式更加易读。

例如，对于一个表达式，采用和不采用括号的运算结果如下：

```
>>> X=(10+5)**2
>>> print(X)
225
>>> X=10+5**2
>>> print(X)
35
```

(2) 幂运算操作拥有次高的优先级，例如，幂运算优先于乘除运算，如下示例：

```
>>> X=5*4**2
>>> print(X)
80
>>> X=(5*4)**2
>>> print(X)
```

```
400
```

(3) 乘法和除法优先级相同，当乘法和除法同时出现时，从左到右顺序运算，例如：

```
>>> X=10+5*6/3//3
>>> print(X)
13.0
>>> X=10+5/3*6//3
>>> print(X)
13.0
```

9.3 字符串数据类型

9.3.1 字符串

字符串(string)是由数字、字母、下划线组成的一串字符，它是编程语言中表示文本的数据类型。

1. 字符串的基本操作符

字符串最常用的描述方法是用一对单引号或者一对双引号括起的系列字符，如‘abcdefg’"1234567""学习 python"‘123abc’等都是字符串，字符串的基本操作符如表 9.5 所示。

表 9.5　字符串的基本操作符

操作符	描述
+	字符串连接
*	重复输出字符串
in	成员运算符，如果字符串中包含给定的字符，则返回 True
not in	成员运算符，如果字符串中不包含给定的字符，则返回 True
[]	通过索引获取字符串中的字符
[:]	截取字符串中的一部分

2. 字符串基本操作

加法运算符(+)不仅能起到加法运算的作用，还能起到连接字符串的作用，即实现字符串的连接。

(1) 字符串的连接：

```
>>> a="python"
>>> b="学习"
>>>print(a+b)
'python学习'
```

(2) 用 in 和 not in 来判断：

```
>>> "python" in "python学习"
True
>>> "123" not in "python学习"
True
```

(3) 重复输出字符串，用*可以重复输出字符串，例如：

```
>>>2*"good"
'goodgood'
>>> "good"*2
'goodgood'
```

(4) 字符串索引和切片。

索引：Python 的字符串列表有两种顺序：①从左到右排列默认从 0 开始，如 0、1、2、3，最大范围是字符串长度减 1；②从右到左默认从–1 开始，如–1、–2、–3、–4 等。

例如：

```
>>> "trewqgfdsa"[0]
't'
>>> "trewqgfdsa"[1]
'r'
>>> "trewqgfdsa"[-1]
'a'
>>> "trewqgfdsa"[-2]
's'
```

切片：要实现从字符串中提取部分字符，可以使用操作符[:]截取字符串中的一部分，就可以获得相应的字符串。例如：

```
>>> "trewqgfdsa"[0:4]
'trew'
```

```
>>> "trewqgfdsa"[1:4]
'rew'
```

9.3.2　字符串类型的格式化

1. format 方法

字符串 format 方法的基本使用格式为
<模板字符串>.format(<逗号分隔的参数>)
例如:

```
>>> S=6+4*2
>>> print("S={:.2f}".format(S))
S=14.00
```

2. 转义字符

Python 的字符串的输入过程中,有些字符无法用普通字符形式写出,如换行、退格等。为了能在字符串里写这些字符,Python 规定了一些转义字符,如表 9.6 所示。

表 9.6　转义字符

转义字符	描述
\'	单引号
\"	双引号
\a	响铃
\b	退格(Backspace)
\n	换行
\v	纵向制表符
\t	横向制表符
\r	回车
\f	换页
\e	转义
\(在尾行时)	续行符
\\	反斜杠符号
\000	空

(1) 如果要在一段字符串中设置换行,可在需要换行的后面插入"\n",例如:
```
>>> print("Please remember that you are only allowed to
```

submit one draft \n version of your coursework every day
so leave yourself plenty of \n time to revise and resubmit
your final version of the coursework.")
　　Please remember that you are only allowed to submit one
draft
　　　version of your coursework every day so leave yourself
plenty of
　　　time to revise and resubmit your final version of the
coursework.

(2) 横向制表符。例如：

print("学号\t 姓名\t 性别\t 班级")
print("201801\t 李立\t 男\t 计机 18-1")

运行结果为：

学号　　姓名　性别　班级
201801　李立　男　　计机 18-1

9.3.3　字符串的常用函数

字符串的处理过程中，可以通过常用函数实现数制间的转换，如表 9.7 所示。

表 9.7　字符串的常用函数

str(x)	将对象 x 转换为字符串
len(x)	返回字符串 x 的长度
eval(str)	用来计算字符串中的有效 Python 表达式，并返回一个对象
chr(x)	将一个整数 ASCII 码转换为一个字符
ord(x)	将一个字符转换为它的 ASCII 整数值(汉字为 Unicode 编码)
bin(x)	将整数 x 转换为二进制字符串
oct(x)	将一个数字转换为八进制
hex(x)	将整数 x 转换为十六进制字符串

1. 常用函数的应用

1) str 函数
str 函数可以将数字等转换成字符串。
例如，用 str 函数输出用单引号括起来的字符串，代码如下：

```
>> X=123456
```

```
>>> str(X)
'123456'
```

2) len 函数

len 函数用于返回字符串的长度，例如：

```
>>> s="zxcvbnm"
>>> len(s)
7
```

3) eval(str)函数

eval(str)函数可能实现将字符串转换为数字类型及实现数字的运算等，例如：

```
>>> eval("12345")
12345
>>> eval("2+6")
8
>>> a=3
>>> b=7
>>> eval("a+b")
10
```

4) chr(x)函数

x 可以是十进制形式的数字，也可以是十六进制形式的数字，由于 ASCII 码表中用 8 位二进制进行编码，最高位为 0，实际是只用了 7 位二进制进行编码，编码的范围是 00000000～01111111，对应的十进制数是 0～127 的整数，对应的十六进制数是 0～7F。利用 chr(x)函数，x 可以输入十进制数是 0～127 的整数，也可以输入十六进制数是 0～7F 的整数，返回值是当前整数对应的 ASCII 码。从 ASCII 码对照表中可以得到字符对应的编码对应的十六进制数及十进制数如下：

```
0～9    00110000～00111001    30H～39H    48D～57D
A～Z    01000001～01011010    41H～5AH    65D～90D
a～z    01100001～01111010    61H～7AH    97D～122D
```

例如，在 ASCII 码对照表中，字符 N 对应的编码是 01001110，对应的十进制数是 78，对应的十六进制数是 4E，通过 Python 验证如下：

```
>>> chr(78)
'N'
>> chr(0X4E)
'N'
```

5) ord(x)函数

ord(x)函数将一个字符转换为它的 ASCII 码整数值，如果输入的是汉字，则转换为 Unicode 编码。

例如，ASCII 码表中的字符 a 对应的十进制数为 97：

```
>>> ord("a")
97
>>> ord("上")
19978
```

6) bin(x)函数

bin(x)函数将整数 x 转换为二进制字符串，例如：

```
>>> bin(10)
'0B1010'
```

7) oct(x)函数

oct(x)函数将一个数字转换为八进制，例如：

```
>>> oct(10)
'0O12'
```

8) hex(x)函数

hex(x)函数将整数 x 转换为十六进制字符串，例如：

```
>>> hex(3)
'0x3'
>>> hex(15)
'0xf'
```

2. 字符串的几个常用函数和操作方法

字符串的几个常用函数和操作方法见表 9.8。

表 9.8　字符串的几个常用函数和操作方法

函数	描述
str.lower()	将字符串中的大写字母转换为小写字母
str.upper()	将字符串中的小写字母转换为大写字母
str.find()	可以查找字符在原字符串中首次出现的位置
str.split()	按指定的分隔符将字符串拆分成多个字符子串，返回值为列表
str.format()	返回字符串的一种排版格式
str.islower()	当字符串中的字符都是小写时，返回 True
str.isupper()	当字符串中的字符都是大写时，返回 True

(1) upper 方法示例:

```
>> a="lkjhgfd"
>>> a.upper()
'LKJHGFD'
```

(2) find 方法。find 方法可以查找字符在原字符串中首次出现的位置,字符串的排序方法是:从左到右是从 0,1,2,…的顺序,如果是从右到左则是从–1,–2,–3,…的顺序,find 方法查找的位置是采用从左到右的顺序。如果没有找到,则返回–1。例如:

```
>>>a="4534567989"
>>>a.find("5")
1
>>>a="trewq"
>>>a.find("w")
3
>>>a.find("q")
4
>>> a.find("a")
-1
```

(3) lower 方法。lower 方法可以将字符串中的大写字母转换为小写字母。例如:

```
>>> a="GFDSAHJKL"
>>> a.lower()
'gfdsahjkl'
```

(4) split 方法。split 方法是按指定的分隔符将字符串拆分成多个字符子串,返回值为列表。例如:

```
>>> a="python,123,学习"
>>> a.split()
['python,123,学习']
```

9.4　math 库

Python 语言提供了大量的内置函数、标准库函数、第三方模块函数。math 库是 Python 提供的内置数学类函数库。

9.4.1 math 库的导入

用 import 形式导入 math 库，一般形式为

```
import math
```

在调用 import 导入 math 库的函数时，必须使用"math.函数名"来调用，例如：

```
>>> import math
>>> math. pow(x,y)
```

当输入"math."时会弹出 math 库中的所有函数的选择窗口，如图 9.1 所示。

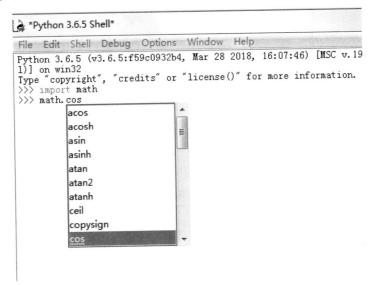

图 9.1 math 库的调用方法

9.4.2 常用的 math 库函数

(1) 常用的 math 库函数如表 9.9 所示。

表 9.9 常用的 math 库函数

函数	数学表示	描述
math.pi	π	圆周率，值为 3.141592653589793
math.e	e	自然对数，值为 2.718281828459045
math.inf		正无穷大，负无穷大为-math.inf
math.fmod(x, y)	x％y	返回 x 与 y 的模
math.fsum([x,y,…])	x+y+…	浮点数精确求和

续表

函数	数学表示	描述
math.ceil(x)		向上取整，返回不小于 x 的最小整数
math.floor(x)		向下取整，返回不大于 x 的最大整数
math.trunc(x)		返回 x 的整数部分
math.modf(x)		返回 x 的小数和整数部分
math.copysign(x, y)		用数值 y 的正负号替换数值 x 的正负号
math.isclose(a,b)		比较 a 和 b 的相似性，返回 True 或 False
math.pow(x,y)	x^y	返回 x 的 y 次幂
math.exp(x)	e^x	返回 e 的 x 次幂，e 是自然对数
math.sqrt(x)	$\sqrt{x}$	返回 x 的平方根
math.log(x,b)	$\log_b x$	返回 x 的以 b 为底的对数
math.log10(x)		返回 x 的 10 对数值

(2) math 库的三角函数如表 9.10 所示。

表 9.10　　math 库的三角函数

函数	数学表示	描述
math.sin(x)	sin x	返回 x 的正弦函数值，x 是弧度值
math.cos(x)	cos x	返回 x 的余弦函数值，x 是弧度值
math.tan(x)	tan x	返回 x 的正切函数值，x 是弧度值
math.asin(x)	arcsin x	返回 x 的反正弦函数值，x 是弧度值
math.acos(x)	arccos x	返回 x 的反余弦函数值，x 是弧度值
math.atan(x)	arctan x	返回 x 的反正切函数值，x 是弧度值
math.sinh(x)	sinh x	返回 x 的双曲正弦函数值
math.cosh(x)	cosh x	返回 x 的双曲余弦函数值
math.tanh(x)	tanh x	返回 x 的双曲正切函数值
math.asinh(x)	arcsinh x	返回 x 的反双曲正弦函数值
math.acosh(x)	arccosh x	返回 x 的反双曲余弦函数值
math.atanh(x)	arctanh x	返回 x 的反双曲正切函数值

续表

函数	数学表示	描述
math.degree(x)		角度 x 的弧度值转角度值
math.radians(x)		角度 x 的角度值转弧度值
math.hypot(x,y)		返回(x,y)坐标到原点(0,0)的距离

1. math 库常用函数应用实例

(1) 求圆周率 π 的值，例如：

```
>>> import math
>>> math.pi
3.141592653589793
```

(2) 求自然对数 e 的值，例如：

```
>>> import math
>>> math.e
2.718281828459045
```

(3) 用 fmod(x,y) 函数求 x％y 的模，返回余数，例如：

```
>>> import math
>>> math.fmod(10,3)
1.0
```

(4) 用 fsum([x,y,…])函数，求 x+y+…的浮点数精确求和，例如：

```
>>> import math
>>> math.fsum([1,2,3])
6.0
```

(5) 求 $\log_b x$ 的对数(x=2，b=4)的值，例如：

```
>>> import math
>>> math.log(2,4)
0.5
```

(6) 用 ceil(x)函数返回不小于 x 的最小整数，例如：

```
>>> import math
>>> math.ceil(10)
10
>>> math.ceil(10.5)
11
```

(7) 返回不大于 x 的最小整数，例如：

```
>>> import math
>>> math.floor(10.5)
10
```

(8) 用 trunc(x)函数返回 x 的整数部分，例如：

```
>>> import math
>>> math.trunc(10.5)
10
```

(9) 用 modf(x)函数返回 x 的小数部分和整数部分，例如：

```
>>> import math
>>> math.modf(10.5)
(0.5, 10.0)
```

(10) 用 pow (x,y)函数求 x 的 y 次幂，例如：

```
>>>  import math
>>> math.pow(6,2)
36.0
```

(11) 用 sqrt (x)函数求 x 的平方根，例如：

```
>>> import math
>>> math.sqrt(36)
6.0
```

2. 综合应用实例

(1) 用 Python 编写程序，笼子中有一些鸡和兔子，已知脚 f=60 只，头 h=20 只，求鸡和兔子各有多少只？

分析：用方程写出数学表达式，设鸡有 x 只，兔子有 y 只，则

$$x+y=h$$
$$2x+4y=f$$

解方程得

$$y=f/2-h$$
$$x=h-y$$

Python 程序如下：

```
h= int(input("请输入头的个数："))
f= int(input("请输入脚的个数："))
y=int(f/2-h)
```

```
x=int(h-y)
print("鸡有{}只".format(x))
print("兔子有{}只".format(y))
```

运行的结果为：

请输入头的个数：20

请输入脚的个数：60

鸡有 10 只

兔子有 10 只

(2) 用 Python 编写程序实现利率计算，假设银行的存款年利率为 5%，每月存 1000 元，计算半年或 1 年后账户余额是多少？

分析：设年利率为 r，则月利率为 m=r/12，每月存 a=1000 元，存款月数为 n。定投 n 月后账户余额的公式为

$$y=a(1+m)((1+m)^n-1)/m$$

Python 编写的程序如下：

```
r=float(input("请输入年利率："))
n=int(input("请输入存款月数："))
a=float(input("请输入每月存款额："))
m=float(r/12)
import math
y=a*(1+m)*(math.pow((1+m),n)-1)/m
print("账户的余额{:2f}元".format(y))
```

存 6 个月为账户的余额为 6088.11 元

存 12 个月账户的余额为 12330.02 元

本 章 小 结

数据类型是程序中最基本的概念，只有确定了数据类型，才能确定变量的存储及操作，通过本单元的学习，能将数学表达式通过 Python 语句计算出结果，能用 Python 编程方法解决数学和金融等方面的实际问题。Python 处理字符和字符串的方法是一样的，字符串必须用一对单引号或者一对双引号括起来。

思 考 题

1. Python 中的基本数据类型主要分为哪几种？

2. Python 中数字包含哪几种类型?

3. Python 中 type 函数可以用来输出什么?

4. 字符串(string)是由什么组成的?

5. 字符串最常用的描述方法是什么?

第 10 章　组合数据类型

内容提要：数据类型是一组性质相同的值的集合以及定义在这个值集合上的一组操作的总称。数据类型的出现方便了数据的处理，明确了数据在计算机内存的存储方式，能够充分利用内存。计算机不仅能对单个变量表示的数据进行处理，通常情况下，计算机更需要对一组数据进行批量处理。这种能够表示多个数据的类型称为组合数据类型。本章主要介绍 Python 语言中最常用的三大组合数据类型，分别是集合类型、序列类型和映射类型。

10.1　集合类型概述

Python 语言中最常用的组合数据类型有三大类，分别是集合类型、序列类型和映射类型。

集合类型是一个元素集合，元素之间无序，相同元素在集合中唯一存在。

序列类型是一个元素向量，元素之间存在先后关系，通过序号访问，元素之间不排他。序列类型的典型代表是字符串类型和列表类型。

映射类型是"键:值"数据项的组合，每个元素是一个"键:值"对，表示为 (key:value)。映射类型的典型代表是字典类型。

Python 语言中的集合类型与数学中的集合概念一致，即 set 集合，是一个无序且不重复的元素集合。包含 0 个或多个数据项的无序组合集合是无序组合，用花括号({})表示，它没有索引和位置的概念，集合中的元素可以动态增加或删除。

集合中的元素不可重复，元素类型只能是不可变数据类型，如整数、浮点数、字符串、元组等，相比较而言，列表、字典和集合类型本身都是可变数据类型，不能作为集合的元素出现。

集合元素间没有顺序，不能比较，不能排序。集合成员可以做字典中的键。集合支持用 in 和 not in 操作符检查成员，由 len 内建函数得到集合的基数(大小)，用 for 循环迭代集合的成员。但是因为集合本身是无序的，不可以为集合创建索引或执行切片(slice)操作，也没有键(key)可用来获取集合中元素的值。

集合的基本功能包括下面两种：

(1) 去重，即把一个还有重复元素的列表或元组等数据类型转换成集合，其中的重复元素只出现一次。对于一个包含重复元素的对象，如果要删除重复项，大多数程序设计语言常常会采用先排序再比较删除重复项的方法,但在 Python 中可以用集合便捷地解决这个问题。

(2) 进行关系测试,即测试两组数据之间的交集、差集、并集等数据关系。

需要注意的是,由于集合元素是无序的,集合的输出顺序与定义顺序可以不一致。

由于集合元素独一无二,使用集合类型能够过滤掉重复元素,例如:

```
>>> monthsset=set(['January','May','February','March',
'April','May'])
>>> monthsset
{'January', 'May', 'April', 'February', 'March'}
```

以上代码片段表明,尽管集合中的元素是不可重复的,但是集合元素在输入时是不受限制的,元素在输入集合后会自动去重。

集合类型有四个操作符,如表 10.1 所示。

表 10.1　集合类型的操作符及功能描述

操作符	功能描述
S|T	并运算,返回一个新集合,包括集合 S 和 T 中所有元素
S−T	差运算,返回一个新集合,包括在集合 S 中但不在集合 T 中的元素
S&T	交运算,返回一个新集合,包括同时在集合 S 和 T 中的元素
S^T	补运算,返回一个新集合,包括集合 S 和 T 中非共同元素

上述操作符表达了集合类型的四种基本操作,即并集、差集、交集、补集。逻辑与数学定义相同,如图 10.1 所示。

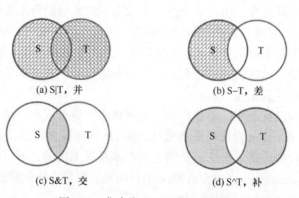

(a) S|T, 并　　　　　　(b) S−T, 差

(c) S&T, 交　　　　　　(d) S^T, 补

图 10.1　集合类型的四种基本操作

集合类型操作举例:

```
>>> x = set('云南财经大学')
```

```
>>> y = set('财经大学')
>>> x,y
({'财', '大', '云', '经', '学', '南'}, {'学', '财', '经',
'大'})
>>> x & y  # 交集
{'财', '经', '大', '学'}
>>> x | y  # 并集
{'云', '财', '经', '学', '南', '大'}
>>> x - y  # 差集
{'云', '南'}
>>> x^y  #补集
{'南', '云'}
```

集合类型有一些常用的操作函数或方法，如表 10.2 所示。

表 10.2　集合类型常用的操作函数、方法及功能描述

函数或方法	功能描述
S.add(x)	如果数据项 x 不在集合 S 中，则将 x 增加到 S
S.remove(x)	如果 x 在集合 S 中，移除该元素；不在则产生 KeyError 异常
S.clear()	移除 S 中所有数据项
len(S)	返回集合 S 元素个数
x in S	测试 x 是否是 S 的成员，如果 x 是 S 的元素，返回 True，否则返回 False
x not in S	测试 x 是否不是 S 的成员，如果 x 不是 S 的元素，返回 True，否则返回 False

集合类型常用的操作或方法举例如下。

(1) 创建集合：

```
>>>s = set()  #创建一个空集合
>>>t = {11,22,33,44}
>>>a=set('intelligence')
>>>print(a,type(a))
#注意，已经删除了重复元素
{'g', 'n', 't', 'l', 'e', 'i', 'c'} <class 'set'>
>>>c=set({"k1":'v1','k2':'v2'})
>>>e={('k1','k2','k2')}
>>>print(c,type(c))
```

```
>>>print(e,type(e))
```
执行结果如下：
```
{'k1', 'k2'} <class 'set'>
{('k1','k2', 'k2')} <class 'set'>
```
(2) 集合方法。

① S.add(x)：如果数据项 x 不在集合 S 中，则将 x 增加到 S。例如：
```
>>> S={'a','b','c','d'}
>>> S.add('e')
>>> S
{'d', 'a', 'c', 'e', 'b'}
```
② S.remove(x)：如果 x 在集合 S 中，则移除该元素，不在则产生 KeyError 异常。例如：
```
>>> S.remove('a')
>>> S
{'e', 'b', 'd', 'c'}
>>> S.remove('x')
Traceback (most recent call last):
  File "<pyshell#24>", line 1, in <module>
    S.remove('x')
KeyError: 'x'
```
③ S.clear()：移除 S 中所有数据项，获得一个空集合。例如：
```
>>> S.clear()
>>> S
set()
```
④ len(S)：返回集合 S 元素个数。例如：
```
>>> S={'a','b','c','d'}
>>> len(S)
4
```
⑤ x in S，成员关系测试。例如：
```
>>> 'c' in S
True
>>> 'y' in S
False
```

10.2　序列类型概述

数据结构是通过某种方式(如对元素进行编号)组织在一起的数据元素的集合，这些元素可以是数字或字符。在 Python 中，最基本的数据结构是序列(sequence)。本节重点讨论 Python 最常用的三种内建序列，即列表、元组、字符串。

序列类型是 Python 中最基本的数据结构，是一维元素向量，元素之间存在先后关系，因此所有元素都是有编号的，即序列中的每个元素都分配一个数字，代表它在序列中的位置(索引)。在 Python 中，序列类型与字符串类型一样，有两种索引方向，从左向右索引称为正数索引，第一个索引是 0，第二个索引是 1，依此类推；从右向左索引称为负数索引，索引为负值，负数索引表示从右向左开始计数，最后一个元素索引为–1，倒数第二为–2，依此类推。可以通过编号分别对序列的元素进行访问。当需要访问序列中某个特定值时，只需要通过下标标出即可。例如，需要找到第二个元素，即可通过 1 获得，如图 10.2 所示。

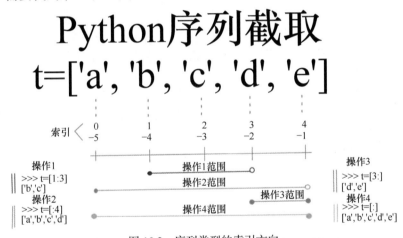

图 10.2　序列类型的索引方向

由于元素之间存在顺序关系，所以序列中可以存在数值相同但位置不同的元素。Python 语言中有很多数据类型都是序列类型，其中比较重要的是字符串类型和列表类型，还包括元组类型。

字符串类型可以看成单一字符的有序组合，属于序列类型，列表类型则是一个可以使用多种类型元素的序列类型。

1. 通用序列操作

这里说的通用序列操作是指大部分可变序列与不可变序列都支持的操作。操作符号说明如表 10.3 所示，通用序列的操作及功能描述如表 10.4 所示。

表 10.3　通用序列的操作符号说明

符号	说明
s, t	表示相同类型的序列
n, i, j, k	表示整数数值
x	表示序列 s 中满足条件约束的任意类型的元素
in(被包含) 和 not in	具有与比较操作相同的优先级
+(连接)和*(重复)	具有与相应数字操作相同的优先级

表 10.4　通用序列的操作及功能描述

操作	功能描述
x in s	如果序列 s 中包含 x 对象则返回 True，否则返回 False
x not in s	如果序列 s 中不包含 x 对象则返回 True，否则返回 False
s + t	对序列 s 和序列 t 做连接操作
s * n 或 n * s	等价于 n 个 s 相加
s[i]	表示序列 s 的第 i 个元素，i 初始值为 0
s[i:j]	序列 s 从下标 i 到下标 j 的切片(包含 s[i]，但不包含 s[j])
s[i:j:k]	序列 s 从下标 i 到下标 j 的切片，且步长为 k
len(s)	序列 s 的长度
min(s)	序列 s 中的最小值
max(s)	序列 s 中的最大值
s.index(x[, i[, j]])	x 在序列 s 中从下标 i 开始到下标 j 之前范围内第一次出现的位置
s.count(x)	x 在序列 s 中出现的总次数

2. 可变序列类型支持的操作

在通用序列操作中主要说明的是"查"操作，这里要说的是可变序列的"增""删""改"操作，操作符号说明如表 10.5 所示，可变序列的操作及功能描述如表 10.6 所示。

表 10.5　可变序列类型的操作符号说明

符号	说明
s	表示一个可变序列类型的实例
t	表示任何一个可迭代对象
x	表示序列 s 中满足条件约束的任意类型的元素(例如，bytearray 只接受满足 0 <= x <=255 约束的整型值)

表 10.6 可变序列类型的操作及功能描述

操作	功能描述
s[i] = x	将序列 s 中下标为 i 的元素用 x 替换
s[i:j] = t	将序列 s 中从 i 到 j 的切片用可迭代对象 t 的内容替换
s[i:j:k] = t	s[i:j:k]中的元素用可迭代对象 t 的内容替换
s *= n	更新序列 s 为 s 的 n 次重复的结果
del s[i:j]	删除序列 s 中从 i 到 j 的切片，等价于 s[i:j] = []
del s[i:j:k]	从序列 s 中删除 s[i:j:k]中的元素
s.pop() / s.pop(i)	获取序列 s 中标为 i 的元素，并从序列 s 中删除该元素；i 默认为–1，即默认删除并返回序列 s 的最后一个元素
s.remove(x)	从序列 s 中移除第一个等于 x(即 s[i] == x)的元素；如果 x 在序列 s 中不存在，则会抛出 ValueError 异常
s.clear()	移除序列 s 中的所有元素，等价于 del s[:]
s.append(x)	将 x 追加到序列 s 的末尾，等价于 s[len(s):len(s) = [x]]
s.extend(t)或 s+=t	将可迭代对象 t 中的元素拼接到序列 s 的末尾，大部分时候等价于 s[len(s):len(s)] = t
s.insert(i,x)	在序列 s 中下标为 i 的位置插入 x
s.copy()	创建一个序列 s 的浅拷贝，等价于 s[:]
s.reverse()	反转序列 s 中元素的位置，该方法直接对序列 s 本身做修改(可以节约空间)，不会返回被反转后的序列

10.3 列 表 类 型

10.3.1 列表的定义

列表是 Python 的一种最常见的内置数据类型，是一种无序的可重复的数据序列，可以随时添加和删除其中的元素。列表的长度一般是事先未确定的，并可在程序执行期间发生改变。列表的每个元素都分配一个数字索引，列表的创建使用两个方括号"[]"，并使用逗号作为元素的分割，也可以通过 list(x)函数将集合或字符串类型转换成列表类型，list 函数则可生成空列表。列表并不要求其元素的类型相同，只需将其元素通过逗号分隔开来即可。

10.3.2 列表基本特点

列表常量用方括号表示，列表对象是一种有序序列，其主要特点如下。

(1) 列表可以包含任意类型的对象：数字、字符串、列表、元组或其他对象。

(2) 列表是一个有序序列。与字符串类似，列表中的每一项按照从左到右的顺序，可通过位置偏移量进行索引和分片。

(3) 列表是可变的。首先，列表长度可变，即可添加或删除列表成员；其次，列表中的对象可直接修改。

(4) 列表存储的是对象的引用，每个列表成员存储的是对象的引用，而不是对象本身。

10.3.3 列表基本操作

列表基本操作包括创建列表、求长度、合并、重复、迭代、关系判断、索引、切片和矩阵等，例如：

```
>>> list1=[25,"云南财经大学","finance","Economics",'x']
>>> list1
[25, '云南财经大学', 'finance', 'Economics', 'x']
```

1. 列表的索引访问

索引是列表的基本操作，用于获得列表中的一个元素。该操作沿用序列类型的索引方式，即正数索引和负数索引，使用中括号[]作为索引操作符，索引序号不能超过列表的元素范围，否则会产生 IndexError 错误。

列表 list 对每个元素都指定了对应的从 0 开始的数字索引，也就是元素在 list 中的位置，程序可以通过这个索引来访问对应的元素。

例如，访问位置为 3 的元素：

```
>>> list2 = ['a','b','c','d','e','f','g','h','i','j']
>>> list2[3]
'd'
```

又如，访问最后一个元素：

```
>>> list2[-1]
'j'
```

同理，倒数第二个元素，依此类推：

```
>>> list2[-2]
'i'
```

2. 列表的切片访问

列表 list 访问元素是通过其索引来实现的，除了可以一个个地访问，也可以通过 list 的切片功能来实现批量访问。

切片访问列表采用 list_name[begin:end:step]来实现。begin 表示起始位置(默认为 0)，end 表示结束位置(默认为最后一个元素)，step 是步长(默认为 1)。

切片访问如果是连续的顺序元素，将不会包括最后一个元素。

对于切片操作 s[i:j[:k]]，如果 i 或 j 为负数，则索引是相对于字符串的尾部来计算的。如果 i 是负数，则 i 相当于 len(s)+i，如果 j 是负数，则 j 相当于 len(s)+j。

例如，访问位置从 1 开始到 5 结束的所有元素:

```
>>> list2 = ['a','b','c','d','e','f','g','h','i','j']
>>> list2[1:5]
['b', 'c', 'd', 'e'] # 输出的结果不包括下标为 5 的元素
```

另外，在前面的一些例子中，进行序列的操作时都定义了一个变量，其实不定义变量也可以直接操作，如:

```
>>> [0,1,2,3,4,5,6,7,8,9][-1]
9
>>> [0,1,2,3,4,5,6,7,8,9][-5:-1]
[5, 6, 7, 8]
>>> [0,1,2,3,4,5,6,7,8,9][1:-1]
[1, 2, 3, 4, 5, 6, 7, 8]
```

又如，访问最后三个元素:

```
>>> list2 = ['a','b','c','d','e','f','g','h','i','j']
>>> list2[-1:-4:-1]
['j', 'i', 'h']
```

3. 列表的遍历

可以使用遍历循环对列表类型的元素进行遍历操作，基本使用方法如下:

```
for <循环变量> in <列表变量>:
        <语句块>
```

10.3.4　列表类型的操作

1. 列表的操作函数

常用函数举例如下:

```
>>>list3='云南财经大学'
>>>s=list(list3) #利用 list(x)函数将字符串转变成列表类型
['云', '南', '财', '经', '大', '学']
>>> len(s)  # 获取列表长度
6
```

```
>>> len([1, 2, 3, 4, 5])  # 获取列表长度
5
```

2. 列表的操作及方法

方法是与对象有紧密联系的函数，对象可能是列表、数字，也可能是字符串或其他类型的对象。方法的调用语法如下：

<对象名称>.<方法名称>(<方法参数>)

由上面的语法可知：方法的定义方式是将对象放到方法名之前，两者之间用一个点号隔开，方法后面的括号中可以根据需要带上参数。除了语法上有一些不同，方法调用和函数调用很相似。

下面就列表中常用的方法逐一举例进行介绍：

```
>>> s = [1, 2, 3, 'a', 'b', 'c']
>>> 'a' in s  # 包含判断
True
>>> s * 2  # 重复2次
[1, 2, 3, 'a', 'b', 'c', 1, 2, 3, 'a', 'b', 'c']
>>> s[3]  # 获取下标为3的条目
'a'
>>> s[1:6:2]  # 获取列表s的切片，步长为2，下标分别为1,3,5
[2, 'a', 'c']
# 获取2在列表s中第一次出现的下标位置
>>> [1, 2, 3, 4, 2, 5, 6, 3, 2].index(2)
1
# 获取列表s从下标3开始查找2第一次出现的下标位置
>>> [1, 2, 3, 4, 2, 5, 6, 3, 2].index(2, 3)
4
>>> s = ['财','经']
>>> s.append('大学')  # 向s末尾追加一个条目
>>> s
['财', '经', '大学']
>>> s.insert(0,'云南')  # 向s开始位置插入一个条目
>>> s
['云南', '财', '经', '大学']
#扩展s，向s末尾拼接多个条目
>>> s.extend(['y','n','u','f','e'])
```

```
>>> s
['云南', '财', '经', '大学', 'y', 'n', 'u', 'f', 'e']
>>> s[4] ='Y'   # 将 s 中下标为 4 的条目替换为'Y'
>>> s
['云南', '财', '经', '大学', 'Y', 'n', 'u', 'f', 'e']
>>> s.remove('f')   # 移除 s 中的指定条目'f'
>>> s
['云南', '财', '经', '大学', 'Y', 'n', 'u', 'e']
>>> del s[1:5:2]   # 删除 s 中下标为 1,3 的条目
>>> s
['云南', '经', 'Y', 'n', 'u', 'e']
>>> s.reverse()   # 将 s 中元素位置进行反转，s 本身发生改变
>>> s
['e', 'u', 'n', 'Y', '经', '云南']
>>> s.copy()   # s 浅拷贝，s 本身不发生改变
['e', 'u', 'n', 'Y', '经', '云南']
>>> s
['e', 'u', 'n', 'Y', '经', '云南']
>>> s *= 2   # 相当于 s = s * 2
>>> s
['e', 'u', 'n', 'Y', '经', '云南', 'e','u','n','Y','经',
'云南']
```

10.4 元　　组

10.4.1 元组的特点

元组和列表在外形上有些相似，书写格式上列表用方括号标识，元组用圆括号标识，元组和列表的区别主要是：列表是可变的，而元组是不可变的，元组可以看成不可变的列表。

元组的主要特点如下：

(1) 元组可以包含任意类型的对象；

(2) 元组是有序的，元组中的对象可以通过位置进行索引和切片；

(3) 元组的大小不能改变，既不能为元组添加对象，也不能删除元组中的对象，元组中的对象也不能改变；

(4) 与列表类似，元组中存储的是对象的引用，而不是对象本身。

10.4.2　元组的基本操作

元组的基本操作包括创建元组、求长度、合并、重复、迭代、关系判断、索引、切片等。

(1) 创建元组：

```
>>>tup1 = ('physics', 'chemistry', 1997, 2000)
>>> tup2 = (1, 2, 3, 4, 5, 6, 7 )
>>>tup3 = "a", "b", "c", "d"
```

创建空元组：

```
>>>tup1 = ()
```

(2) 索引和切片。因为元组也是一个序列，所以可以访问元组中指定位置的元素，使用下标索引来访问元组中的值，也可以截取索引中的一段元素，例如：

```
>>>tup1[0]
physics
>>>tup2[1:5]
(2, 3, 4, 5)
```

(3) 修改元组。元组中的元素值是不允许修改的，但可以对元组进行连接组合，例如：

```
>>>tup1 = (12, 34.56)
>>>tup2 = ('abc', 'xyz')
>>> tup1+tup2
(12, 34.56, 'abc', 'xyz')
```

(4) 删除元组。元组中的元素值是不允许删除的，但可以使用 del 语句来删除整个元组，例如：

```
>>>tup = ('physics', 'chemistry', 1997, 2000)
>>> tup
>>>del tup
```

(5) 元组运算符。与字符串一样，元组之间可以使用"+"和"*"进行运算，这就意味着它们可以组合和复制，运算后会生成一个新的元组，例如：

```
# 创建一个新的元组
>>>tup3 = tup1 + tup2
>>>tup3
```

以上实例输出结果：

```
(12, 34.56, 'abc', 'xyz')
```

```
>>>tup4=tup2*3
>>> tup4
('abc', 'xyz', 'abc', 'xyz', 'abc', 'xyz')
```
(6) 遍历元组。可用迭代遍历元组中的各个对象，例如：
```
>>>tup1 = ('physics', 'chemistry', 1997, 2000)
>>> for i in tup1:
print(i)
```
(7) 关系判断。in 操作符可用于判断对象是否属于元组，例如：
```
>>> 'chemistry' in tup1
True
```
(8) 元组内置函数。Python 元组包含了以下内置函数，如表 10.7 所示。

表 10.7　元组内置函数及功能描述

函数名	功能描述
len(tuple)	计算元组元素个数
max(tuple)	返回元组中元素的最大值
min(tuple)	返回元组中元素的最小值
tuple(seq)	将列表转换为元组

举例如下：
```
>>> tup6 = ('a', 'b', 'c','d')
>>> len(tup6)
4
>>> ls1=['信','息','学','院']
>>> type(ls1)
<class 'list'>
>>> tup7=tuple(ls1)
>>> type(tup7)
<class 'tuple'>
>>> tup7
('信', '息', '学', '院')
```

10.5　range 对象

Python 中使用 range 函数生成 range 对象，执行时一边计算一边产生值(类似一个生成器),生成一个不可变的整数序列。

常见 range 函数的语法如下:

```
range(start, end, step=1)
range (start.end)
range (end)
```

其中,start 是起始值,end 是终值(不包含),与切片操作中的起始值和终值含义相似。step 为步长,缺省为 1,可以为负数。end 大于 start(step 为负数)或者 end 小于 start(step 为正数)时生成的是空序列,step 不能为 0,否则会产生异常。

range 对象常用在 for 循环结构中表示循环次数,这里先用 list 函数将其转换获得相应的列表来观察 range 函数的使用,例如:

```
>>> list(range(3,11))
[3, 4, 5, 6, 7, 8, 9, 10]
>>> list(range(11))
[0, 1, 2, 3, 4, 5, 6, 7, 8, 9, 10]
>>> list(range(3,11,2))
[3, 5, 7, 9]
>>> list(range(0,-10,-1))
[0, -1, -2, -3, -4, -5, -6, -7, -8, -9]
>>> list(range(0))
[]
>>> list(range(1,0))
[]
```

注意:在 Python2.x 中 range 和 xrange 这两个函数均可以生成列表,前者会产生一个真实的列表,后者产生一个类似生成器的对象,在 Python3.x 中去掉了 xrange 函数,保留的 range 函数的功能与 Python2.x 中的 xrange 一致。

10.6 字　　典

10.6.1　字典的定义

目前 Python 中只有一种标准映射类型,就是字典(dict)。dict 和 set 集合一样也用花括号表示,但是花括号中的每个元素都是一个"键:值"对。字典中的键值对也是无序的,且 key 必须是不可变类型,如字符串、数字、布尔值和不包含可变类型的元组 tuple。另外,同一个字典中,key 不能重复,否则会覆盖之前的值。

字典这个数据结构的功能就跟它的名字一样,可以像《汉语字典》一样使用。

在使用汉语字典时，可以从头到尾一页一页查找某个字，也可以通过拼音索引或笔画索引快速找到某个字，在《汉语字典》中找拼音索引和笔画索引非常轻松简单。

在 Python 中对字典进行了构造，让人们可以轻松查到某个特定的键(类似拼音或笔画索引)，从而通过键找到对应的值(类似于具体某个字)。

字典是一种无序的映射的集合，由多个键及其对应的值构成的"键:值"对组成。字典的每个"键:值"((key:value))对用冒号(:)分隔，每个项之间用逗号(,)分隔，整个字典包括在花括号({})中。空字典(不包括任何项)由两个花括号组成，如{}。键必须是唯一的，但值不必唯一。值可以取任何数据类型，键必须是不可变的，如字符串、数字或元组。例如，sinfo 是一个字典：

```
sinfo={'201705006083':' 张 斌 ','201705007124':' 方 媛 ','201705008679':'苏雅'}
```

其中，学号就是键，从键可以找到相应的值，即名字，sinfo 结构如表 10.8 所示。

表 10.8　字典 sinfo 的"键:值"对

key(学号)	value(姓名)
201705006083	张斌
201705007124	方媛
201705008679	苏雅

10.6.2　字典的特点

字典具有下列主要特点：

(1) 字典的键通常采用字符串，但也可以用数字、元组等不可变的类型。

(2) 字典值可以是任意类型。

(3) 字典也可称为关联数组或散列表，它通过键映射到值；字典是无序的，它通过键来索引映射的值，而不是通过位置来索引。

(4) 字典属于可变映射，通过索引来修改映射的值。

(5) 字典长度可变，可为字典添加或删除"键:值"对。

(6) 字典可以任意嵌套，即键映射的值可以是一个字典。

(7) 字典存储的是对象的引用，面不是对象本身。

10.6.3　字典的基本操作

字典基本操作包括创建字典、求长度、关系判断和索引等。

1. 创建字典

可用多种方法来创建字典，例如：

```
>>>{}        #创建空字典
{}
>>>dict()
{}
>>>{'name': '张斌', 'age': 18, 'sex': 'male'}      #使用字典常量
{'sex': 'male', 'age': 18, 'name': '张斌'}
>>>{'book':{'Python编程':100, '大学语文':89}}        #使用嵌套的字典
{'book': {'大学语文': 89, 'Python编程': 100}}
>>> {1: 'one',2: 'two1'}       #用数字作为键
{1: 'one', 2: 'two1'}
>>>dict( name="张斌",age=18)        #使用赋值格式的键值对创建字典
{'age': 18, 'name': '张斌'}
#使用包含键元组和值元组的列表创建字典
>>>dict([('name', '张斌'),( 'age',18)])
{'age': 18, 'name': '张斌'}
```

2. 字典的基本操作

(1) 键值查找，例如：

```
>>> stinfo={'name': '张斌', 'age': 18, 'sex': 'male'}
>>> stinfo['name']
'张斌'
```

(2) 字典更新，例如：

```
>>> stinfo={'name': '张斌', 'age': 18, 'sex': 'male'}
>>> stinfo['age']=20
>>> stinfo
{'age': 20, 'name': '张斌', 'sex': 'male'}
```

注意：字典中的键是不能更新的，因为字典根据键查找值，如果键改变了，其对应的值也就无法查找了，不允许同一个键出现两次，键必须不可变，可以用数字、字符串或元组充当，不能用列表。

(3) 添加字典元素，例如：

```
>>> stinfo['class']='金融17-1'
>>> stinfo
```

```
{'sex': 'male', 'name': '张斌', 'age': 20, 'class': '金
融 17-1'}
```

（4）字典成员判断。要判断某成员是否在字典中，可以使用成员对象运算符"in"实现，例如：

```
>>> 'class' in stinfo
True
```

查找键"class"是否在字典 stinfo 中，若在，则返回 True，否则返回 False。

（5）删除字典。使用 del 删除字典，例如：

```
>>> del stinfo
```

使用 del stinfo 删除整个字典 stinfo，这种操作实际用得很少，通常使用 del 删除字典中的元素，例如：

```
>>> stinfo={'age': 20, 'name': '张斌', 'class': '金融 17-
1', 'sex': 'male'}
>>> del stinfo['class']
>>> stinfo
{'sex': 'male', 'name': '张斌', 'age': 20}
```

3. 字典内建函数和方法

与序列类型一样，字典也有自己的内建函数和方法，字典常用的内建函数及功能描述如表 10.9 所示。

表 10.9　字典常用的内建函数及功能描述

内建函数	功能描述
dict([container])	创建字典的函数
len(obj)	返回字典的长度
hash(obj)	判断 obj 是否可散列

举例如下：

```
>>> stinfo={'age': 20, 'name': '张斌', 'class': '金融 17-
1', 'sex': 'male'}
>>> len(stinfo)
4
```

4. 字典方法

字典的常用方法及功能描述如表 10.10 所示。

表 10.10　字典的常用方法及功能描述

方法	功能描述
D.keys()	返回字典 D 的键信息
D.values()	返回字典 D 的值信息
D.items()	返回字典 D 的所有"键:值"对
D.get(key, default= None)	返回键 key 对应的值，如果该键不存在，则返回 default 值
D.copy()	返回字典 D 的副本
D.pop(key[, default])	返回键 key 对应的值，同时将该"键:值"对在字典中删除
D.clear()	删除字典 D 中的元素，D 成为空字典
D.update(dict2)	将 dict2 中的"键:值"对添加到 D 中，如果键是已经存在的，则更新键对应的值

举例如下：

```
>>> stinfo={'age': 20, 'name': '张斌', 'class': '金融17-\
1', 'sex': 'male'}
>>> stinfo.keys()
dict_keys(['name', 'class', 'sex', 'age'])
>>> stinfo.values()
dict_values(['张斌', '金融17-1', 'male', 20])
>>> stinfo.items()
dict_items([('name', '张斌'), ('class', '金融 17-1'),\
('sex', 'male'), ('age', 20)])
>>> stinfo.get('class')
'金融17-1'
>>> stinfo.get('grade')
>>>
```

键'grade'在字典中不存在，则返回默认的 default 值

```
>>> d1=stinfo.copy()
>>> d1
{'class': '金融17-1', 'age': 20, 'sex': 'male', 'name':\
'张斌'}
>>> stinfo.pop('class')
'金融17-1'
>>> stinfo
```

```
{'name': '张斌', 'sex': 'male', 'age': 20}
>>> stinfo.clear()
>>> stinfo
{}
>>>stinfo={'age': 20, 'name': '张斌','sex': 'male'}
>>> d1={'class':'金融17-1'}
>>> stinfo.update(d1)
>>> stinfo
{'name': '张斌', 'class': '金融17-1', 'sex': 'male',\
'age': 20}
>>> d2={'age':18}
>>> stinfo.update(d2)
>>> stinfo
{'name': '张斌', 'class': '金融17-1', 'sex': 'male',\
'age': 18}
```

5. 字典的遍历

字典可以通过 for 循环遍历“键:值”对中的 Key 值，例如：

```
>>> stinfo={'name': '张斌', 'age': 18, 'sex': 'male'}
>>> for key in stinfo.keys():
        print(key)
```

类似地，利用 items 方法可以同时遍历“键:值”对，例如：

```
>>> for key,value in stinfo.items():
        print(key,value)
```

6. 字典的排序

Python 中的字典反映的是一种映射关系，它在存储过程中是无序的，所以输出字典内容时也是无序的。在实际应用过程中，有时需要对字典进行一定程度的排序。Python 中字典的排序分为按“键”排序和按“值”排序。

这里创建一个字典 D：

```
>>>  D={"good":2,"woman":5,"because":3, "mother":8, "father":6}
>>> print(D)
{'father': 6, 'good': 2, 'because': 3, 'mother': 8,\
'woman': 5}
```

从输出结果可看到，字典的输出是没有顺序的。

1) sorted 函数按 key 值对字典排序

要对字典 D 按键进行排序,前提是字典 D 的键是可排序的,我们查看字典 D 的键都是字符串类型,因此是可以进行排序的。执行以下操作:

```
>>> sorted(D.keys())
['because', 'father', 'good', 'mother', 'woman']
```

结果是一个由字典 D 所有键组成的列表序列,并没有反映出字典的映射关系。再执行以下操作:

```
>>> sorted(D.items())
[('because', 3), ('father', 6), ('good', 2), ('mother',\
8), ('woman', 5)]
```

从执行的结果来看,字典的元素已经按键的顺序进行了升序排序,并且可知结果为一个列表,列表中的每一项都是一个由字典的键和值组成的元组,这种结果很好地反映了字典的映射关系。

下面介绍一下 sorted 函数,即 sorted(iterable, key, reverse),其中 iterable 表示可以迭代的对象,可以是 D.items、D.dkeys 等。key 是一个函数,用来选取参与比较的元素,key 参数对应的 lambda 表达式的意思则是选取元组中的一个元素作为比较参数(如果写成 key=lambda item:item[0]形式则是选取第一个元素作为比较对象,也就是 key 值作为比较对象,其中 item 在使用时其名可自己定义)。reverse 则用来指定排序是倒序还是顺序,reverse=True 是倒序,reverse = False 是顺序,默认时 reverse= False。

因此,上面的语句可以用以下形式来写:

```
>>> sorted(D.items(),key=lambda e:e[0],reverse=False)\
[('because', 3), ('father', 6), ('good', 2), ('mother',\
8), ('woman', 5)]
```

2) sorted 函数按 value 值对字典排序

对字典中的 value 进行排序,前提是 value 的类型是可排序的。对字典的 value 排序需要用到 key 参数,如果要对字典 D 按值降序排列,进行如下操作:

```
>>> sorted(D.items(),key=lambda e:e[1],reverse=True)\
[('mother', 8), ('father', 6), ('woman', 5), ('because',
3), ('good', 2)]
```

这里的 D.items 实际上是将 D 转换为可迭代对象,迭代对象的元素为('mother', 8)、('father', 6)、('woman', 5)、('because', 3)、('good', 2),items 方法将字典的元素转化为了元组,而这里 key 参数对应的 lambda 表达式 lambda e:e[1]则是选取元组中的第二个元素作为比较参数,所以采用这种方法可以对字典的 value 进行排序。注意排序后的返回值是一个列表,而原字典中的值对被转换为 list 中的元组。

需要注意的是，无论是上面的哪种排序，都不会对原字典造成影响。例如，执行以下操作：

```
>>> print(D)
{'father': 6, 'good': 2, 'because': 3, 'mother': 8,\
'woman': 5}
>>> sorted(D.items(),key=lambda e:e[0],reverse=False)
[('because', 3), ('father', 6), ('good', 2), ('mother',\
8), ('woman', 5)]
>>> sorted(D.items(),key=lambda e:e[1],reverse=True)
[('mother', 8), ('father', 6), ('woman',5), ('because',\
3), ('good', 2)]
>>> print(D)
{'father': 6, 'good': 2, 'because': 3, 'mother': 8,\
'woman': 5}
```

从运行结果可知，经过一系列的排序操作，字典最后的输出结果还是没有变化，在应用中，如果想保留排序的结果，可创建一个新列表，例如：

```
>>> list1=sorted(D.items(),key=lambda e:e[1],reverse= True)
>>> list1
[('mother', 8), ('father', 6),('woman', 5), ('because',\
3), ('good', 2)]
```

10.6.4　字典和列表的区别

问题：以一个学号查找对应的名字。

如果用列表实现，就要先在学号列表中找到对应的学号，再从名字列表取出对应的名字，列表越长耗时越长。如果用字典实现，只需要一个学号和名字的对照表，就可以直接根据学号查找名字，无论这个表有多大，查找速度都不会变慢。

为什么字典查找速度这么快？

因为字典的实现原理和查字典一样。假设字典包含 10000 个汉字，要查某一个字，一种方法是把字典从第一页往后翻，直到找到想要的字，这种方法是在列表 list 中查找元素，列表越大查找越慢。另一种方法是在字典的索引表里(如部首表)查这个字对应的页码，然后直接翻到该页找到这个字。无论找哪个字，这种查找速度都非常快，不会随着字典大小的增加而变慢。

综上所述，列表和字典各有以下几个特点。

字典的优缺点是：

(1) 查找和插入的速度极快，不会随着 key 的增加而变慢。

(2) 需要占用大量内存，内存浪费多。

列表的优缺点是：

(1) 查找和插入时间随着元素的增加而增加。

(2) 占用空间小，浪费内存很少。

所以，字典是使用空间换取时间。

字典可以用在很多需要高速查找的地方，在 Python 代码中几乎无处不在，正确使用字典非常重要，需要牢记字典 dict 的键必须是不可变对象。字典内部存放的顺序和键放入的顺序没有关系。

下面是一个字典转换成列表的例子，代码如下：

```python
D={"good":2,"woman":5,"because":3, "mother":8,"father":6}
print(D)                #打印字典
list1=list(D.items())   #字典转换成列表
print(list1)            #打印列表
list1.sort(key=lambda x:x[1], reverse=True)
print(list1)            #打印列表排序结果
for i in range(4):
    words, counts = list1[i]
    #输出列表的前 4 项结果
    print ("{0:<10}{1:>5}".format(words, counts))
```

本 章 小 结

本章主要介绍了如下内容：

(1) 序列。序列是 Python 中一种最基本的数据结构，序列中每个元素都有一个与位置相关的序号，称为索引。Python 支持多种内建序列，其中常用的有字符串、列表、元组和 range 对象。

(2) 集合。集合类型与数学中的集合概念保持一致，集合元素之间无序，每个元素唯一，不存在相同元素，集合元素不可更改，不能是可变数据类型，集合用花括号表示，元素间用逗号分隔，建立集合用{}或者 set，如果想要建立一个空的集合，必须用 set。

(3) 列表。列表是 Python 中经典且有特色的数据类型，列表是可变的容器，且各元素可以是不同的类型。

(4) 元组。元组和列表在外形上有些类似，区别主要是列表是可变的，而元组是不可变的，所以元组的使用相对于列表来说没有那么灵活，但是元组的用处也很大。

(5) range 对象。Python 中使用 range 函数生成一个不可变的整数序列，执行时一边计算一边生成数。range 对象常用在 for 循环结构中表示循环次数。

(6) 字典。字典可以建立对象之间的映射关系，是 Python 中唯一内建的映射类型。字典中每一个元素可以形成"键:值"对。有多种创建字典的方法。字典的基本操作有键值查找、字典更新、添加字典元素、字典成员判断、删除字典等。

思 考 题

1. 什么是字典，它有什么特点？
2. 字典有哪些基本操作？
3. Python 中常用的组合数据类型有哪几类？
4. 列表和字典有何差异？

第 11 章　函数和代码复用

内容提要：函数是用来实现特定功能的可重复使用的代码段，是用于构建更大、更复杂程序的部件。在 Python 中，使用函数可以加强代码的复用性、减少代码冗余，从而提高程序编写的效率。本章主要介绍函数的概念、函数的分类及定义、函数的调用、函数的返回值、函数的参数、变量的作用域及函数递归的使用方法等。

11.1　函数的概念

函数必须先创建(定义)才可以使用，用户通过调用函数名来完成相应代码段的功能，无须关心具体实现的细节，只需传递参数，得到函数运行的最终结果即可。相同的函数可以在一个或多个程序里多次调用。例如，利用净水器对自来水进行深度处理，假设把净水器比作一个函数，该函数把一步一步地对水进行过滤处理的过程封装了起来，用户无须关心具体的处理过程，只需要传递参数(自来水)，然后让净水器自动运行，最终就可获得处理结果(净化后的水)。

11.2　函数的分类及定义

Python 中的函数分为内置函数、自定义函数和匿名函数。

1. 内置函数

内置函数是系统中预先定义好的一些常用函数和方法，这些函数不需要引用库，直接使用即可，如数学运算类的函数(sum、eval)、输入输出操作类的函数(input、print)、标准库中的函数(datetime 库中的 today、now)等。Python 的内置函数如表 11.1 所示。

表 11.1　Python 的内置函数表

abs( )	delattr( )	hash( )	memoryview( )	set( )
all( )	dict( )	help( )	min( )	setattr( )
any( )	dir( )	hex( )	next( )	slice( )
ascii( )	divmod( )	id( )	object( )	sorted( )

bin( )	enumerate( )	input( )	oct( )	staticmethod( )
bool( )	eval( )	int( )	open( )	str( )
bytes( )	exec( )	isinstance( )	ord( )	sum( )
bytearray( )	filter( )	issubclass( )	pow( )	super( )
complex( )	float( )	iter( )	print( )	tuple( )
callable( )	format( )	len( )	property( )	type( )
chr( )	frozenset( )	list( )	range( )	vars( )
classmethod( )	getattr( )	locals( )	repr( )	zip( )
compile( )	globals( )	map( )	reversed( )	__import__( )
	hasattr( )	max( )	round( )	

部分函数示例如下：

```
>>> abs(-10)        #返回绝对值
10
>>> bin(10)        #将十进制转换成二进制
'0B1010'
>>> bytes('123',encoding='utf-8')       #将字符串转换成字节类型
b'123'
>>> str(1)        # 整数转换为字符串
'1'
>>> ord('a')        #返回 Unicode 字符对应的整数
97
>>>chr(97)        #参数类型为整数
'a'
>>> frozenset(range(10))#根据传入的参数创建一个新的不可变集合
frozenset({0, 1, 2, 3, 4, 5, 6, 7, 8, 9})

>>> ls=[8,5,0,2,1]
>>> list(reversed(ls))#reversed 函数用于反转输入的组合数据
[1,2, 0, 5, 8]
>>> sorted(ls)        #对可迭代的对象进行排序，返回一个新的列表
[0,1, 2, 5, 8]
>>> type(ls)        #返回变量的数据类型
<class 'list'>
```

(1) all 函数：如果元素全为真则返回 True，否则返回 False。整数零、空字符串、空元祖等都视为 False。例如：

```
>>> all(['abc',1,True])
True
>>> all(['abc',1 ,False])
False
>>> all(['abc',1,0,True])
False
>>> all(['abc',1,( ),True])
False
```

(2) any 函数：只要存在一个为真的元素就返回 True，全部为假时返回 False。例如：

```
>>> any(['abc' ,1,( ),False])
True
>>> any(('',( ),0,False))
False
```

2. 自定义函数

自定义函数是由用户自己定义的。定义一个函数要使用 def 语句，语法格式如下：

def 函数名(参数 1, 参数 2, …, 参数 n):
　　　函数体(语句块)
　　　return 值

def：英文单词 define 的简写，是定义函数的关键词。

函数名：函数的名称，必须符合 Python 中的命名要求，一般用小写字母和单下划线、数字等组合表示，如 my_sum、func1 等。函数名后的 ":" (冒号)必不可少。

参数：参数写在函数名后的圆括号里，为函数体提供数据，参数个数不限，可以是 0 个、1 个或多个。

函数体：进行一系列逻辑计算的语句块，相对于 def 缩进四个空格。

返回值：函数执行完毕后返回给调用者的数据。返回值没有类型及个数限制，若有返回值，则使用 return 结束函数并返回值，否则不带 return 表达式相当于返回 None。

Python 函数有两种类型参数，一种是函数定义里的形参，另一种是调用函数时传入的实参。接下来通过一个简单的例子，深入理解以上要点。

例 11.1　无参函数：

```
>>> def func( ):
    print("python is interesting!")
>>> func( )
```

该程序输出结果如下：

```
python is interesting!
```

在函数定义阶段括号内没有参数，称为无参函数，调用时也无须传入参数。若函数体的代码逻辑不需要依赖外部传入的值，则必须将其定义为无参函数。

这个函数的作用就是打印出一句话，但是没有 return，相当于返回的值是 None。

例 11.2　有参函数。编写程序输出某大学生的基本信息介绍，代码如下：

```
>>> def s_info(s_name):
        print("name:{}".format(s_name))
        print("major:Computer Science and Technology")
        print("university: Yunnan University of Finance\
        and Economics")
        print("address:No.237 of Longquan Road,Kunming")
>>> s_info("jessie")
>>> print("Have a bright future")
```

该程序输出结果如下：

```
name: jessie
major:Computer Science and Technology
university: Yunnan University of Finance and Economics
address:No.237 of Longquan Road,Kunming
Have a bright future
```

在函数定义阶段括号内有参数，称为有参函数，调用时必须传入实际参数。若函数体代码需要依赖外部传入的值，则必须将其定义为有参函数。

代码第一行定义了一个函数 s_info (s_name)，最后一行是主程序，这里给出函数名和实参"jessie"(替换形参 s_name)来调用这个函数。程序就从最后一行开始运行。

3. 匿名函数

lambda 函数也称为匿名函数，即没有函数名的函数。lambda 只是一个单行的表达式，函数体比 def 简单很多，其语法结构如下：

lambda 参数 1, 参数 2, …, 参数 n: 表达式

单行表达式决定了 lambda 函数只能完成非常简单的功能。下面是一个 lambda 函数示例：

```
>>> f=lambda x,y: x*y
>>> f(2,3)
6
```

函数输入参数是 x 和 y，输出值是它们的积 x*y，并将输出值赋给变量 f，这样变量 f 便成为具有乘法功能的函数。

11.3　函数的调用

函数在定义的阶段不会立即执行，而是等函数被程序调用时才执行。对例 11.2 的程序执行流程分析如下：

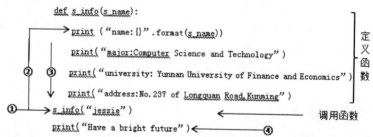

(1) 程序运行时，首先跳过 def 块定义的函数代码，而从主程序的第一行，也就是图中序号 1 标注的 s_info("jessie")开始运行，即调用函数 s_info。

(2) 程序在调用处暂停执行，然后跳转到 def 定义的函数体的第一行，并将实参 jessie 传递给形参 s_name，即 s_name="jessie"。

(3) 继续执行完函数体中的所有语句，再跳回程序暂停处继续执行，即执行最后一行代码 print("Have a bright future")。

Python 函数必须先定义后调用，函数一旦定义后就可以反复调用，从而避免代码冗余，例如，我们要按例 11.2 的输出格式打印出就读于同所学校及专业的三个同学 marry、lily、jerry 的基本信息，只需这样做：

```
s_info("marry")
s_info("lily")
```

```
s_info("jerry")
```

程序运行时，在函数代码块中还可以调用其他函数，例如：

```
>>> def cube(a):
        return a**3
>>> def cube2(a):
        return cube(a)
>>> print(cube(2))
8
```

11.4 函数的返回值

return 语句用于结束函数，并将结果及控制权返回给调用者。执行到 return 语句时，会退出函数，return 之后的语句不再执行。

在实际编程环境中，一些函数没有 return 语句，只需要执行，不需要返回值 (返回 None)，例如，例 11.1 和例 11.2 定义的函数就只执行(打印语句)。但在大部分情况下，函数的运行结果需要用在其他运算中，所以函数必须返回一个结果，而不是只局限于把结果打印出来。下面通过几个实例进行分析。

(1) 无返回值的函数：

```
>>> def test1( ):
    print("I'm running a test")
>>> a=test1( )
>>> print a
```

该程序输出结果为

```
None
```

上面这个函数没有 return 语句，返回给变量 a 的是 None(无返回值)，None 没什么利用价值，所以无须用一个变量来存储。通常采用以下方式进行调用：

```
>>> def test1( ):
    print("I'm running a test")
>>> test1( )
```

该程序输出结果为

```
I'm running a test
```

(2) 有返回值的函数：

```
>>> def square_sum(a, b):
        c=a**2 + b**2
        return c
```

```
>>> s=square_sum(1, 2)
>>> print(s)
```
该程序输出结果为
```
6
```
(3) 返回多个值。return 也可以返回多个值，多个值以元组类型返回，举例如下：
```
>>> def test2( ):
        return 1,2,3,4,5,6
>>> a = test2( )
>>> print a
```
该程序输出结果为
```
(1, 2, 3, 4, 5, 6)
```

11.5 函数的参数

11.5.1 默认参数

定义函数时，若给参数设置了默认值，则当调用该函数时没有传递对应的实参，就会使用这个默认值。示例如下：
```
>>> def add(a,b=1):
        return a+b
>>> add(2)
3
>>> add(2,3)
5
```
从以上结果可知，调用函数时，没有给形参 b 赋值，则使用 b 的默认值 1；如果在调用时给 b 赋值，则使用实际传入的值。这里需要注意的是，默认参数一定要指向不变对象，必须定义在非默认参数(必选参数)之后。

11.5.2 关键字参数

实参默认情况下按位置从左至右顺序传递给函数,而关键字参数通过"键-值"形式加以指定，允许通过变量名进行匹配，而不是通过位置，从而让函数更加清晰。例如：
```
>>> def func(a,b,c):
        print(a,b,c)
>>> func(1,2,3)    #顺序传递，1 传给 a，2 传给 b，3 传给 c
1,2,3
```

```
>>> func(c=3,a=1,b=2)  #关键字参数
1,2,3
```

采用关键字参数后，参数通过变量名进行传递，参数的位置可以任意调整。

11.5.3　可变长参数

可变长参数就是向一个函数传递不定个数的参数。例如，要定义一个函数用于计算咖啡店每单的销售额，由于每单的咖啡品种及数量都不一样，因此传入的参数个数也就不同，这时候可以使用可变长参数来定义函数。

可变长参数：一种是在参数前加一个星号(*)，数据结构为元组；另一种是在参数前加两个星号(**)，数据结构为字典。示例如下：

```
>>> def f1(a,*args):
        print(a,args)
>>> f1(1,2,3,4)
1 (2,3,4)
```

1 按照位置传递给 a；2、3、4 被当成元组类型数据传递给 args。

```
>>>def test(**kwargs):
        print(kwargs)
        print(type(kwargs))
        for key, value in kwargs.items():
            print("{} = {}".format(key, value))
>>>test(name='jerry',age=18,address='kunming')
```

该程序输出结果如下：

```
{'age': 18, 'name': 'jerry', 'address': 'kunming'}
<class 'dict'>
age = 18
name = jerry
address = kunming
```

kwargs 是一个字典，传入的参数以"键:值"对的形式存放到字典里。参数定义的顺序必须是：必选参数→默认参数→可变长参数。

11.6　变量的作用域

作用域就是一个变量的可用范围，由变量名被赋值的位置决定，根据作用域的不同可将变量分为两类：局部变量和全局变量。

11.6.1　局部变量

局部变量是指定义在函数内部的变量，其作用域是局部的，只能被函数内部引用，在函数外无效。例如：

```
>>> def func():
        a = 123    #a 是局部变量
        print(a)
>>> func()
123
```

局部变量只能在函数内部使用，一旦函数运行退出后，局部作用域被销毁，局部变量就不存在了，超出函数体的范围引用就会出错，例如：

```
>>> def func():
        a = 123
>>> func()
>>> print(a)
```

此时，会得到一个错误提示：

```
NameError: name 'a' is not defined
```

11.6.2　全局变量

全局变量一般定义在所有函数体之外，其作用域是全局的，在程序整个运行过程中都有效。若在函数体内定义全局变量(将内部作用域修改为全局作用域的变量)，则必须在定义时加上关键词 global。例如：

```
>>> s=0    #全局变量
>>> def add(a,b):
        s=a+b    #此处的 s 为局部变量
        print(s)
>>> add(1,2)
>>> print(s)
```

运行结果如下：

```
3
0
```

从以上结果得知，add 函数将 s 当作局部变量，add 函数运行退出后，释放 s，而函数体外的全局变量 s 的值仍然为 0，没有被更改。如果在 add 函数内的变量 s 前加上关键词 global，则运行结果会发生改变。示例如下：

```
>>>s=0    #全局变量
```

```
>>> def add(a,b):
        global s  # s 定义为全局变量
        s=a+b
        print(s)
>>> add(1,2)
>>> print(s)
```

运行结果如下：

```
3
3
```

函数内的 s 加上关键词 global 后，变成了全局作用域的变量，add(1,2)函数运行后随即改变了全局变量 s 的值。全局变量在函数内部不经过声明也可以被引用，例如：

```
>>> x,y=1,2           #x,y 均为全局变量
>>> def func():
        global z       #z 定义为全局变量
        z=x*y          #引用全局变量 x 和 y
        return z
>>> func ()
```

运行结果如下：

```
2
```

通过以上几个实例的学习，可以对变量的作用域总结如下：

(1) 一个函数内的局部变量不能被其他函数引用；

(2) 局部变量不能被全局作用域中的代码引用；

(3) 局部作用域内可以访问全局变量。

此外，虽然全局变量和局部变量可以使用相同的变量名，也就是同名的不同变量，但是这种做法容易造成程序出错，所以通常建议局部变量和全局变量使用不同的名字。

11.7　函　数　递　归

递归是指函数直接或间接地调用自身以进行循环的方式。使用递归关键在于将问题分解为更为简单的子问题，递归不能无限制地调用本身，否则会耗尽资源，最终必须以一个或多个基本实例(非递归状况)结束。

斐波那契数列又称黄金分割数列，是最典型的一个递归例子，由数学家斐波那契以兔子繁殖为例而引入，是指这样一个数列：0, 1, 1, 2, 3, 5, 8, 13, 21,

34，…。该数列的第 0 项是 0，第 1 项是第一个 1，从第二项以后的每一项都等于前两项之和。斐波纳契数列通常按照递推方法定义如下：

$$F(n) = \begin{cases} 0, & n = 0 \\ 1, & n = 1 \\ F(n-1) + F(n-2), & n >= 2, n \in \mathbf{N}^* \end{cases}$$

可以用递归函数来实现斐波那契数列的计算。

例 11.3　根据用户输入的整数 n，计算输出斐波那契数列的第 n 个数。程序如下：

```python
# fibo.py
def fibo(n):
    if n == 0:
        return 0
    elif n == 1:
        return 1
    else:
        return fibo(n-1) + fibo(n-2)
a = eval(input("请输入一个非负整数："))
print(fibo(a))
```

```
>>>
请输入一个非负整数：8
21
```

代码中的 fibo(n–1) + fibo(n–2) 就是在 fibo()函数内部调用自己，实现了递归。为了方便大家进一步理解，下面给出 fibo(4)的递归调用过程：

(1) 已知 fibo(0)=0，fibo(1)=1，计算 fibo(4)，首先进行条件判断(n=4)，选择 else 分支，执行 fibo(4–1) + fibo(4–2)，即 fibo(4)=fibo(3) + fibo(2)。

(2) 继续计算 fibo(3)，仍然选择 else 分支，执行 fibo(3–1) + fibo(3–2)，即 fibo(3)=fibo(2) + fibo(1)。

(3) 继续计算 fibo(2)，还是选择 else 分支，执行 fibo(2–1) + fibo(2–2)，即 fibo(2)=fibo(1) + fibo(0)=1+0=1。

(4) 将 fibo(2)=1，fibo(1)=1 这两个值返回 fibo(3)，得到 fibo(3)=1+1=2。

(5) 再将 fibo(3)=2，fibo(2)=1 这两个值返回到 fibo(4)，得到 fibo(4)=2+1=3。

fibo 函数有两个基例：fibo(0)=0、fibo(1)=1。当 n=0 及 n=1 时，fibo 函数不再

递归，返回相应的值，计算出 fibo(2)的结果，并逐层向上返回。这里需要注意的是：递归最终必须以一个或多个基本实例结束。

在理论上，循环都可以用递归函数来实现，而且递归函数具备定义简洁、逻辑清晰、可读性更好等优点。

11.8　代码复用及模块化设计

模块化设计是指将一个大程序按照功能划分为若干子程序模块或文件，每个模块完成一个小的功能，并在这些模块之间建立关系，通过模块的组合形成一个具备完整功能的大程序。

Python 中的模块其实就是一个 ".py" 文件，也可以说模块就是程序。相信通过前面的学习，大家对 import 语句已经很熟悉，如 import turtle、import math 等。这里的 turtle、math 就是一个模块，只要通过 import 引入后，就可以使用模块里面的函数。例如：

```
import turtle
turtle.penup()
turtle.fd(10)
```

Python 是一个开放系统，不仅有自带的模块(标准库)，还有海量的第三方模块。所以使用模块的好处在于可以直接将其引用在不同程序中，无须重写，在很大程度上实现了代码复用，提高了代码的可维护性。

也可以将自己写的程序定义为模块，例如，将下面这个简单程序保存为 "mokuai.py" 文件，就相当于创建了一个模块，模块里只有一个 hello( )函数。

```
# mokuai.py
def hello( ):
    print("hello,python")
```

接下来再编写一个主程序来使用刚创建的模块，把这个主程序保存为 "main.py"，并将它和 "mokuai.py" 放在同一目录下。

```
# main.py
import mokuai
mokuai.hello( )
```

运行 "main.py" 得到如下结果：

```
hello,python
```

如果主程序和自定义模块不在同一目录，可以通过 python 内置的 sys 模块导入自定义模块的 path 等方法来实现，这里就不详细阐述了。

本 章 小 结

本章内容总结如下：

(1) 使用函数可以加强代码的复用性、减少代码冗余，从而提高程序编写的效率。

(2) Python 中的函数分为内置函数、自定义函数等。

(3) def 语句是实时创建函数对象的可执行代码，函数在定义的阶段不会立即执行，而是等函数被程序调用时才执行。

(4) 根据作用域的不同可将变量分为两类：局部变量和全局变量。

(5) 递归是指函数直接或间接地调用自身以进行循环的方式，递归最终必须以一个或多个基本实例(非递归状况)结束。

(6) 模块化设计是指将一个大程序按照功能划分为若干子程序模块或文件，每个模块完成一个小的功能，并在这些模块之间建立关系，通过模块的组合形成一个具备完整功能的大程序。

思 考 题

1. 编写函数有什么意义？
2. Python 中的函数有几种基本类型？
3. 在 Python 中如何编写函数？
4. 根据作用域的不同可将变量分为哪两类？
5. 如何在函数中使用全局变量。
6. 什么是递归？
7. 模块化程序设计的思想是什么？
8. 请分析以下程序的执行结果是什么。

```python
# my_func.py
def my_func( ):
    print ("I'm running a test.")
    return
    print ("I finished.")
my_func( )
```

第 12 章 文   件

内容提要：文件是存储在辅助存储器上的数据序列，其内容可以是任何类型。用文件形式组织和表达数据更为有效也更为灵活。本章主要介绍使用 Python 语言对文件进行基本操作的命令，包括与文本文件、CSV 格式文件、Excel 文件和图像文件操作有关的标准库和第三方库的内容，以及打包 Python 文件的操作命令。

运行程序时，常用变量来保存数据，程序关闭后，变量里的数据会被释放掉，如果希望程序结束后数据仍然能够使用，就需要用文件来保存数据，因为保存在文件中的数据可以独立多次使用。

因此，本章介绍使用 Python 对各种不同类型的文件进行操作的方法。

12.1 文 本 文 件

文件是数据的集合和抽象。在 Python 里，文件有两种方式：文本文件和二进制文件。文本文件由字符串组成，自动执行编码和解码。二进制文件是由 0 和 1 组成的字节流，图片的、音频的、视频的文件都是二进制文件。

Python 对文本文件和二进制文件采用统一的操作步骤，即"打开—操作—关闭"。打开后的文件处于占用状态，这时另一个进程不能对这个文件进行操作。对文件操作完之后需要将其关闭，释放对文件的控制，此后另一个进程才能操作该文件。

在 Python 里，文件也是一种类型的对象，类似前面已经学习过的数字、字符、列表等类型，采用<obj>.<a>方式进行操作。

12.1.1 打开(创建)文件

在 Python 中，打开(创建)文件使用的是 open 函数，其基本语法格式如下：
<fileobj>=open(<filename>[,<accessmode>][,<buffering>])
功能：打开(创建：当文件不存在时)一个文件，并返回给文件对象<fileobj>。
filename：要打开的文件名称，可以写绝对路径，也可以写相对路径，必选参数。
accessmode：打开文件的访问模式，可选参数，无此参数时，要求 filename 存在，否则报异常，默认的访问模式为只读(r)，具体模式见表 12.1。

buffering：控制缓冲方式，可选参数，对于一般的应用，buffering 参数可省，表示使用默认缓冲区的缓冲大小，具体缓冲方式见表 12.2。

表 12.1　文件的打开模式

文件的打开模式	含义
r	只读模式，若文件不存在，则返回异常 FileNoundError，默认值
w	覆盖写模式，若文件不存在则创建，存在则完全覆盖
x	创建写模式，若文件不存在则创建，存在则返回异常 FileExistsError
a	追加写模式，若文件不存在则创建，存在则在文件最后追加内容
t	文本文件模式，与r、w、x、a组合使用，默认值
b	二进制文件模式，与r、w、x、a组合使用
+	同时读写模式，与r、w、x、a组合使用

表 12.2　文件的缓冲方式

缓冲参数取值	含义
0	访问文件时不会有缓冲
1	访问文件时就会缓冲
>1 的整数	访问文件时有缓冲，缓冲区的大小就是该整数值，单位是字节
负数、−1 或省略	默认值，缓冲区的缓冲大小是系统默认的值

例 12.1　在"D:\pyfile\"文件夹下创建名为"data1.txt"的文本文件，程序名为"py12-1createfile.py"，代码如下：

```
path ="D:\pyfile\data1.txt"
fn = open(path, "w")
print(fn.name)
fn.close()
```

执行结果如下：

D:\pyfile\data1.txt

执行完程序后，到"D:\pyfile\"目录下查看，可以看到，由于在"D:\pyfile\"目录中原来没有"data1.txt"文件，通过 open 函数中"w"覆盖写的方式就创建了一个名为"data1.txt"的文件。

12.1.2 写文件

Python 提供 2 个与文件内容写入有关的方法，具体写入方式详见表 12.3。

表 12.3 文件内容的写入方式

写入方法	含义
<fileobj>.write(s)	将一个字符串或字节流写入文件
<fileobj>.writelines(strsequence)	将字符串序列对象写入文件

例 12.2 在上面已经创建好的 "D:\pyfile\data1.txt" 文件中覆盖写入一个列表类型，并打印输出结果，程序名为 "py12-2-1writefile.py"，代码如下：

```
fn = open ("D:\pyfile\data1.txt", "w+")
ls = ["北京", "上海", "广州", "昆明"]
fn .writelines(ls)
for line in fn:
    print(line)
fn.close()
```

程序执行结果如下：

```
>>>
```

可以看到，程序并没有输出写入的列表内容。打开 "D:\pyfile\" 目录下的 "data1.txt" 文件，可以看到其中的内容如下：

北京上海广州昆明

列表 ls 内容被写入文件，但为何第 4～5 行代码没有将这些内容打印出来呢？

12.1.3 文件内移动

上面例题的问题是因为文件写入内容后，当前文件读写指针在写入内容的后面，第 4～5 行代码从当前指针位置开始向后读取并打印内容，被写入的内容却在指针前面，所以未能被打印出来。因此，需要学习 seek 方法，其基本语法格式如下：

```
<fileobj>.seek(<offset>[,<whence>])
```

功能：把文件对象<fileobj>的读写指针从<whence>处开始偏移<offset>个位置。

offset：从 whence 参数位置开始的偏移量，也就是代表需要移动的字节数。

whence：可选，默认值为 0。给 offset 参数一个定位，表示要从哪个位置开始偏移，0 代表文件开头，1 代表当前位置，2 代表文件结尾。

在例 12.2 中，在写入文件后增加一条代码 fn.seek(0)将文件读写指针返回文件开始，就可显示写入的内容了，修改后的程序名为"py12-2-2writefile.py"，代码如下：

```
fn = open ("D:\pyfile\data1.txt", "w+")
ls = ["北京", "上海", "广州", "昆明"]
fn.writelines(ls)
fn.seek(0)
for line in fn:
   print(line)
fn.close()
```

程序执行结果如下：

北京上海广州昆明

>>>

可以发现，fn.writelines 方法只是将列表内容直接排列写入，并没有将每个元素分行写入文件。如何实现每个元素换行写入呢？大家还记得转义字符 "\n" 的作用吗？再次修改后的程序名为 "py12-2-3writefile.py"，代码如下：

```
fn = open ("D:\pyfile\data1.txt", "w+")
ls = ["北京\n", "上海\n", "广州\n", "昆明\n"]
fn.writelines(ls)
fn.seek(0)
for line in fn:
   print(line)
fn.close()
```

程序执行结果如下：

北京

上海

广州

昆明

>>>

12.1.4　读文件

根据打开方式不同可以对文件进行相应的读取操作，当文件以文本文件方式打开时，采用当前计算机使用的编码，按照字符串方式读取文件内容；当文件以二进制文件方式打开时，按照字节流方式读取文件内容。Python 提供了三个常用的文件内容读取方法，具体读取方式详见表 12.4。

表 12.4 文件内容的读取方法

读取方法	含义
<fileobj>.read(size)	从文件中读出整个文件内容，若给出参数，则读出前 size 长度的字符串或字节流
<fileobj>.readline(size)	从文件中读出一行内容，若给出参数，则读出该行前 size 长度的字符串或字节流
<fileobj>.readlines(size)	从文件中读出所有行，以每行为元素形成一个列表，若给出参数，则读出前 size 行

例 12.3 用户输入文件路径，以文本文件方式打开，分别以 read、readline 和 readlines 方法读出文件内容并打印，程序名为"py12-3PrintFile.py"，代码如下：

```
fname = input("请输入要打开的文件：")
fn = open(fname, "r")
str=fn.read()
print(str)
fn.seek(0)
for line in fn.readline():
    print(line)
fn.seek(0)
print()
for line in fn.readlines():
    print(line)
fn.close()
```

程序运行结果如下，请读者自行分析运行结果。

请输入要打开的文件：D:\pyfile\datal.txt

北京

上海

广州

昆明

北京

北京

上海

广州

昆明

>>>

12.1.5　关闭文件

1. 使用 close 方法关闭已打开的文件

文件使用结束后可以用 close 方法关闭，释放文件的使用权，其基本语法格式如下：

```
<fileobj>.close()
```

例如，前面所有的示例中，不管用何种方式打开了"data1.txt"，在对"data1.txt"文件的相关操作完成后，都用 fn.close()命令关闭了该文件。

2. 上下文管理器

有时，当使用 close 方法来关闭文件时，如果程序存在错误，会导致 close 命令未执行，文件将不会关闭。没有妥善地关闭文件可能会导致数据丢失或受损。而有时如果在程序中过早地调用 close 方法，当需要使用文件时它又已关闭，从而无法访问，这也会导致更多的错误。所以，并非在任何情况下都能轻松确定关闭文件的恰当时机。因此，可以使用上下文管理器(context manager)来解决以上问题。

上下文管理器用于规定某个对象的使用范围。一旦进入或者离开该使用范围，则会有特殊操作被调用。对于文件操作，需要在读写结束时关闭文件，而上下文管理器可以在不需要文件时自动关闭文件。其基本语法格式如下：

```
with open(<filename>) as <fileobj>:
```

关键字 with 在不需要访问文件后会将其关闭。通过使用上面所示的结构，我们只管打开文件，并在需要时使用它，Python 会在合适的时候自动将其关闭。

例 12.4　对于例 12.1，加入上下文管理器的语法，就可以把程序改写为"py12-4closefile.py"，代码如下：

```
path ="D:\pyfile\data1.txt"
with open(path, "w") as fn:
    print(fn.name)
print(fn.closed)
```

运行结果如下：

```
D:\pyfile\datal.txt
```

```
True
>>>
```

上下文管理器用缩进来表达文件对象的打开范围，其有隶属于它的程序块，当隶属的程序块执行结束时，也就是语句不再缩进时，它就会自动关闭文件。本例在程序最后调用了 fn.closed 属性来验证文件是否已经关闭。

12.2　CSV 文件

1. CSV 简介

逗号分隔值(comma-separated values，CSV)，也称为字符分隔值，因为分隔字符也可以不是逗号。以 CSV 格式存储的文件称为 CSV 文件，采用 ".csv" 为扩展名，其文件内容是以用字符分隔的纯文本形式存储的表格数据(数字和文本)。

CSV 是一种通用的、相对简单的文件格式，在表格类型的数据中用途很广泛，很多关系型数据库都支持这种类型文件的导入或导出，CSV 也常用于在电子表格软件和纯文本之间进行数据交互，进行网页采集时，也会遇到 CSV 文件。通常 CSV 文件可以通过 Excel 的 "另存为" 命令，选择 "*.csv" 保存类型来生成或转换得到。

Python 提供了一个读写 CSV 文件的标准库，即 csv 库，使用 import 导入。

2. 创建或打开 CSV 文件

在 Python 中创建或打开 CSV 文件的方法有很多，这里使用 12.1 节介绍的打开文件的 open 函数。现在要在 "D:\pyfile\" 目录下创建一个名为 "data2.csv" 的文件，可以在交互方式下输入以下代码：

```
>>>from csv import *
>>>cf=open("D:\pyfile\data2.csv","w",newline="")
```

在 open 函数中出现了新的参数 "newline"，这是为了避免在 CSV 文件写入内容时每行后面产生不必要的空行。

3. 数据写入 CSV 文件

打开要写入的 CSV 文件后，就可以用 csv.writer 函数在该文件中写入内容，基本语法格式如下：

```
<writerobj>=csv.writer(<fileobj>[,dialect="excel"])
```
功能：在打开的文件对象<fileobj>中写入数据，返回一个 writer 对象<writerobj>。

fileobj：要写入内容的已打开的文件对象。

dialect：编码风格，默认为 Excel 的风格，也就是用半角的逗号分隔，dialect 方式也支持自定义，感兴趣的同学可以自己查看相关书籍。

writer 提供了 writerow 方法和 writerows 方法，可以用来在打开的文件中写入用逗号分隔的数据，具体写入方式详见表 12.5。

表 12.5　CSV 文件内容的写入方式

写入方法	含义
\<writerobj>.writerow(iterable)	一行一行写入
\<writerobj>.writerows(iterable of iterables)	一次写入多行

例 12.5　通过 Python 在 "D:\pyfile\data2.csv" 文件中写入以下内容：

```
201005001001, 张扬, 男, 20
201005001002, 李莉, 女, 19
201005002001, 王浩, 男, 19
201005002002, 赵敏, 女, 20
201005002003, 杨柳, 女, 18
```

程序名为 "py12-5writecsvfile.py"，具体代码如下：

```
from csv import *
with open("D:\pyfile\data2.csv","w",newline="") as cf:
    wr=writer(cf)
    wr.writerow(["201005001001","张扬","男",20])
    wr.writerow(["201005001002","李莉","女",19])
    wlist=[["201005002001","王浩","男",19],\
          ["201005002002","赵敏","女",20],\
          ["201005002003","杨柳","女",18]]
    wr.writerows(wlist)
```

用记事本打开 "D:\pyfile\data2.csv"，就可以看到文件和文件中的内容已经存在了，如图 12.1 所示。

通过这个例子，可以看到在 CSV 文件中写入数据，可以一行一行地写(如程序中的第 4、5 行)，也可以以序列的形式(该程序是列表)一次性写入(如程序中的第 6~9 行)文件。

4. 从 CSV 文件读取数据

读取 CSV 文件中的内容是使用 csv.reader 函数，基本语法格式如下：

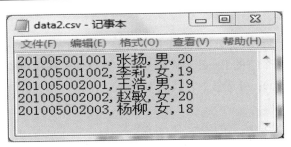

图 12.1 "data2.csv" 文件内容

<readerobj>=csv.reader(<fileobj>[,dialect="excel"])

功能：在已打开的文件对象<fileobj>中读出数据，返回一个<readerobj>对象。参数含义同 writer 函数。

例 12.6 读取"D:\pyfile\data2.csv"文件中的内容，并打印出来，程序名为"py12-6readercsvfile.py"，具体代码如下：

```
from csv import *
with open("D:\pyfile\data2.csv","r",newline="") as cf:
    rd=reader(cf)
    for row in rd:
        print row
```

程序运行结果如下：

```
['201005001001', '张扬', '男', '20']
['201005001002', '李莉', '女', '19']
['201005002001', '王浩', '男', '19']
['201005002002', '赵敏', '女', '20']
['201005002003', '杨柳', '女', '18']
>>>
```

12.3 Excel 电子表格文件

让 Python 程序能读取和修改 Excel 电子表格文件的模块是 OpenPyXL 库，它是解决扩展名为"xlsx""xlsm""xltx""xltm"文件的读写的第三方库，所以必须先安装，安装方法参见前面相关章节的内容。

12.3.1 编辑工作簿

1. 创建工作簿对象

在 OpenPyXL 库中，创建工作簿对象使用的是 openpyxl.Workbook 函数，其基本语法格式如下：

<workbookobj>=openpyxl.Workbook([write_only=True])

功能：创建一个空的 Excel 工作簿文件，并返回工作簿对象<workbookobj>。

write_only=True：可选参数，默认为 False，可读可写，值取为 True 时，表示只能写入。

注意：Workbook 函数的第一个字母要大写。

例如，创建一个新的空 Workbook 对象，在交互式环境中输入以下代码：

```
>>> from openpyxl import *
>>> wb=Workbook()
```

新创建的工作簿对象是不会被保存的，要保存该对象就要调用 save 方法。

2. 保存工作簿文件

保存工作簿对象 save 方法的基本语法格式如下：

<workbookobj>.save(<filename>)

功能：把对象<workbookobj>中的工作簿对象以<filename>为文件路径保存。

filename：要保存的工作簿的文件路径，可以写绝对路径，也可以写相对路径，其扩展名"xlsx"要写出来。

例如，要把刚才新创建的 wb 工作簿对象保存在"D:\pyfile\"目录下，其文件名为"data3.xlsx"，需在交互式环境中接着输入以下代码：

```
>>> wb.save("D:\pyfile\data3.xlsx")
```

然后，打开"D:\pyfile\"目录，这时可以看到新创建的工作簿文件"data3.xlsx"已经存在了。打开"data3.xlsx"文件，可以看到里面已有一个名为"Sheet"的工作表。

Python 如何打开已经存在的电子表格文件呢？

3. 打开工作簿文件

通过 openpyxl.load_workbook 函数可以打开(导入)工作簿文件，其基本语法格式如下：

<workbookobj>=openpyxl.load_workbook(<filename>[,read_only=True])

功能：导入名为<filename>的 Excel 工作簿文件，返回一个工作簿对象<workbookobj>。

filename：要打开的工作簿文件的名称，必选参数，文件名的扩展名"xlsx"要写出来。

read_only=True：可选参数，只读模式。默认为 False，可读可写模式。

现在要调入前面在"D:\pyfile\"目录创建的电子表格文件"data3.xlsx"，可以在交互式环境中继续输入以下代码：

```
>>> wb=load_workbook("D:\pyfile\data3.xlsx")
```

现在就导入了工作簿文件。Excel 工作簿文件由多张工作表组成，下面学习如何用 openpyxl 来编辑工作表。

12.3.2 编辑工作表

1. 创建工作表

利用 create_sheet 方法可以在工作簿中添加工作表，基本语法格式如下：

<workbookobj>.create_sheet([index][,<title>])

功能：在<workbookobj>工作簿中创建一个新的工作表。

index：新工作表的位置索引，可选参数，默认为最后一张工作表。值为 0 时表示创建第一张工作表，1 表示创建第二张工作表，依此类推。

title：要创建的工作表的名称，可选参数，默认名为 SheetX，X 的值系统会自动从 1 开始增加。

假设要在刚才的工作簿中再增加两张新的工作表，可以在交互式环境中接着输入以下代码：

```
>>> wb.create_sheet()
<Worksheet "Sheet1">
>>> wb.create_sheet(index=0,title="NO1 Sheet")
<Worksheet "NO1 Sheet">
```

调用 save 方法保存以上操作后，在"D:\pyfile\"目录里用 Excel 打开"data3.xlsx"文件，就可以看到里面有三张工作表，依次为 "NO1 Sheet" "Sheet" "Sheet1"。

每次要查看操作结果都要通过 Excel 打开 "data3.xlsx" 文件，这样非常不方便，能不能在 Python 里直接查看相关操作结果呢？答案是肯定的。

2. 获取所有工作表名称

openpyxl 里有一个 get_sheet_names 方法，它可以获取当前工作簿中所有工作表名称的列表，其基本语法格式如下：

<workbookobj>.get_sheet_names()方法

例如，可以在前面的交互式环境中接着输入以下代码：

```
>>> wb.get_sheet_names()
['NO1 Sheet','Sheet','Sheet1']
```

结果和在 Excel 中看到的是一样的。下面继续在交互式环境中输入以下代码：

```
>>> wb.create_sheet(index=2)
```

```
<Worksheet "Sheet2">
>>> wb.get_sheet_names()
['NO1 Sheet','Sheet','Sheet2','Sheet1']
```

通过以上例子，大家可以充分理解 index 和 title 参数的含义了。

现在已经有 4 张工作表，但是当前正在使用的活动工作表是哪一张呢？

3. 获得当前活动工作表

调用 Workbook 对象的 get_active_sheet 方法可以取得当前正在使用的活动工作表，其基本语法格式如下：

<worksheetobj>=<workbookobj>.get_active_sheet()

功能：返回当前活动工作表对象<worksheetobj>。

在交互式环境中继续输入以下代码：

```
>>> ws=wb.get_active_sheet()
>>> ws
<Worksheet "NO1 Sheet">
```

另外，通过工作簿的 active 属性也可以获得活动工作表，其基本语法格式如下：

<worksheetobj>=<workbookobj>.active

示例代码如下：

```
>>> ws1=wb.active
>>> ws1
<Worksheet "NO1 Sheet">
```

get_active_sheet 方法和 active 属性的功能在这里是一样的。

如果对工作表的现有名字不满意，还可以重命名工作表。

4. 重命名工作表

可以通过 title 属性取得当前活动工作表的名称，也可以通过设置工作表的 title 属性对工作表重新命名，基本语法格式如下：

<worksheetobj>.title = <sheetname>

例如，要把上面名为"NO1 Sheet"的工作表的名字改为"云南数据"，可以继续在交互式环境中输入以下代码：

```
>>> ws.title
"NO1 Sheet"
>>> ws.title ="云南数据"
>>> ws
```

```
<Worksheet "云南数据">
```

5. 按工作表名称获取工作表对象

每个工作表由一个 Worksheet 对象表示,可以通过向工作簿 get_sheet_by_name 方法传递表名字符串获得该对象,其基本语法格式如下:

`<worksheetobj>=<workbookobj>.get_sheet_by_name(<title>)`

功能:返回表名字符串为参数<title>所对应的工作表对象<worksheetobj>。

示例代码如下:

```
>>> ws2=wb.get_sheet_by_name("Sheet2")
>>> ws2
<Worksheet "Sheet2">
```

6. 设置活动工作表

如果希望把某张工作表设为当前活动工作表,可以通过对工作簿的 active 属性进行设置。继续在交互式环境中输入以下代码:

```
>>> wb.active
<Worksheet "云南数据">
>>> ws2=wb.get_sheet_by_name("Sheet2")
>>> wb.active=ws2
>>> wb.active
<Worksheet "Sheet2">
```

通过第一行命令,可以看到最早的活动工作表是"云南数据",通过第 3、4、5 行命令,可以把工作簿的 active 属性设为名为"Sheet2"的工作表,当前活动工作表就被改变了。

如果不想要某张工作表,可以删除它。

7. 删除工作表

删除工作表是使用 remove_sheet 方法,基本语法格式如下:

`<workbookobj>.remove_sheet(<worksheetobj>)`

注意:remove_sheet 方法接收一个 Worksheet 对象作为其参数,而不是工作表名称的字符串。如果只知道要删除的工作表的名称,就需要调用 get_sheet_by_name 函数,将它的返回值传入 remove_sheet。示例代码如下:

```
>>> wb.get_sheet_names()
['云南数据','Sheet','Sheet2','Sheet1']
>>> wb.remove_sheet(ws2)
```

```
>>> wb.get_sheet_names()
['云南数据', 'Sheet', 'Sheet1']
>>> wb.remove_sheet(wb.get_sheet_by_name('Sheet1'))
>>> wb.get_sheet_names()
['云南数据','Sheet']
```
在工作簿中编辑工作表之后，要记得调用 save 方法来保存变更。

工作表的属性有很多，表 12.6 给出了工作表对象的几个常用属性。

表 12.6　worksheet 类的常用属性

属性	描述
<worksheetobj>.title	工作表的名称
<worksheetobj>.max_row	工作表的最大行数
<worksheetobj>.max_column	工作表的最大列数
<worksheetobj>.rows	每一行的数据，每一行又由一个 tuple 包裹
<worksheetobj>.columns	每一列的数据，每一列又由一个 tuple 包裹

对 Excel 中数据的操作，最终都是对工作表里的单元格进行操作，在有了 Worksheet 对象后，就可以按名字访问单元格对象了。

12.3.3　编辑单元格

当要打开 Excel 时，其默认已经画好了很多单元格。但是，在 Python 操作的电子表格中，不会默认画好那样一个表格，一切都要创建之后才有。

1. 创建单元格对象

要创建某个单元格或单元格区域对象，可以使用下面的方法：

<cellobj>=<worksheetobj>[<cellname>]

或

<cellobj>=<worksheetobj>.cell(row=n1,column=n2)

功能：创建并返回一个单元格或单元格区域对象<cellobj>。

cellname：新建单元格或区域的名称，和 Excel 中单元格引用的表示方法一样：行用数字，列用字母，且是列在前、行在后组成的单元格名称的字符串；也可以建立一片单元格区域，区域的表示方法和 Excel 中单元格区域的表示是一样的，即"起始单元格名称:终止单元格名称"。

row=n1：要创建的单元格的行坐标值为 n1 整数值。

column=n2：要创建的单元格的列坐标值为 n2 整数值。

例如，下面三条代码分别创建了两个单元格对象 A2 和 A3，以及一片单元格区域 D1:F3。

```
>>> cv1 = ws["A2"]
>>> cv2 = ws.cell(row = 3, column = 1)
>>> cv3 = ws["D1:F3"]
```

前面两行代码创建了 A2、A3 这两个单元格，并且把它们作为对象分别赋值给 cv1、cv2，第三行代码是创建了从 D1 开始到 F3 结束的三行三列的单元格区域对象 cv3。

创建了单元格或单元格区域后，如何向里面添加数据呢？

2. 数据录入单元格

数据录入单元格的方法有如下两种。

1) 直接赋值法

如果知道单元格坐标(与 Excel 中"单元格名称"含义相同)的字符串，可以像把值写入字典中的键一样，将它用于 Worksheet 对象，指定要写入的单元格，然后使用给工作表对象的单元格直接赋值操作即可。其基本语法格式如下：

\<worksheetobj\>[\<cellname\>]=datavalue

例如，要在上面创建的 wb 工作簿对象的"云南数据"工作表的 A1 单元格中录入字符串 "Hello YunNan!"，则在交互式环境中输入以下代码：

```
>>> ws=wb.get_sheet_by_name('云南数据')
>>> ws["A1"]= "Hello YunNan! "
```

2) value 属性赋值法

对单元格对象的 value 属性赋值，就是在该单元格中写入数据，其基本语法格式如下：

\<cellobj\>.value=datavalue

可以在交互式环境中输入以下代码：

```
>>> cv1.value = 12
```

如何对一片单元格区域进行赋值呢？可以用第一种赋值方法按单元格名称一个一个进行赋值，但是这样是很笨很费时的，聪明的同学是不是已经想到用二重循环嵌套赋值了？这个问题大家就去实验里自己动手解决吧。

现在单元格里已经录入了数据，如何查看其中的内容呢？

3. 查看单元格的内容

要查看某个单元格的内容，也使用单元格的 value 属性来实现，例如，要看 A1 和 A2 单元格中的内容，可以在交互式环境中继续输入以下代码：

```
>>> ws["A1"].value
'Hello YunNan!'
>>> print(cv1.value)
12
```

通过对单元格属性的操作，就可以查看或设置相关单元格对象的各种格式效果，单元格对象的常用属性见表 12.7。

表 12.7　cell 类的常用属性

属性	描述
\<cellobj\>.value	单元格的值
\<cellobj\>.row	单元格的行数字坐标
\<cellobj\>.column	单元格的列数字坐标
\<cellobj\>.coordinate	单元格的坐标

提醒大家注意：无论对 Excel 进行了什么样的操作，尽量在完成相应的操作后，都添加一个 save 方法把当前操作结果保存到 Excel 文件，最后还要记得使用 close 方法关闭工作簿文件。

12.4　图　像　文　件

在 Python 中处理图像文件的库主要是 Python 图像库(Python image library，PIL)，该库支持图像存储、显示和处理，并能够处理几乎所有图片格式，可以很容易地进行裁剪图像、调整图像大小以及编辑图像的内容等操作。

PIL 是一个第三方库，需要安装，安装第三方库的方法请见前面相关章节。注意安装时的库名是 pillow，而不是 pil。

根据功能不同，PIL 库共包括 21 个与图像相关的类，这些类可以看成子库或 PIL 库中的模块。常用子库简介见表 12.8。

表 12.8　PIL 库中常用子库简介

子库名称	描述
Image	最重要的子库，提供了大部分的图像操作功能
ImageChops	提供一些算术图形操作功能
ImageDraw	提供了基本的图形处理功能
ImageEnhance	提供了一些图像增强操作功能

子库名称	描述
ImageFile	提供了图像文件的打开、保存等功能
ImageFilter	提供了图像滤波器操作，与 Image 的 filter 方法一起使用
ImageFont	提供了图像

限于篇幅，本节只介绍 PIL 中最常用的 Image 子库。更多 PIL 的内容请大家参考其他相关书籍。

Image 子库是 PIL 最重要的子库，它提供了一个同名的 Image 类，用于代表一个图像，导入这个子库的方法如下：

```
>>>from PIL import Image
```

1. 创建图像对象

在 PIL 中，任何一个图像文件都可以用 Image 对象表示，表 12.9 给出了 Image 类的图像创建和打开的方法。

表 12.9　Image 类的图像创建和打开方法

方法	描述
Image.new(mode, size,color)	根据给定参数创建一个新的图像
Image.open(filename)	根据参数加载图像文件

要创建一个图像对象，基本语法格式如下：

<Imageobj>=Image.new(<mode>,<size>,<color>)

功能：创建并返回一个图像对象给<Imageobj>。

mode：图像的模式，即图像所使用的像素格式，其取值用字符串表示，具体含义如表 12.10 所示。

size：图像的大小，按照像素计算，值为二元组(宽度, 高度)。

color：图像的颜色，针对不同的模式其值对应不同的表达方式，可以是数字，也可以是标准颜色名称的字符串，默认的颜色是黑色。

表 12.10　mode 的典型取值简介

取值	描述
1	1 位像素，黑白图像，一个像素用 1 字节表示，0 表示黑，255 表示白
L	8 位像素，灰度图像，一个像素用 1 字节表示，0 表示黑，255 表示白，1～254 表示不同的灰度
RGB	24(3×8)位像素，为真彩色，对应颜色用三元组(R, G, B)表示，R(红)、G(绿)、B(蓝)的取值均在 0～255

续表

取值	描述
RGBA	4×8 位像素，有透明通道的真彩色，四整数元组
CMYK	4×8 位像素，颜色分离(印刷 4 色)

例如：

```
>>>imo=Image.new("RGB",(200,200),(0,255,0))
```

该命令创建了一个 RGB 模式的图像，其宽和高都为 200 像素，颜色为绿色。

2. 显示图像对象

查看已有的图像对象可以通过 show 方法实现，基本语法格式如下：

```
<Imageobj>.show()
```

要查看刚刚创建的图像对象，可以在交互方式下输入以下命令，然后选择一种查看图像的软件(本例选用 Windows 自带的照片查看器)，即可在该软件中看到刚刚创建的图像，如图 12.2 所示。

```
>>>imo.show()
```

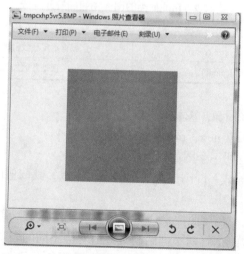

图 12.2　show 方法显示的刚刚创建的图像效果

3. 保存图像文件

图像对象要通过 save 方法才能保存。通过 save 方法，对 Image 对象的更改都可以保存，并能保存成任何格式的图像文件，也可以实现图像的不同格式之间的转换，基本语法格式如下：

<Imageobj>.save(<filename>,<format>)

功能：按指定的图像格式保存图像文件。

filename：要保存的图像文件的文件路径。

format：指明要保存的图像文件格式的字符串，支持"JPEG""GIF""PNG""BMP"等多种图像文件。

把刚才创建的图像文件保存在"D:\pyfile\"目录下，文件名为"data4.jpg"，在交互界面接着输入以下代码：

```
>>>imo.save("D:\pyfile\data4.jpg","JPEG")
```

在"D:\pyfile\"目录下就可以看到新生成了一个"data4.jpg"。

如果要把该"JPEG"格式的文件转换成"BMP"格式的文件，只要输入如下代码即可：

```
>>>imo.save("D:\pyfile\data4.bmp","BMP")
```

再次打开"D:\pyfile\"目录，就可以看到该目录里新生成了一个"data4.bmp"。虽然这两个文件都基于相同的图像，但它们是不一样的，因为它们的格式不同。

4. 打开图像文件

对于已经存在的图像文件，可以通过 Image.open 函数打开，基本语法格式如下：

<Imageobj>=Image.open(<filename>)

功能：通过传入文件名字符串，把一个任何格式的图像文件加载到一个 Image 对象上，返回 Image 对象。例如：

```
>>> imo=Image.open("D:\pyfile\lotus.jpg")
>>> imo.show()
```

其中，"lotus.jpg"是一张荷花的图像，存储在"D:\pyfile"目录中，如图 12.3 所示。

图 12.3　荷花图

5. Image 的常用属性

Image 对象的属性提供了打开的图像文件的基本信息，如图像的宽度和高度、文件名和图像格式等。Image 对象的常用属性如表 12.11 所示。

表 12.11　Image 对象的常用属性

属性	描述
\<Imageobj\>.filename	图像的文件名
\<Imageobj\>.format	图像的格式
\<Imageobj\>.mode	图像的模式
\<Imageobj\>.size	图像的尺寸(宽、高)

例如，在交互方式下输入以下命令：

```
>>> print(imo.filename,imo.size,imo.format,imo.mode)
D:\pyfile\lotus.jpg (1440, 1080) JPEG RGB
```

结果显示了 imo 图像对象的文件路径是 "D:\pyfile\lotus.jpg"、尺寸大小是 "(1440, 1080)"、图像格式是 "JPEG"、图像模式是 "RGB"。

6. Image 的常用函数和方法

除了以上介绍的 save 方法和 show 方法，Image 对象还有许多方法来实现图像的旋转、调整大小、裁剪、翻转等其他操作。常用的 Image 对象的函数和方法如表 12.12 所示。

表 12.12　Image 对象的常用函数和方法

函数和方法	描述
\<Imageobj\>.resize(size)	改变图像大小，size 是二元组(宽,高)像素数据
\<Imageobj\>.rotate(angle)	图像旋转 angle 度，angle 是角度值，逆时针旋转
\<Imageobj\>.crop(box)	图像裁剪，box 是裁剪区域四元组(左、上、右、下)像素数据(包括左列和顶行的像素，直至但不包括右列和底行的像素)
\<Imageobj\>.transpose (Image.FLIP_LEFT_RIGHT/ Image.FLIP_TOP_BOTTOM)	图像翻转，Image.FLIP_LEFT_RIGHT 表示左右翻转，Image.FLIP_TOP_BOTTOM 表示上下翻转
\<Imageobj\>.convert(mode)	图像转换成 mode 模式
\<Imageobj\>.thumbnail(size)	生成 size 大小的缩略图，size 是二元组(宽,高) 像素数据
\<Imageobj2\>=\<Imageobj1\>.copy()	复制图像对象\<Imageobj1\>，返回一个新的图像对象 \<Imageobj2\>
\<mainImageobj\>.paste(\<sourceImageobj\>,\<place\>)	将一个图像对象\<sourceImageobj\>粘贴在\<mainImageobj\> 对象的坐标为\<place\>的位置上

1) 翻转图像

例如，在交互方式下输入以下命令：

```
>>> out1=imo.transpose(Image.FLIP_LEFT_RIGHT)
>>> out1.show()
```

可以看到荷花图像被左右翻转了，如图 12.4 所示。

2) 裁剪图像

在交互方式下输入以下命令：

```
>>> out2=imo.crop((780,300,1350,800))
>>> out2.show()
```

可以看到荷花图像中右边红色的荷花被裁剪下来了，如图 12.5 所示。

图 12.4　左右翻转后的荷花图

图 12.5　被裁剪的荷花

3) 获取缩略图

在交互方式下输入以下命令:

```
>>> out3=imo.thumbnail((128,128))
>>> out3.show()
```

图 12.6 就是荷花图像缩略图的效果。

图 12.6　荷花缩略图

4) 复制图像

如果需要修改图像,同时也希望保持原有的版本不变,就可以先用 copy 方法复制出一个新的图像对象用于修改操作,而原图像对象却不会被改变。

例如,在交互式环境中输入以下代码:

```
>>> imo1=Image.open("D:\pyfile\lotus.jpg ")
>>> imo2=imo1.copy()
```

imo1 和 imo2 变量包含了两个独立的 Image 对象,它们的图像相同。既然 imo1 中保存了一个 Image 对象,那么就可以随意修改 imo2,将它存入一个新的文件名,而原"lotus.jpg"没有改变。

5) 粘贴图像

继续交互式环境的例子,将前面裁剪完成的一个较小的图像对象 out2 粘贴到 imo2 上,使被粘贴图像的左上角对齐主图像的坐标(0,0),粘贴效果如图 12.7 所示。

```
>>> imo2.paste(out2,(0,0))
>>> imo2.show()
```

请注意:paste 方法是在主图像对象上修改,如果图像对象的操作结果以后还要使用,要用 save 方法把图像对象保存成自己需要的某种类型的图像文件。

图 12.7   粘贴图像后的效果

12.5   打包 Python 源程序

Python 的源程序("*.py"文件),在没有安装 Python 的环境中是不能运行的,这在很多时候是非常不方便的。如果把 Python 的源程序转换成在任何地方都能运行的可执行文件("*.exe"文件),这个过程就是打包。打包后对推广用 Python 语言开发的应用程序就非常有利。那么如何打包呢?

12.5.1   pyinstaller 概述

pyinstaller 是一个非常有用的第三方库,它能够在 Windows 操作系统下将 Python 源文件打包,通过对源文件打包,Python 程序可以在没有安装 Python 的环境中运行,也可以作为一个独立文件进行传递和管理。pyinstaller 库要在命令行下用 pip 工具安装,安装方法请参考前面相关章节内容。

安装成功后就可以使用了。以例 12.5 的程序为例,先在 Windows 平台的命令行中把当前路径转换到 D 盘下,然后输入 pyinstaller 命令和 Python 源文件名称(可以使用相对路径或绝对路径)。本例将打包"D:\pyfile\py12-5writecsvfile.py"文件,代码如下:

```
D:> pyinstaller D:\pyfile\py12-5writecsvfile.py
```
执行完毕后,D 盘下将生成 dist 和 build 两个文件夹。其中,build 目录是 pyinstaller 存储临时文件的目录,可以安全删除。在 dist 文件夹里有一个"py12-5writecsvfile"目录,打开"py12-5writecsvfile"文件夹,可以看到有一个"py12-5writecsvfile.exe"文件,这就是最终的打包程序。

还可以通过"-F"参数对 Python 源文件生成一个独立的可执行文件,代码如下:

```
D:> pyinstaller -F D:\pyfile\py12-5writecsvfile.py
```
执行后在 dist 目录中出现了"py12-5writecsvfile.exe"文件，直接双击运行它即可。

使用 pyinstaller 库需要注意以下问题：

(1) 文件路径中不能出现空格和英文句号。

(2) 源文件必须是 UTF-8 编码，暂不支持其他编码类型，采用 IDLE 编写的源文件都保存为 UTF-8 编码形式，可直接使用。

12.5.2 pyinstaller 解析

pyinstaller 有一些常用参数，如表 12.13 所示。

表 12.13　pyinstaller 命令的常用参数

参数	功能
-h, --help	查看帮助
-v, --version	查看 pyinstaller 版本
--clean	清理打包过程中的临时文件
-D, --onedir	默认值，生成 dist 目录
-F, --onefile	在 dist 文件夹中只生成独立的打包文件
-p DIR, --paths DIR	添加 Python 文件使用的第三方库路径

pyinstaller 命令不需要在 Python 源文件中增加代码，只需要通过命令行进行打包即可。-F 参数虽只打包成单文件，比较简洁，但建议尽量不要使用，因为启动起来很慢。

本 章 小 结

本章主要介绍了以下内容：

(1) Python 标准库中实现打开(创建)、保存、读写和关闭文件的命令。

(2) OpenPyXL 库中操作工作簿、工作表和单元格对象的相关命令。

(3) PIL 库中 Image 子库处理图像文件的常用函数、方法和属性。

(4) pyinstaller 命令打包 Python 源程序为可执行程序的操作方法。

思 考 题

1. 在 Python 标准库中打开文件最常用的是哪个函数?

2. 让 Python 程序能读取和修改 Excel 文件的是什么模块?

3. 在 Python 中处理图像文件的第三方库的名字是什么? 其安装库的名字又是什么?

4. 打包 Python 源程序的第三方库是哪一个?

第13章　科学计算及可视化

内容提要：人类在认识世界和改造世界的过程中，离不开基于数学和计算的科学表达，借助科学计算，科学家通过对地震波的分析来进行石油勘探，通过对人类基因组排序来学习人类进化的规律，通过大型对撞机产生海量数据来发现物质的组成和宇宙的起源等。科学计算为社会经济生活的发展和所有的科学领域提供了强有力的支持。本章主要结合读者所学过的数学知识，围绕方程组求解、微积分计算和可视化仿真等知识点进行，因此在学习过程中，可通过以函数 $y=ax^2+bx+c$、方程组求解、$y=\dfrac{1}{1+x^2}$ 和 $y=A\sin(\omega x+\varphi)$ 为主线来进行学习。

13.1　科学计算的含义

科学计算(scientific computing)也称为数值计算，是指应用计算机编程和软件来处理科学研究及工程技术中所遇到的数学计算与数学问题。由于在现代科学和工程技术中经常会遇到许多复杂的数学计算问题，这些问题用手工计算或一般的计算工具来解决非常困难，而用计算机来处理却非常容易。利用计算机来进行科学计算，可以预测分析、模拟仿真和推演发现客观世界中的许多运动规律和演化特征。

科学计算具有以下三个特点：

一是无损伤性。也就是说，科学计算不会对环境等产生大的影响，这一优点使得科学计算能够承担真实实验不能完成的任务，例如，要研究海啸的破坏、地震的破坏、核爆炸的破坏，像这类产生巨大灾害的问题，人类不可能进行真实实验，但通过科学计算和计算机虚拟实验，可以推演发现其中的许多运动规律和演化特征，从而更好地应对灾难。

二是全过程、全时空诊断。真实的实验，无论用多少种方法、多少种仪器，获得的系统演化的信息是非常有限的，而信息掌握得越丰富、越全面，对人们认识、理解与控制研究对象就越重要，但所投入的时间和耗费也就越巨大。而科学计算完全可以做到全过程、全时空诊断，这使得研究人员可以充分了解和细致认识到研究对象的发展与演化。

三是科学计算可以用相对低成本的方式，在较短的时间内，反复进行周期计算和仿真，从而获得不同条件下研究对象的全面、系统的信息。

进行科学计算，主要包括建立数学模型、建立求解的计算方法和计算机实现三个阶段。

建立数学模型，就是依据相关学科的专业理论知识，对所研究的对象确立一系列数量关系，即一套数学公式或方程式。在建立数学模型的过程中，把复杂模型合理简化，是避免复杂化的重要措施。

建立求解的计算方法，由于数学模型一般包含各种变量，如微分方程、积分方程，为此，把问题化为包含有限个未知数的离散形式(如线性代数方程组、微分或积分表达式)，然后寻找求解方法。

计算机实现包括编制程序、调试、运算和分析结果等一系列步骤。

13.2　方程问题的求解

本节主要学习如何用 Python 对一元二次方程式、方程组和线性规划等问题进行求解。

1. 一元二次方程式求解

一元二次方程式的相关知识在中学曾经学习过，其二次函数的表达式为

$$y=ax^2+bx+c\,(其中\ a、b、c\ 是常数，且\ a\ 不等于\ 0)$$

对于该二次函数，当 a>0 时，其函数图形开口向上；当 a<0 时，其函数图形开口向下。当 a、b 同号时，其对称轴在 y 轴左侧；反之，当 a、b 异号时，其对称轴在 y 轴右侧。其函数图形的绘制可参见后面的例 13.16，这里主要对一元二次方程 $ax^2+bx+c=0$ 进行求解，其求根公式为

$$x_{1,2}=\frac{-b\pm\sqrt{b^2-4ac}}{2a}$$

其中，对于 b^2-4ac ，有如下三个规律：

当 $b^2-4ac>0$ 时， $ax^2+bx+c=0$ 有两个不相等的实根；

当 $b^2-4ac<0$ 时， $ax^2+bx+c=0$ 无实根；

当 $b^2-4ac=0$ 时， $ax^2+bx+c=0$ 有两个相等的实根。

根据以上分析，可以编写代码如下：

```
import math
while True:
    a=int(input("请输入 a:"))
    b=int(input("请输入 b:"))
    c=int(input("请输入 c:"))
```

```
    if (a!=0 and b**2-4*a*c>=0):
      def quadratic(a,b,c):
        x1=(-b+math.sqrt(b*b-4*a*c))/(2*a)
        x2=(-b-math.sqrt(b*b-4*a*c))/(2*a)
        return x1,x2
      print("方程的两个实根分别为",quadratic(a,b,c))
      break
    else:
      print("您输入的参数导致方程无实根! 请重新输入")
    continue
```

程序解析:

首先,第 1 行 import math 表示导入 math 库,这是由于计算平方根的函数 math.sqrt 放在 math 库里。

第 2 行表示通过 while 进行无限循环,直到满足判断条件。从程序中可以看到,只有输出方程的两个实根,程序才能通过循环保留字 break 跳出循环。

第 3~5 行表示输入三个参数值。

第 6 行表示进行 if 条件判断,若 a=0 或者是当 $b^2 - 4ac < 0$ 时, $ax^2+bx+c=0$ 无实根,此时程序到达 else 语句处,输出提示语句"您输入的参数导致方程无实根! 请重新输入",并通过 continue 语句,结束当次的 if 条件判断,再次进行当前的 while 循环,直到满足 if 条件判断,从而通过循环保留字 break 跳出循环。

第 7 行表示 if 条件判断时,进行求根公式的计算。在这里,求根公式的计算通过定义函数 quadratic(a,b,c)来实现,函数中的 x1 和 x2 表示一元二次方程求根的主体运算。

运行结果如下:

请输入 a:1
请输入 b:2
请输入 c:3
您输入的参数有误,请重新输入
请输入 a:2
请输入 b:5
请输入 c:3
方程的两个实根分别为(-1.0, -1.5)

2. 方程组求解

在计算过程中,也会遇到两个或两个以上的方程联合求解,从数值计算的角度来看，这实际上是对一个线性方程组进行求解。在 Python 程序设计中，可利用 np.linalg.solve()函数来求解 Ax=b 这种类型的线性方程组，其中，A 是矩阵，b 是一维数组，而 x 是未知量，即方程组所需要的求解。

例 13.1　对以下方程组进行求解：

$$\begin{cases} x_1 - 2x_2 + x_3 = 0 \\ 2x_2 - 8x_3 = 8 \\ -4x_1 + 5x_2 + 9x_3 = -9 \end{cases}$$

编写代码如下：

```
import numpy as np
A=np.mat("1 -2 1;0 2 -8;-4 5 9")
print ("A=\n",A)
b=np.array([0,8,-9])
print ("b=\n",b)
x=np.linalg.solve(A,b)
print ("该方程组的解为：",x)
print ("将所得到的解代入原方程组，则验算结果为：\n",np.dot(A,x))
```

程序解析如下：

首先，第 1 行 import numpy as np 表示导入 numpy 库。numpy 库是一个通用程序库，不仅支持常用的数值数组，同时提供了用于高效处理这些数组的函数。

第 2～5 行表示创建矩阵 A 和数组 b，分别用于存放各未知量的系数和各方程等号右端的值，并分别进行输出。

第 6 行表示调用 np.linalg.solve 函数来求解这个线性方程组。

第 8 行则是利用 np.dot 函数来将所求的解代入原方程组内进行验算，以检验这个解是否正确。

运行结果如下：

```
A=
 [[ 1 -2  1]
 [ 0  2 -8]
 [-4  5  9]]
b=
 [ 0  8 -9]
```

该方程组的解为：[29. 16. 3.]

将所得到的解代入原方程组，则验算结果为：

```
 [[ 0.  8. -9.]]
```

例 13.2 对以下方程组进行求解：

$$\begin{cases} 3x_1 + x_2 - 2x_3 = 8 \\ x_1 - x_2 + 4x_3 = -2 \\ 2x_1 + 3x_3 = 6 \end{cases}$$

编写代码如下：

```python
import numpy as np
A=np.mat("3 1 -2;1 -1 4;2 0 3")
print ("A=\n",A)
b=np.array([8,-2,6])
print ("b=\n",b)
x=np.linalg.solve(A,b)
print ("该方程组的解为: ",x)
print ("将所得到的解代入原方程组,则验算结果为: \n",np.dot(A,x))
```

程序解析：略

运行结果如下：

```
A=
 [[ 3  1 -2]
 [ 1 -1  4]
 [ 2  0  3]]
b=
 [ 8 -2  6]
```

该方程组的解为： `[0.75 8.75 1.5 ]`

将所得到的解代入原方程组，则验算结果为：

```
 [[ 8. -2.  6.]]
```

3. 线性规划问题求解

规划类问题是常见的数学建模问题。人们在生产实践过程中，经常会遇到如何利用现有的资源，进行合理的规划，从而获得最大收益的问题，此类问题就构成了运筹学中的一个重要分支：线性规划。

线性规划自 1947 年美国数学家 G.B.Dantzig 提出单纯形法及其数学模型，奠定其基础起，就不断地延伸其应用范围，向众多的领域进行渗透，现在已经成为管理领域中经常采用的基本方法之一。

对线性规划问题求解，主要是明确两个部分：目标函数(max，min)和约束条件(s.t.)。一般线性规划问题的数学模型标准型为

$$\min c^{T}x$$

$$\text{s.t.}\begin{cases} Aeq * x = beq \\ Ax \leqslant b \\ lb \leqslant x \leqslant ub \end{cases}$$

在 Python 程序设计中，进行线性规划求解可采用 optimize.linprog 函数来进行计算，在数学模型中，$\min c^{T}x$ 表示目标函数，若目标函数为 max，则在计算过程中，c 取负值；$Aeq * x = beq$ 对应于等式约束条件；$Ax \leqslant b$ 对应于不等式约束条件，若不等式约束条件为 $Ax \geqslant b$，则相应的 A 和 b 取负值。

例 13.3　对下列线性规划问题进行求解：

$$\max z = 2x_1 + 3x_2 - 4x_3$$

$$\text{s.t.}\begin{cases} x_1 + x_2 + x_3 = 8 \\ 2x_1 - 5x_2 + 10x_3 \geqslant 20 \\ x_1 + 3x_2 + 5x_3 \leqslant 15 \\ x_1, x_2, x_3 \geqslant 0 \end{cases}$$

编写代码如下：

```python
from scipy import optimize
import numpy as np
c = np.array([2,3,-4])   #目标函数的 c
Aeq = np.array([[1,1,1]])    #等式约束条件 Aeq 和 beq
beq = np.array([8])
A = np.array([[-2,5,-10],[1,3,5]])   #不等式约束条件 A 和 b
b = np.array([-20,15])
res = optimize.linprog(-c,A,b,Aeq,beq)   #求解
print(res)
```

运行结果如下：

```
    con: array([0.])
    fun: -13.0
    message: 'Optimization terminated successfully.'
    nit: 4
    slack: array([0., 5.])
      status: 0
        success: True
          x: array([7.5, 0. , 0.5])
```

13.3　微积分问题的求解

本节主要学习如何用 Python 对导数、积分和微分方程等问题进行求解，并举例说明三种科学思维在微分方程解题中是如何应用的。

1. 计算一阶导数

进行微积分求解是大学生在学习高等数学过程中经常遇到的问题，而利用 diff 函数对函数进行求导，则能方便、快速地得到答案，这体现出利用计算机编程进行数学计算的优势。

例 13.4　对 $y = \dfrac{1}{1+x^2}$ 进行求导，其数学计算过程为

$$y' = \left(\frac{1}{1+x^2}\right)' = ((1+x^2)^{-1})' = -(1+x^2)^{-2} \cdot 2x = \frac{-2x}{(1+x^2)^2}$$

而通过 Python 进行编程，编写代码如下：

```
from sympy import *
x=symbols("x")   #对自变量 x 进行符号化处理
y=1/(1+x**2)
dify = diff(y,x)    #进行求导
print(dify)    #输出导数
```

运行结果如下：

```
-2*x/(x**2 + 1)**2
```

若给定 x 值，则可以求解出对应的导数的值，这可以通过编写如下代码进行求解：

```
#给定 x 值，求对应导数的值
u = lambdify(x,dify)
print(u(2)) #取 x=2
```

运行结果如下：

```
-0.16
```

为了让程序编写得更紧凑，可以将以上代码改写为如下：

```
from sympy import *
x=Symbol("x")
print(diff(1/(1+x*x),x))
```

所得到的运行结果同前。

例 13.5 对 $y = \dfrac{\sqrt{1+x} - \sqrt{2-x}}{\sqrt{3+x} + \sqrt{4-x}}$ 进行求导。

编写代码如下：

```
from sympy import *
x=Symbol("x")
print(diff((sqrt(1+x)-sqrt(2-x))/(sqrt(3+x)+sqrt(4-\
x)),x))
```

运行结果如下：

```
(-sqrt(-x + 2) + sqrt(x + 1))*(-1/(2*sqrt(x + 3)) +
1/(2*sqrt(-x + 4)))/(sqrt(-x + 4) + sqrt(x + 3))**2 +
(1/(2*sqrt(x + 1)) + 1/(2*sqrt(-x + 2)))/(sqrt(-x + 4) +
sqrt(x + 3))
```

2. 计算高阶导数

学会了计算一阶导数，那么，高阶导数如何求解呢？在 Python 程序设计中，进一步利用 diff 函数，在其中加入高阶导数的阶数，即可计算出相应导数的结果。

这里仍然以 $y = \dfrac{1}{1+x^2}$ 为例，分别进行二阶和三阶求导，编写代码如下：

```
#进行二阶求导
from sympy import *
x=symbols("x")    #对自变量 x 进行符号化处理
y=1/(1+x**2)
dify = diff(y,x,2)    #进行二阶求导
print(dify)    #输出导数
```

运行结果如下：

```
2*(4*x**2/(x**2 + 1) - 1)/(x**2 + 1)**2
#进行三阶求导
from sympy import *
x=symbols("x")      #对自变量 x 进行符号化处理
y=1/(1+x**2)
dify = diff(y,x,3)    #进行三阶求导
print(dify)    #输出导数
```

运行结果如下：

```
24*x*(-2*x**2/(x**2 + 1) + 1)/(x**2 + 1)**3
```

通过以上方法，可以很快求解不同阶数的高阶导数，可见，应用 Python 编程，

计算会很方便。

3. 计算积分

在 Python 程序设计中，使用 integrate 函数可以计算出各种不同的积分，其中：integrate(f,x)用于计算不定积分 $\int f(x)dx$ 。

integrate(f,(x,a,b))用于计算定积分 $\int_a^b f(x)dx$ ，其中 a 和 b 分别表示积分区间的下限和上限。

integrate(f,(x,a,b),(y,c,d))：计算双重定积分 $\int_c^d \int_a^b f(x,y)dxdy$ 。

例 13.6 继续对 $y=\dfrac{1}{1+x^2}$ 进行求解不定积分、定积分和反常积分，其数学计算过程如下。

不定积分：$\int \dfrac{dx}{1+x^2} = \arctan x + c$ 。

定积分：$\int_{-1}^1 \dfrac{dx}{1+x^2} = [\arctan x]_{-1}^1 = \dfrac{\pi}{4} - \left(-\dfrac{\pi}{4}\right) = \dfrac{\pi}{2}$ 。

反常积分：$\int_{-\infty}^{+\infty} \dfrac{dx}{1+x^2} = [\arctan x]_{-\infty}^{+\infty} = \dfrac{\pi}{2} - \left(-\dfrac{\pi}{2}\right) = \pi$

在数学中，反常积分是指积分区间含有无穷的积分。

应用 Python 编程，则编写代码如下：

```
#计算不定积分
from sympy import *
x=symbols('x')
y=1/(1+x*x)
print(integrate(y,x),"+c")
```

运行结果如下：

```
atan(x) +c
```

```
#计算定积分
from sympy import *
x=symbols('x')
y=1/(1+x*x)
print(integrate(y,(x,-1,1)))
```

运行结果如下：

```
pi/2
```

```
#计算反常积分
#float('inf')代表正无穷，而float('-inf')代表负无穷
from sympy import *
x=symbols('x')
y=1/(1+x*x)
print(integrate(y,(x,float('-inf'),float('inf'))))
```
运行结果如下：

```
3.14159265358979
```
接着，再举一个关于 Python 求解双重定积分的例子。

例 13.7　计算 $\int_0^4 \int_0^3 (x^2 + y^2) dxdy$ ，编写代码如下：

```
#计算双重定积分
from sympy import *
x=symbols('x')
y=symbols('y')
z=x**2+y**2
print(integrate(z,(x,0,3),(y,0,4)))
```
运行结果如下：

```
100
```

4. 计算微分

微分方程可以用来求解函数之间的关系。在实际工程应用中，有时并不能直接找出两个物理量之间的函数关系，但是可以通过细致观察和推理分析，找出它们之间的变化关系。此时，可以先将它们之间的变化关系列出一个方程，这就是"微分方程"，然后通过求解这个微分方程，得出它们之间的函数关系。

微分方程的数学计算过程比较复杂，但应用 Python 编程则可提高计算效率。这里，先以微分方程 $y'' = \dfrac{1}{1+x^2}$ 的求解为例进行学习。

例 13.8　求微分方程 $y'' = \dfrac{1}{1+x^2}$ 的通解。

其数学计算过程为：

(1) 设 $y' = p$ ，则原方程可以化为 $p' = \dfrac{1}{1+x^2}$ 。

(2) 两边同时进行积分，得 $p = \int \dfrac{1}{1+x^2} dx = \arctan x + C_1$ 。

(3) 而 $y'=p$，因此再次进行积分，得 $y = \int (\arctan x + C_1) dx = x \arctan x - \frac{1}{2}\ln(1+x^2) + C_1 x + C_2$

应用 Python 编程，编写代码如下：

```
import sympy as sy
x=sy.symbols('x')　#约定变量
f=sy.Function('f')　#约定函数
def differential_equation(x,f):
    return sy.diff(f(x),x,2)-1/(1+x**2)
    #定义微分方程y''=1/(1+x**2)
sy.pprint(sy.dsolve(differential_equation(x,f),f(x)))
#输出求解结果
```

运行结果如下：

$$f(x) = C1 + x*(C2 + \text{atan}(x)) - \frac{\log\left\langle x^2 + 1 \right\rangle}{2}$$

即 $y = C_1 + x(C_2 + \arctan(x)) - \frac{\ln(x^2+1)}{2}$。

例 13.9　求微分方程 $y''=3xy$ 的通解。

编写代码如下：

```
import sympy as sy
x=sy.symbols('x')　#约定变量
f=sy.Function('f')　#约定函数
def differential_equation(x,f):
    #定义微分方程f(x)'-3xy=0
    return sy.diff(f(x),x,1)-3*x*f(x)
#输出求解结果
sy.pprint(sy.dsolve(differential_equation(x,f),f(x)))
```

运行结果如下：

$$f(x) = C1*e^{\frac{3*x^2}{2}}$$

即 $y = Ce^{\frac{3x^2}{2}}$。

5. 科学思维在微分方程中的应用

在第 1 章的学习中，提到了科学思维主要包括三种思维：以推理和演绎为特征的数学逻辑思维、以观察和归纳自然规律为特征的物理实证思维，以及以抽象化和自动化为特征的计算思维。这里以例子来说明这三种思维在微分方程解题中的应用。

例 13.10 设携带重物的降落伞从高空悬停的直升飞机下落，其所受到的空气阻力与下落的速度之比为 15∶1，重物的质量为 50kg，求降落伞下落速度与时间的函数关系。

用物理实证思维进行受力分析：设降落伞下落的速度为 v(t)。在降落伞下落的过程中，受到两个力的作用：方向竖直向下的重力 G=mg 和方向竖直向上的空气阻力 f。因此，降落伞所受到的合外为为 F=mg−15v，结合牛顿第二定律 F=ma，可得到方程：

$$ma = mg - 15v$$

而 $a = \dfrac{dv}{dt}$，重物的质量为 50kg，代入方程，得

$$50\frac{dv}{dt} = 50 \times 9.8 - 15v$$

用数学逻辑思维进行方程求解：对方程进行分离变量，得

$$\frac{dv}{490 - 15v} = \frac{dt}{50}$$

两端同时进行积分，得

$$\int \frac{dv}{490 - 15v} = \int \frac{dt}{50} \Rightarrow -\frac{1}{15}\ln(490 - 15v) = \frac{t}{50} + C_1$$

经过整理，得

$$v = \frac{490}{15} + \left(-\frac{e^{-15C_1}}{15}\right)e^{\frac{15}{50}t} \approx 32.6667 + Ce^{-0.3t}$$

用计算思维进行软件实现：应用 Python 编程，则编写代码如下：

```python
import sympy as sy
x=sy.symbols('x')    #约定变量
f=sy.Function('f')   #约定函数
def differential_equation(x,f):
    #定义微分方程
    return sy.diff(f(x),x,1)+(15/50)*f(x)-9.8
#输出求解结果
sy.pprint(sy.dsolve(differential_equation(x,f),f(x)))
```

运行结果如下：

$$f(x)=C1*e^{-0.3*x}+32.6666666666667$$

即 $v \approx 32.6667 + Ce^{-0.3t}$ 。

13.4　数学函数的可视化

用计算机图形学的方法，把数学函数绘制出来，有助于人们通过感官来分析和理解数学问题。在 Python 程序设计中，通过 numpy、matplotlib 和 math 库，以及中文字体的设置，可以绘制出丰富多彩、直观形象的图形。

1. numpy 库和 matplotlib 库

在计算机图形学中，图的形成离不开一系列的点描绘，而这些有规律的点需要用数组来存储。在 Python 程序设计中，通常用 numpy 库来组织和运算数组。numpy 库是 Numerical Python 的简称，是一个 Python 科学计算的基础包。它不仅支持常用的数值数组，同时提供了用于高效处理这些数组的函数。

numpy 库为 Python 带来了真正的多维数组处理功能，并且提供了丰富的函数库处理这些数组。它将常用的数学函数都进行数组化，使得这些数学函数能够直接对数组进行操作，将本来需要在 Python 级别进行的循环，放到 C 语言的运算中，明显地提高了程序的运算速度。

numpy 库所创建的 numpy 数组通常是同质的(有一种特殊的记录数组类型，它可以是异质的)，即数组中的数据项的类型必须一致。numpy 数组元素类型一致的好处是：因为知道数组元素的类型相同，所以能轻松确定存储数组所需空间的大小。同时，numpy 数组还能运用向量化运算来处理整个数组。numpy 库常用于创建数组的函数如表 13.1 所示。

表 13.1　numpy 库常用于创建数组的函数

函数	对函数的描述
numpy.arange(x,y,n)	创建一个从 x 到 y，以为 n 步长的数组
numpy.linspace(x,y,n)	创建一个从 x 到 y 的 n 个等分数据的数组
numpy.indices((m,n))	创建一个 m 行 n 列的矩阵
numpy.random.rand(m,n)	创建一个 m 行 n 列的随机数组

matplotlib 库首次发表于 2007 年，由于在函数设计上参考了 MATLAB 编程方法，因此其名字以"mat"开头，中间的"plot"表示绘图这一作用，而结尾的"lib"则表示它是一个集合。matplotlib 库是 Python 的二维绘图库，在绘制图形和图像

方面提供了良好的支持。matplotlib 库的操作比较容易，用户只需用几行代码即可生成曲线图、直方图、散点图、条形图、小提琴图和雷达图等图形，方便用户快速进行计算和绘图。

matplotlib 库中应用最广的是 matplotlib.pyplot 模块，主要用于绘制各种图形。matplotlib.pyplot 模块绘制图形的流程主要分为三个部分：

(1) 创建画布和创建子图。主要是构建一张空白的画布，并考虑是否将整个画布划分为几个部分的子图，从而方便在同一幅图上绘制多个图形。在 Python 程序设计中，创建画布及设置子图的函数如表 13.2 所示。

表 13.2　创建画布及设置子图的函数

函数	对函数的描述
pyplot.figure()	创建一个空白的画布
pyplot.subplot(m,n,i)	创建一个位于 m 行 n 列中的第 i 幅子图
pyplot.subplots_adjust()	调整子图的区域布局

(2) 添加画布内容。绘制图形的主体部分，一般而言，添加标题、添加坐标轴名称、绘制图形等步骤是不分先后顺序的，但图例和注释的添加一定在绘制图形之后。在 Python 程序设计中，添加各类标签、绘图和图例的函数如表 13.3 所示。

表 13.3　添加各类标签、绘图和图例的函数

函数	对函数的描述
pyplot.plot(x,y)	绘制直线或曲线
pyplot.bar()	绘制条形图
pyplot.pie()	绘制饼图
pyplot.psd()	绘制功率谱密度图
pyplot.scatter()	绘制散点图
pyplot.title(note)	设置标题
pyplot.xlabel(note)	设置 x 轴的标签
pyplot.ylabel(note)	设置 y 轴的标签
pyplot.xlim(m,n)	设置 x 轴的取值范围
pyplot.ylim(m,n)	设置 y 轴的取值范围
pyplot.xticks(array,'a','b','c')	设置 x 轴刻度位置的标签和取值
pyplot.yticks(array,'a','b','c')	设置 y 轴刻度位置的标签和取值
pyplot.legend()	设置图例

续表

函数	对函数的描述
pyplot.text(x,y,note,w)	设置注释
pyplot.annotate(note,xy,xytext,fontsize,arrowprops)	用箭头在指定位置创建一个注释
pyplot.fill_between(x,y)	设置某区域填充
pyplot.grid(True)	设置网格线

(3) 显示和保存图形。这部分用到的函数较少，只有两个，如表 13.4 所示。

表 13.4　显示和保存图形的函数

函数	对函数的描述
pyplot.show()	显示图形
pyplot.savefig()	保存图形

绘制图形可以使用不同的线条来表示各种曲线，线条的样式通常有 4 种，如表 13.5 所示。

表 13.5　线条的样式

lines.linestyle 的取值	意义	lines.linestyle 的取值	意义
-	实线	-.	点画线
:	虚线	--	破折线

同样，也可以设置线条的不同标记，如表 13.6 所示。

表 13.6　线条的标记

lines.maker 的取值	意义	lines.maker 的取值	意义
o	圆圈	.	点
D	菱形	s	正方形
h	六边形 1	*	星号
H	六边形 2	d	小菱形
_	水平线	v	一角朝下的三角形
8	八边形	<	一角朝左的三角形
p	五边形	>	一角朝右的三角形
,	像素	^	一角朝上的三角形

续表

lines.maker 的取值	意义	lines.maker 的取值	意义
+	加号	|	竖线
None、" "、' '	无	x	X

线条的颜色也可以进行设置，如表 13.7 所示。

表 13.7　线条的颜色

pyplot.colors 的取值	意义	pyplot.colors 的取值	意义
b	蓝色	g	绿色
r	红色	y	黄色
c	青色	k	黑色
m	洋红色	w	白色

由于默认的 Python 字体并不支持中文字符的显示，因此需要通过设置相应的语句来调用 "C:\Windows\Fonts\" 目录中的字体，从而改变绘图时的字体，使得图形可以正常显示中文。由于目前安装的 Windows 操作系统版本不同，根据实际情况，可以采用以下两种方式中的一种进行设置：

第一种方式：在 Python 程序设计中，添加如下语句：

```
matplotlib.rcParams['font.family'] = 'SimHei'
matplotlib.rcParams['font.sans-serif'] = ['SimHei']
```

第二种方式：在 Python 程序设计中添加如下语句，并在每一条语句需要用到中文显示时，通过 fontproperties=myfont 进行调用：

```
myfont = matplotlib.font_manager.FontProperties(fname='\
C:\Windows\Fonts\simhei.ttf')
```

字体可以根据需要进行设置，常用的字体如表 13.8 所示。

表 13.8　字体名称的中英文对照

字体名称	字体英文表示	字体名称	字体英文表示
楷体	simkai	华文行楷	STXINGKA
黑体	simhei	华文仿宋	STFANGSO
隶书	SIMLI	华文新魏	STXINWEI
幼圆	SIMYOU	华文隶书	STLITI
方正舒体	FZSTK	华文彩云	STCAIYUN
方正姚体	FZYTK	华文琥珀	STHUPO

更多的字体设置可通过"C:\Windows\Fonts\"目录查找右击→属性,查看其名称进行设置。

为了提高程序的可读性,使用保留字 as,与 numpy 库和 matplotlib 库相结合,能够改变后续代码中库的命名空间,使得程序阅读更加简洁。所以,在绘制函数图形的过程中,设置如下程序模块,有助于后续代码的简洁编写:

```python
import matplotlib,math
import matplotlib.pyplot as plt
import numpy as np
```

即 matplotlib.pyplot 可简写为 plt,numpy 可简写为 np。

关于 numpy、matplotlib 和 math 库的更多模块和函数功能,可以参考官方文档进行学习。

2. 绘制基本图形

例 13.11 绘制函数 $y = \dfrac{1}{1+x^2}$ 的图形。

编写代码如下:

```python
import matplotlib,math
import matplotlib.pyplot as plt
import numpy as np
#创建一个从-4 到 4 的 100 个等分数据的数组
x = np.linspace(-4,4,100)
plt.xlim(-3,3)      #确定 x 轴范围
plt.plot(x,1/(1+x**2))         #绘制函数图形
plt.legend(['y=1/(1+x^2)'])    #指定当前图形的图例
myfont = matplotlib.font_manager.FontProperties(fname='\
C:\Windows\Fonts\simkai.ttf')    #设置字体
plt.xlabel('x 轴',fontproperties=myfont)    #添加 x 轴的名称
plt.ylabel('y 轴',fontproperties=myfont)    #添加 y 轴的名称
plt.title("绘制函数图形",fontproperties=myfont)    #添加标题
plt.show()    #显示图形
```

运行结果如图 13.1 所示。

前面曾对 $y = \dfrac{1}{1+x^2}$ 进行定积分求解,这里对定积分 $\displaystyle\int_{-1}^{1}\dfrac{dx}{1+x^2}$ 绘制其积分区间的阴影部分。

例 13.12 对定积分 $\displaystyle\int_{-1}^{1}\dfrac{dx}{1+x^2}$ 绘制其积分区间的阴影部分。

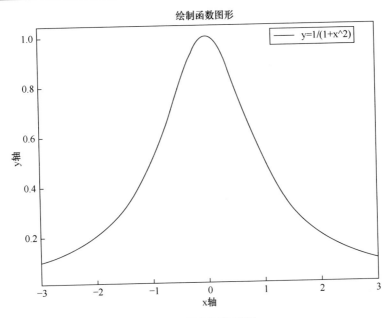

图 13.1　绘制函数图形

编写代码如下：

```
import matplotlib.pyplot as plt
import numpy as np
#创建一个从-4 到 4 的 100 个等分数据的数组
x = np.linspace(-4,4,100)
y = 1/(1+x**2)
plt.plot(x,y)    #绘制函数图形
plt.legend(["1/(1+x^2)"])    #指定当前图形的图例
plt.xlim(-3,3)        #确定 x 轴范围
ix = (x>-1) & (x<1)
#设置阴影部分的填充格式
plt.fill_between(x, y ,0,where = ix, facecolor='grey',\
alpha=0.75)
    #设置阴影部分的函数表达式的注释，并设置为居中
plt.text(0,0.1,r"$\int_a^b1/(1+x^2)\mathrm{d}x$",\
horizontalalignment='center')
plt.show()
```

运行结果如图 13.2 所示。

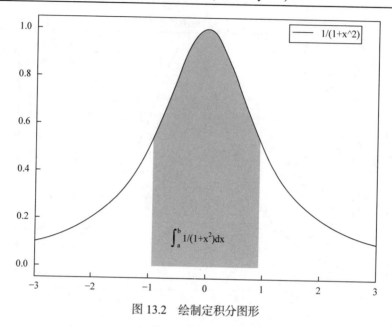

图 13.2　绘制定积分图形

接着，进一步学习同一画布中，对多个函数图形的绘制，在这里，绘制与 $y = 3\sin\left(2x + \dfrac{\pi}{6}\right)$ 相关的各个函数图形。

例 13.13　绘制与 $y = 3\sin\left(2x + \dfrac{\pi}{6}\right)$ 相关的各个函数图形。

问题分析如下：

(1) 绘制出 $y = \sin x$ 的图形；

(2) 进行周期变换，对函数的各点在横坐标上进行缩短到原来的 1/2，绘制出 $y = \sin 2x$ 的图形；

(3) 进行平移变换，对函数的各点在横坐标上向左平移 $\dfrac{\pi}{6}$ 个单位，绘制出 $y = \sin\left(2x + \dfrac{\pi}{6}\right)$ 的图形；

(4) 进行振幅变换，对函数的各点在纵坐标上进行伸长到原来的 3 倍，绘制出 $y = 3\sin\left(2x + \dfrac{\pi}{6}\right)$ 的图形。

根据对问题的分析，编写代码如下：

```
import matplotlib,math
import matplotlib.pyplot as plt
import numpy as np
```

```
#创建一个从 0 到 10 的 100 个等分数据的数组
x = np.linspace(0,10,100)
plt.xlim(0,3*np.pi)      #确定 x 轴范围
#绘制三角函数图形
plt.plot(x,np.sin(x),\
        x,np.sin(2*x),\
        x,np.sin(2*x+math.pi/6),\
        x,3*np.sin(2*x+math.pi/6))
plt.legend(['y=sin(x)','y=sin(2*x)','y=sin(2*x+pi/6)',\
    'y=3*sin(2*x+pi/6)'])    #指定当前各图形的图例
myfont = matplotlib.font_manager.FontProperties(fname='\
C:\Windows\Fonts\simkai.ttf')    #设置字体
plt.xlabel('x 轴',fontproperties=myfont)    #添加 x 轴的名称
plt.ylabel('y 轴',fontproperties=myfont)    #添加 y 轴的名称
plt.title("绘制三角函数",fontproperties=myfont)    #添加标题
plt.grid(True)    #添加网格线
plt.show()    #显示图形
```

运行结果如图 13.3 所示。

为了更好地观察比较，可以用不同的线条标记和颜色来区别上述四条三角函数曲线。

编写代码如下：

```
import matplotlib,math
import matplotlib.pyplot as plt
import numpy as np
x=np.arange(0,10,0.1)    #生成 x 步长为 0.1 的列表数据
plt.xlim(0,3*np.pi)      #确定 x 轴范围
plt.plot(x,np.sin(x), 'r+',        #绘制红色加号形曲线
        x,np.sin(2*x), 'y*',       #绘制黄色星形曲线
        x,np.sin(2*x+math.pi/6), 'gs',#绘制绿色正方形曲线
        x,3*np.sin(2*x+math.pi/6), 'bd')#绘制蓝色小菱形曲线
plt.legend(['y=sin(x)','y=sin(2*x)','y=sin(2*x+pi/6)',\
    'y=3*sin(2*x+pi/6)'])    #指定当前各图形的图例
myfont = matplotlib.font_manager.FontProperties(fname='\
C:\Windows\Fonts\simkai.ttf')    #设置字体
plt.xlabel('x 轴',fontproperties=myfont)    #添加 x 轴的名称
```

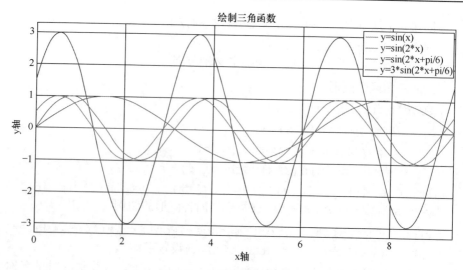

图 13.3　绘制三角函数图形

```
plt.ylabel('y轴',fontproperties=myfont)  #添加 y 轴的名称
plt.title("绘制三角函数",fontproperties=myfont)  #添加标题
plt.show()  #显示图形
```

运行结果如图 13.4 所示。

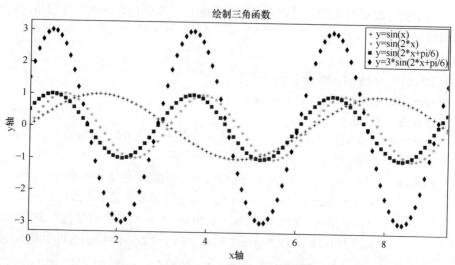

图 13.4　绘制不同的标记三角函数图形

　　以上学习的是函数图形的绘制，主要是通过函数表达式来实现的。若没有函数表达式，也可以通过一些点来进行绘图，如果已知一些坐标点，则可以用这些坐标点来绘制折线图。

例 13.14　绘制由点(-1,3)、(0,1)、(1,2)、(2,0)、(3,1)和(4,-1)连接的折线，可编写代码如下：

```
import matplotlib.pyplot as plt
plt.plot((-1,0,1,2,3,4),(3,1,2,0,1,-1))
plt.show()
```

运行结果如图 13.5 所示。

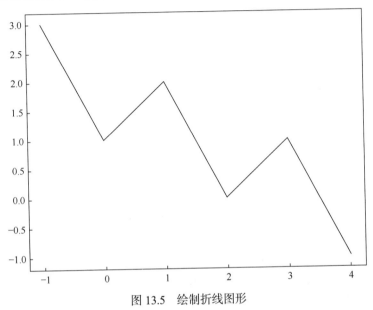

图 13.5　绘制折线图形

3. 绘制含有不同子图的图形

如何把同一幅图中的多个函数图形分别绘制在不同的子图中，是现在所需要考虑的问题。在 Python 程序设计中，可利用 plt.subplot 函数来解决这一问题。

子图的绘制在本质上是多个基础图形绘制过程的叠加，即分别在同一幅画布的不同位置绘制相应的图形。

例 13.15　应用 Python 编程，在多个子图中绘制与 $y = 3\sin\left(2x + \dfrac{\pi}{6}\right)$ 相关的各个函数图形。

编写代码如下：

```
import matplotlib,math
import matplotlib.pyplot as plt
import numpy as np
myfont = matplotlib.font_manager.FontProperties(fname='\
```

```
C:\Windows\Fonts\simkai.ttf')    #设置字体
x=np.arange(0,10,0.1)    #生成 x 步长为 0.1 的列表数据
plt.subplot(2,2,1)   #也可用 plt.subplot(221)表示
plt.plot(x,np.sin(x),'r')
plt.title("绘制三角函数 y=sin(x)的曲线",fontproperties=\
myfont)  #添加标题
plt.xlim(0,3*np.pi)     #确定 x 轴范围
plt.subplot(2,2,2)   #也可用 plt.subplot(222)表示
plt.plot(x,np.sin(2*x),'y')
plt.title("绘制三角函数 y=sin(2*x)的曲线",fontproperties=\
myfont)   #添加标题
plt.xlim(0,3*np.pi)     #确定 x 轴范围
plt.subplot(2,2,3)   #也可用 plt.subplot(223)表示
plt.plot(x,np.sin(2*x+math.pi/6),'g')
plt.title("绘制三角函数 y=sin(2*x+pi/6)的曲线",fontproperties=\
myfont)   #添加标题
plt.xlim(0,3*np.pi)     #确定 x 轴范围
plt.subplot(2,2,4)   #也可用 plt.subplot(224)表示
plt.plot(x,3*np.sin(2*x+math.pi/6),'b')
plt.title("绘制三角函数 y=3*sin(2*x+pi/6)的曲线",fontproperties=\
myfont)   #添加标题
plt.xlim(0,3*np.pi)     #确定 x 轴范围
plt.show()   #显示图形
```

运行结果如图 13.6 所示。

4. 绘制有坐标轴的图形

　　函数图形的观察和分析离不开坐标轴,在 Python 程序设计中,创建坐标轴的步骤依次为:创建画布→创建绘图区对象→将绘图区所有坐标轴均隐藏掉→添加新的基于原点的 x 轴与 y 轴→为新坐标轴加入箭头,并设置刻度显示方式和取值范围→加入图形。

　　根据以上步骤,依次导入相应的函数和方法,即引入 plt.figure 函数创建画布,使用 axisartist.Subplot 方法创建一个绘图区对象,通过 set_visible(False)方法隐藏绘图区所有坐标轴,使用 ax.new_floating_axis 方法生成坐标轴,结合 set_axisline_style 方法给坐标轴添加箭头,采用 set_axis_direction 方法设置刻度,然后确定取值范围,绘制并显示图形。

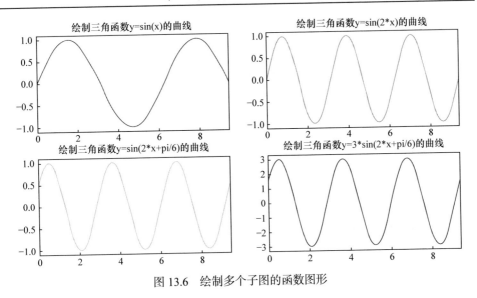

图 13.6 绘制多个子图的函数图形

例 13.16 在同一坐标轴上绘制 $y = 3x^2 + 4x + 5$ 和 $y = -5x^2 - 10x - 15$ 的图形。

应用 Python 编程，编写代码如下：

```
import matplotlib
import matplotlib.pyplot as plt
import numpy as np
import mpl_toolkits.axisartist as axisartist
fig = plt.figure(figsize=(8, 8))  #创建画布
#使用 axisartist.Subplot 方法创建一个绘图区对象 ax
ax = axisartist.Subplot(fig, 111)
fig.add_axes(ax)  #将绘图区对象添加到画布中
#通过 set_visible 设置绘图区所有坐标轴隐藏，即长方形的四个边隐藏
ax.axis[:].set_visible(False)
ax.axis["x"] = ax.new_floating_axis(0,0)
#ax.new_floating_axis 代表添加新的 x 坐标轴，第一个 0 代表平行直
#线，第二个 0 代表该直线经过 0 点
#给 x 坐标轴加上箭头，"->"表示是空箭头，size = 1.0 表示箭头大小
ax.axis["x"].set_axisline_style("->", size = 1.0)
#同样，添加 y 坐标轴，且加上箭头，(1,0)表示竖垂直线且经过 0 点
ax.axis["y"] = ax.new_floating_axis(1,0)
#给 y 坐标轴加上箭头
ax.axis["y"].set_axisline_style("->", size = 1.0)
```

```
#设置 x、y 轴上刻度显示方向
ax.axis["x"].set_axis_direction("top")
#x 轴刻度标签在上面，y 轴刻度标签在右边
ax.axis["y"].set_axis_direction("right")
plt.xlim(-7,7)    #设置 x、y 轴的取值范围
plt.ylim(-70, 70)
x = np.arange(-100, 100, 0.01)    #生成步长为 0.1 的列表数据
plt.plot(x,3*(x**2)+4*x+5, 'r-',        #绘制一元二次函数图形
    x,-5*(x**2)-10*x-15, 'b-')
plt.show()
```

运行结果如图 13.7 所示。

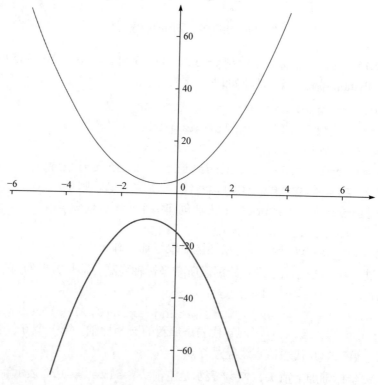

图 13.7　绘制一元二次函数图形

通过观察图形可知，对于函数 $y = ax^2 + bx + c$ ，当 a>0 时，函数图形开口向上；而当 a<0 时，函数图形开口向下。

5. 绘制拟合曲线

在数据处理和图形绘制中，通常会遇到直线或曲线的拟合问题。曲线拟合也称为曲线逼近，它要求所拟合的曲线能较为合理地反映数据的基本趋势，而不是要求拟合曲线一定要完全通过所有的数据点。在 Python 程序设计中，可利用 polyfit(x,y,m)和 poly1d 函数来创建及生成拟合曲线方程式。其中，m 表示所采用的拟合方程式类型，如表 13.9 所示。

表 13.9　所采用的拟合方程式类型

m 的取值	意义	m 的取值	意义
0	best	6	center left
1	upper right	7	center right
2	upper left	8	lower center
3	lower left	9	upper center
4	lower right	10	center
5	right		

例 13.17　已知一系列散点的坐标为 X=[1,2,3,4,5,6,7,8,9,10,11,12,13,14,15]，Y=[4.00,6.50,7.80,8.60,9.10,9.50,9.70,9.85,10.00,10.20,10.35,10.42,10.50,10.55,10.80]，试求该散点集的拟合方程式，并绘制出拟合图形。

编写代码如下：

```
#对散点进行多项式拟合并打印出拟合函数以及拟合后的图形
import matplotlib.pyplot as plt
import numpy as np
x=np.arange(1,16,1)   #生成散点列表作为 x 的值
#给定 y 的散点值
y=np.array([4.00, 6.50, 7.80, 8.60, 9.10, 9.50, 9.70,\
9.85, 10.00, 10.20, 10.35, 10.42, 10.50, 10.55, 10.80])
z=np.polyfit(x,y,4)   #用 4 次多项式拟合
p=np.poly1d(z)
print(p)   #输出拟合的多项式
yvals=p(x)   #拟合后的 y 值
plot1=plt.plot(x,y,'r*',label='original values')
plot2=plt.plot(x,yvals,'b',label='polyfit values')
plt.legend()   #显示图例
plt.show()   #显示图形
```

运行结果如下：

$$-0.0009068x^4+0.03641x^3-0.531x^2+3.466x+1.185$$

即拟合方程式为 $y=-0.0009068x^4+0.03641x^3-0.531x^2+3.466x+1.185$。

运行结果如图 13.8 所示。

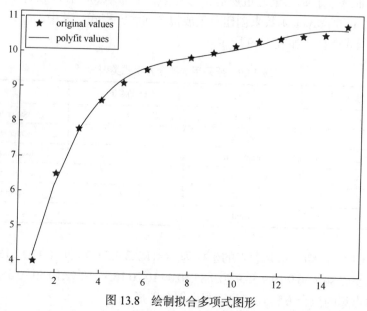

图 13.8　绘制拟合多项式图形

若增大 np.polyfit(x,y,m)中的 m 值，则所产生的拟合曲线与散点集的重合程度就更高，有兴趣的读者可以进行更多的尝试。

6. 绘制三维图形

绘制三维图形，离不开 mpl_toolkits.mplot3d 库，在 Python 程序设计中，调用 plt.figure 和 Axes3D(fig)函数方法创建三维空间画布，则可实现三维图形的绘制。

例 13.18　试绘制空间螺旋曲线，其方程为

$$\begin{cases} x=r\sin(\theta) \\ y=r\cos(\theta) \\ r=z^2+1 \end{cases}$$

应用 Python 编程，编写代码如下：

```
#调用 mpl_toolkits.mplot3d 库，用于绘制三维图形
from mpl_toolkits.mplot3d import Axes3D
import matplotlib.pyplot as plt
import numpy as np
```

```
fig=plt.figure()    #创建三维画布
ax=Axes3D(fig)
theta=np.linspace(-5*np.pi,5*np.pi,100)
z=np.linspace(-3,3,100)
r=z**2+1
x=r*np.sin(theta)
y=r*np.cos(theta)
ax.plot(x,y,z)
plt.show()
```

运行结果如图 13.9 所示。

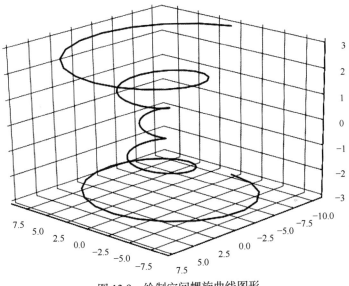

图 13.9　绘制空间螺旋曲线图形

  点击图形下方的按钮 Q(zoom to rectangle)(本图未显示)，鼠标变成十字形，将鼠标放到图形上，按住左键，进行拖动，则可以从不同角度观察三维图形。

本 章 小 结

  本章主要对方程及方程组的求解、微积分的应用和可视化设计进行了介绍，这对高等数学、线性代数和数学建模的学习提供了很好的帮助，相信在今后"智能+"的发展浪潮中，Python 作为最具人工智能特色的"胶水"语言，必将引领全球进入创新和发展的新时代。

思 考 题

1. 试用 Python 分别求解出 $2x^2+3x+1=0$ 和 $x^2+3x-4=0$ 的根。

2. 试用 Python 对以下方程组进行求解：

$$\begin{cases} x+y+z=10 \\ 2x+3y+4z=33 \\ 3x+5y+7z=56 \end{cases}$$

3. 试用 Python 分别求解出 $\int \sin^3(x)dx$ 和 $\int_0^{\frac{1}{2}} \arcsin(x)dx$ 的值。

4. 试用 Python 绘制出 $y = \dfrac{x}{1+x^2}$ 的图形。

主要参考文献

蔡永铭, 熊伟. 2019. Python 程序设计基础. 北京: 人民邮电出版社

韩家炜, 范明. 2012. 数据挖掘: 概念与技术. 北京: 机械工业出版社

黄红梅, 张良均. 2018. Python 数据分析与应用. 北京: 人民邮电出版社

蒋加伏, 孟爱国. 2017. 大学计算机. 4 版. 北京: 北京邮电大学出版社

蒋加伏, 沈岳. 2017. 大学计算机. 5 版. 北京: 北京邮电大学出版社

刘宇宙. 2017. Python3.5 从零开始. 北京: 清华大学出版社

明日科技. 2018. Python 从入门到精通. 北京: 清华大学出版社

齐伟. 2016. 跟老齐学 Python: 从入门到精通. 北京: 电子工业出版社

全国计算机等级考试研究中心. 2018. 全国计算机等级考试考点详解与上机考试题库(二级):
    MS Office 高级应用. 北京: 人民邮电出版社

嵩天, 礼欣, 黄天. 2017. Python 语言程序设计基础. 2 版. 北京: 高等教育出版社

同济大学数学系. 2014. 高等数学(第七版)上册. 北京: 高等教育出版社

夏敏捷, 张西广. 2018. Python 程序设计应用教程(微课版). 北京: 中国铁道出版社

张若愚. 2012. Python 科学计算. 北京: 清华大学出版社

Briggs J R. 2015. 趣学 Python: 教孩子学编程. 尹哲, 译. 北京: 人民邮电出版社

Chun W. 2016. Python 核心编程. 3 版. 孙波翔, 李斌, 李晗, 译. 北京: 人民邮电出版社

Matthes E. 2016. Python 编程: 从入门到实践. 袁国忠, 译. 北京: 人民邮电出版社

Mitchell R. 2016. Python 网络数据采集. 陶俊杰, 陈小莉, 译. 北京: 人民邮电出版社

Shaw Z A. 2014. "笨办法" 学 Python. 王巍巍, 译. 北京: 人民邮电出版社

Sweigart A. 2016. Python 编程快速上手: 让繁琐工作自动化. 王海鹏, 译. 北京: 人民邮电出
    版社